旗 標 FLAG

好書能增進知識　提高學習效率　卓越的品質是旗標的信念與堅持

The Complete Bike Owner's Manual

自行車保養維修圖解聖經

Step-by-Step 完全攻略

高解析3D電腦分解圖
清楚呈現各部位零件細節

Ian Chu 博士．吳家曦．周學志—譯　Ian Chu 博士—審

旗標 FLAG

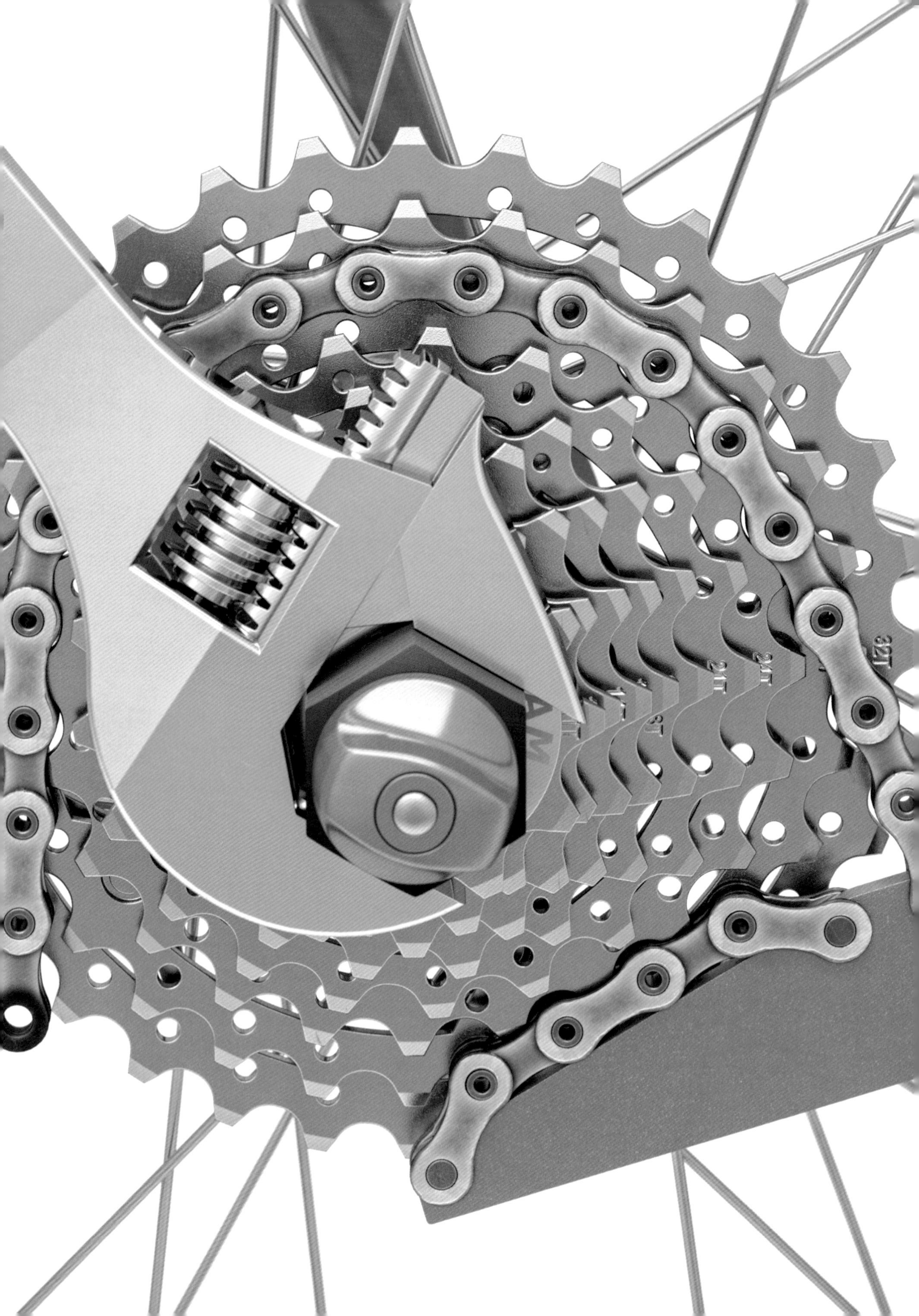

The Complete Bike Owner's Manual

自行車保養維修圖解聖經

Step-by-Step 完全攻略

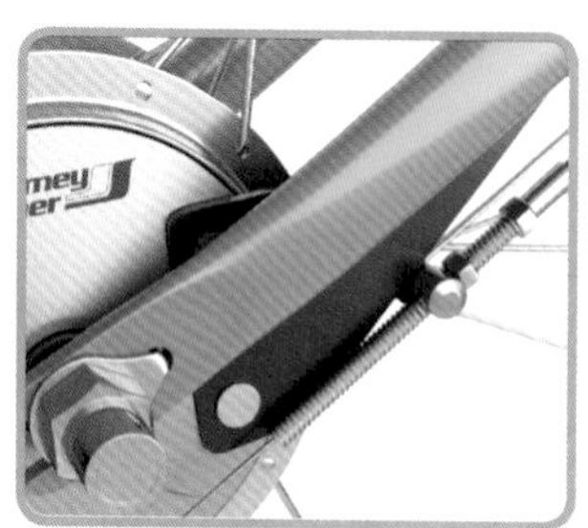

目錄 Contents

導讀

自行車是陪伴你浪跡天涯的好夥伴，想要在每個行程得到最大的收穫，別忘了隨時維持最佳車況。騎乘自行車不是單靠肌肉的力量，同時還要運用踏板、鏈條、車輪、車把、齒輪和煞車系統產生動能才能控制得當。

在本書中，我們會示範如何安裝、調整及保養自行車的重要零組件。不論你是專業技術人員或是初學者，能夠自己動手保養及維修自行車，都可以省下不少時間、精力與金錢。

本書採用高畫質 CGI 電腦繪圖，清楚呈現自行車的所有結構，幫助你仔細認識每個細節。

從基礎開始

為了打好基礎，我們從認識各種款式的自行車與零組件開始，建議適合的衣著、配件，以及教導如何調整最適合自己的座墊位置。了解這些之後，才能在每次騎車時發揮愛車的最佳狀態。

在第二篇會教你如何設置一間維修工坊及使用保養工具。設置一間工坊很簡單，只需要一些必備且便宜的工具，當能力進階到可以做些替換與維修零件時，需要的工具也就會逐漸增加。

本篇會教導例行性的作業，像是清潔及給零件上潤滑油，以及自行車故障時如何緊急維修。

保養與維修

不論是騎在公路上、賽場上或翻山越嶺，例行性的保養對於車況都有助益。每一篇都會教你依不同自行車的特性做保養，也會針對不同類型的自行車給予最佳的零件選擇建議；接著會深入介紹重要零件、術語和名詞解釋；還有如何安裝、調整和維修特殊零件的內容。

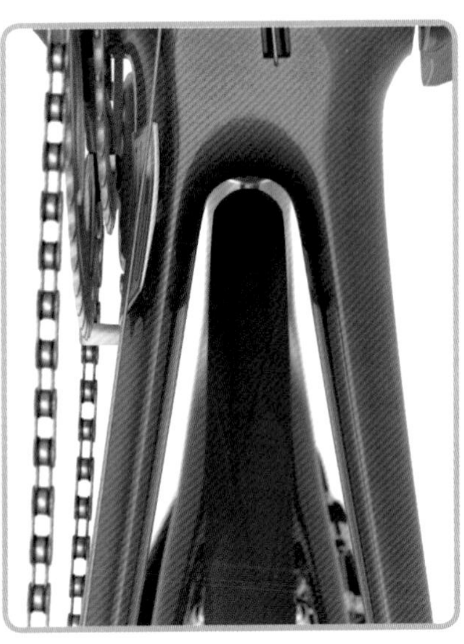

規律性保養能使自行車騎起來既平順又安全

作者 CLAIRE BEAUMONT 提醒

輔助的圖片與施工訣竅會涵括不同型號的自行車。另外會給予一些建議，使你能及早發現車子的問題以免維修費用隨車況惡化而越來越高。詳細的圖解和剖析讓你瞭解自行車的每個零件如何共同運作，並且教你如何在旅途中調整車子以降低故障的風險。

替換及升級零件

雖然例行性檢修可避免車子過度耗損，然而惡劣的氣候、砂石、鋪路鹽及正常使用下也會使多數零件隨著時間而慢慢磨耗，仍然必須更換零件。

在接下來的內容會逐篇介紹，如何拆卸損耗的零件並替換新的零件。在一般使用狀況下，煞車、變速器、車輪結構及避震裝置均不用更換，大廠牌通常都有專用的裝置，舉例來講，像是各種尺寸的軸承、鏈條和管線，或是和車輛具有特定相容性的零件。每篇介紹的內容包含三大廠牌（Shimano、SRAM 與 Campagno）選購替換零件時的注意事項。

若你想要提升騎乘的效能，可將配件升級就能輕易達到目的，而且可以讓行車更流暢，以及更快速又精準地進行變速。更換車把、龍頭和座墊是最直接的方法，更複雜的車子升級作業像是更換傳動系統，或安裝新的避震器都需要花費相當的金錢，但對於提升車子的效能絕對有助益。接下來的內容會井然有序地介紹每個階段的步驟，讓你可以融會貫通。

本書還包括保養計畫以及診斷、疑難排解等內容，都收錄在本書最後一篇，讓你在騎著愛車時，能夠享受奔馳的樂趣又能保持安全。

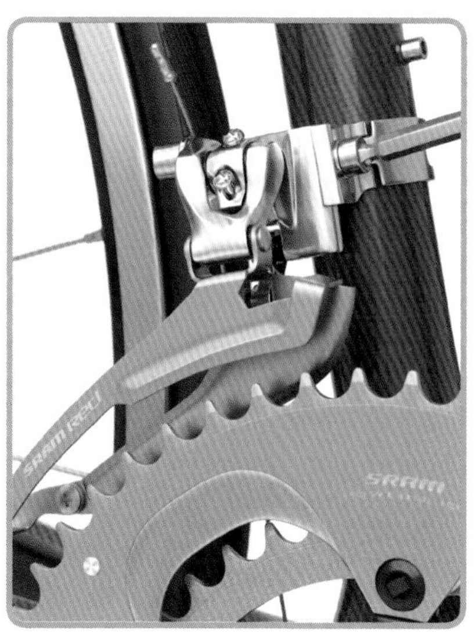

PC1090
PC
1090

第 1 篇 基礎知識

自行車分解圖

公路車

公路車外型光滑且重量輕，多用於行駛在平順的柏油路上。公路車的窄輪和細胎可以在平順的路面上快速移動，並且以飛快的速度行駛很長一段距離。向前彎的手把讓騎士身體前傾，更符合空氣動力學以減少阻力，從而將更多的力量轉移到腳踏板上。

競速車、跨界車（多功能自行車）、單速車及電動自行車都是利用動力傳動系統，藉由齒輪的帶動使騎乘更省力。現在的車架都已做到輕量化且堅固耐用，一般消費市場的自行車多採用鋼製或鋁製，而碳纖維和鈦金屬製的則廣泛用在競賽車種。

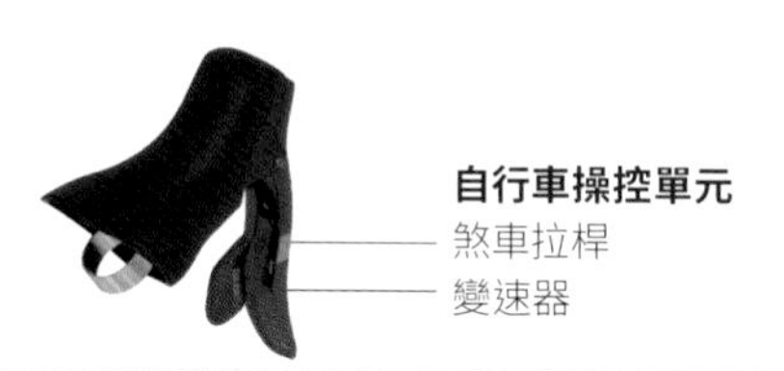

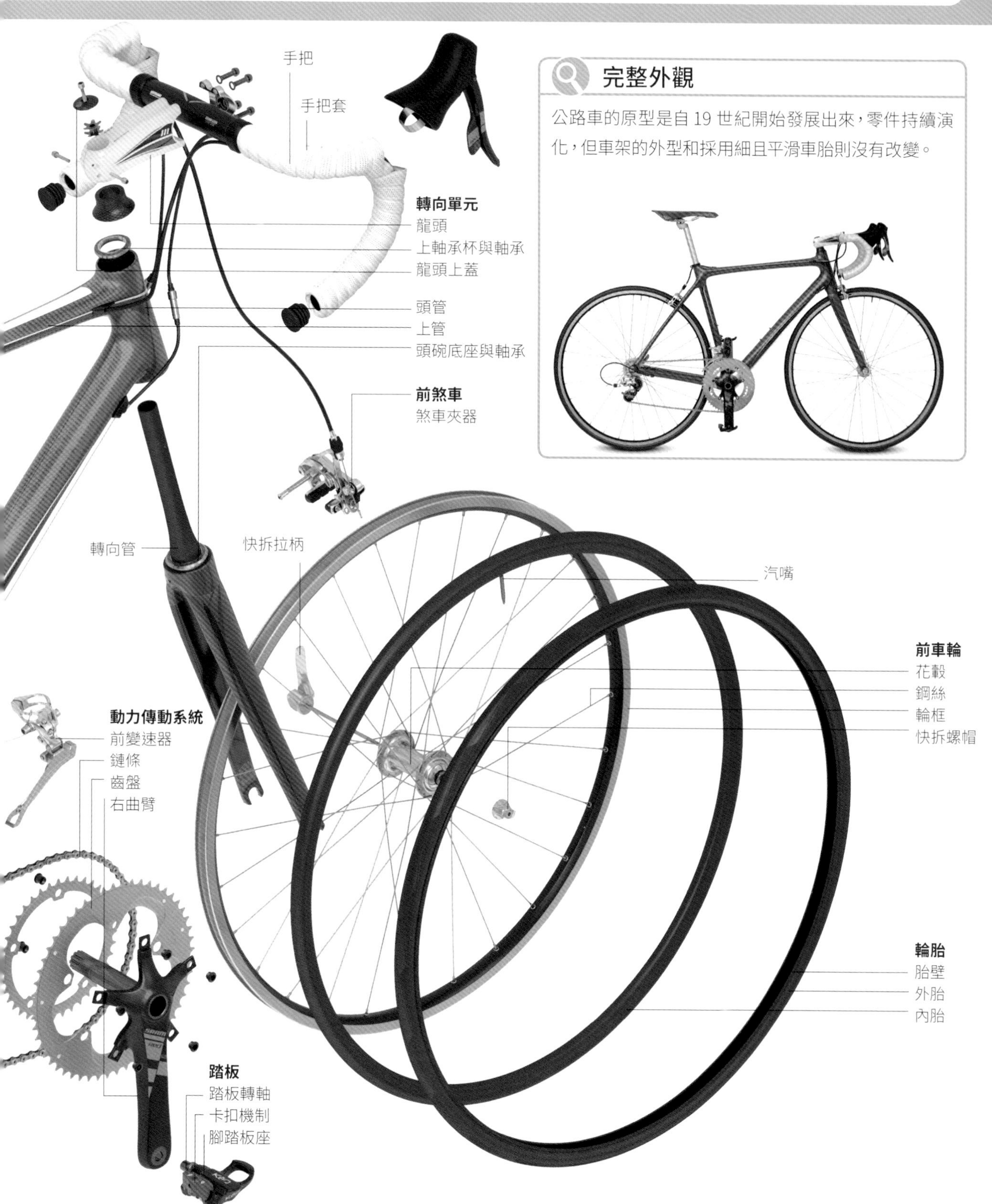

完整外觀

公路車的原型是自 19 世紀開始發展出來，零件持續演化，但車架的外型和採用細且平滑車胎則沒有改變。

越野（登山）車

越野車有許多種外型和尺寸，絕大部份都有前避震器，有些是前後都有避震器。前、後的碟煞讓煞車效果更好。使用無內胎系統，讓騎乘者可採用更低的胎壓騎行，而無需擔心輪胎被夾破漏氣的風險。

越野繞圈賽選手通常使用碳纖維的車架，加上較大的車輪及 10 公分的前避震器（有些會用雙避震車架）。耐力 / 林道車的特點是車輪較小、車胎較寬及 15 公分的雙避震系統。下坡車（downhill bikes）會配備長行程避震系統，能在高速下保持穩定。

完整外觀

越野（登山）車的車身和公路車的外型差別很大，車架上管的高度較低、斜度也較大，提供較廣的跨高，前端較高也有利於崎嶇不平路面上的騎乘。平把的設計在騎乘時可讓身體抬高，有利於控制。

組成零件

事務車

事務車有別於為了運動而設計的自行車，它提供騎乘舒適、實用且耐用的選擇。重量雖然比運動型自行車重，但不影響其易用性。設計上大多採用舊技術，講求車體結構單純，組成的零件也堅固耐用，不過在車身外觀上仍能推陳出新。

常用零件配置圖

事務車的設計是以舒適和便利為目的，加厚座墊、平把、耐用的傳動系統，有時也可以加掛馬鞍包，有些車型會裝前避震器緩衝行進時的震盪。

變速：單速、變速器或內變速花轂

煞車：典型的輪框煞車器；有的安裝鼓式煞車

車架：鋼製或鋁製；幼童的自行車可能是塑膠製

手把：舒適的平把，身體在騎乘時可挺直

座墊：軟質的墊物

車輪：一般使用 30-65 公分的鋼絲（幅條）交錯支撐

選購訣竅：多功能自行車通常只有基本配備，可以依個人的喜好需求升級或更換。由於許多零件都是依相同標準製作出來的，適用性高、容易做更換。

淑女車 SHOPPER BIKES

煞車組：框式煞車（參閱 98-117 頁）

齒輪：變速器（參閱 140-149 頁）；花轂式（參閱 150-155 頁）

避震器：無

多功能自行車 HYBRID BIKES

煞車組：框式煞車（參閱 98-117 頁）；花轂式（參閱 122-125 頁）；碟煞（參閱 118-121 頁）

齒輪：變速器（參閱 140-149 頁）；花轂式（參閱 150-155 頁）

避震器：無

折疊自行車 FOLDING BIKES

煞車組：框式煞車（參閱 98-117 頁）；花轂式（參閱 122-125 頁）

齒輪：變速器（參閱 140-149 頁）；花轂式（參閱 150-155 頁）

避震器：無

單速自行車 FIXED/SINGLE-SPEED BIKES

煞車組：框式煞車（參閱 98-117 頁）

齒輪：定速

避震器：無

電動自行車 E-BIKES

煞車組:框式煞車(參閱 98-117 頁);花轂式(參閱 122-125 頁)

齒輪：變速器（參閱 140-149 頁）；花轂式（參閱 150-155 頁）

避震器：無

載貨自行車 CARGO BIKES

煞車組:框式煞車(參閱 98-117 頁);花轂式(參閱 122-125 頁)

齒輪：變速器（參閱 140-149 頁）；花轂式（參閱 150-155 頁）

避震器：無

組成零件

公路車

公路車無論是運用於旅行、競賽或高強度通勤，設計的重點都以追求速度為主，而非騎乘的舒適度。最高階的公路車會納入許多先進的技術，包括採用電腦製圖、低風阻設計、碳纖維車架，以及即時電子變速裝置。

常用零件配置圖

公路車為了追求速度而在設計上犧牲了耐久度及舒適度，車胎細且車輪輕均為了空氣動力學而設計，墊料極少的座墊，對於顛簸路面的隔離效果也比較差。

變速器：2X10 或 11 段變速器

煞車：典型輪框煞車器；可能是纜線帶動或液壓碟煞

車架：碳纖維製、鋁製、鈦金屬製或輕鋼架車架

手把：彎把

座墊：輕盈、窄式，墊料少

車輪：鋁製或碳纖維製公路車 700c 輪組

選購訣竅：車輪和車胎通常是升級的首選，減少輪子的轉動重量（rotational weight），在加速時有很大的差別，並感受到速度的提升。

旅行車 TOURING BIKES

煞車組：框式煞車（參閱 98-117 頁）；碟煞（參閱 118-121 頁）
齒輪：變速器（參閱 140-149 頁）；花轂式（參閱 150-155 頁）
避震器：無

碎石路車 GRAVEL BIKE

煞車組：框式煞車（參閱 98-117 頁）；碟煞（參閱 118-121 頁）
齒輪：變速器（參閱 140-149 頁）；花轂式（150-155 頁）
避震器：無

場地車 TRACK BIKES

煞車組：無
齒輪：定速
避震器：無

計時/鐵人車 TIME TRIAL/TRIATHLON BIKES

煞車組：框式煞車（參閱 98-117 頁）
齒輪：變速器（參閱 140-149 頁）
避震器：無

多用途越野車 CYCLO-CROSS BIKES

煞車組：框式煞車（參閱 98-117 頁）；碟煞（參閱 118-121 頁）
齒輪：變速器（參閱 140-149 頁）；花轂式（參閱 150-155 頁）
避震器：無

休閒車 COMFORT/SPORTIVE BIKES

煞車組：框式煞車（參閱 98-117 頁）；碟煞（參閱 118-121 頁）
齒輪：變速器（參閱 140-149 頁）；花轂式（參閱 150-155 頁）
避震器：無

▶ 組成零件

越野（登山）車

越野車或登山車的設計範圍很廣，從適合騎砂石路面的入門級，到可騎陡峭多石下坡路的都有。採用較寬且很多突起的輪胎（有的安裝內胎，有的則採無內胎設定），避震系統能有效降低震盪，使輪胎能提供良好的抓地力與牽引力。

常用零件配置圖

當在山路上騎乘自行車時，需要寬粗的輪胎及吸震效果好的避震器，有些類型的車種會配有精準制動的液壓碟煞系統。

煞車：輪框煞車器、纜線或液壓碟煞

變速器：1X10、1X11 或 3X9 段變速器為常見配置

車架：鋁製、碳纖維製或鋼製架車架

手把：易於控制的平把或寬把

座墊：堅固且通常與伸縮座管搭配使用

車輪：通常是 26 吋、27.5 吋和 29 吋

選購訣竅： 選擇輪胎相當重要，在寒冷泥濘的濕地中使用「泥胎」有較好的抓地力；在夏季則可換回重量輕且可提升速度的輪胎。

硬尾登山車 HARDTAIL BIKES

煞車組：框式煞車（參閱 98-117 頁）；碟煞（參閱 118-121 頁）
齒輪：變速器（參閱 140-149 頁）
避震器：前避震器（參閱 192-199 頁）

XC越野車 CROSS-COUNTRY BIKES

煞車組：框式煞車（參閱 98-117 頁）；碟煞（參閱 118-121 頁）
齒輪：變速器（參閱 140-149 頁）
避震器：前後避震器（參閱 192-203 頁）

下坡車 DOWNHILL BIKES

煞車組：碟煞（參閱 118-121 頁）
齒輪：變速器（參閱 140-149 頁）
避震器：前後避震器（參閱 192-203 頁）

胖胎車 FAT BIKES

煞車組：碟煞（參閱 118-121 頁）
齒輪：變速器（參閱 140-149 頁）
避震器：無避震器

攀岩單車 TRIALS BIKES / 土坡車 DIRT BIKES

煞車組：框式煞車（參閱 98-117 頁）；碟煞（參閱 118-121 頁）
齒輪：定速
避震器：前避震器（參閱 192-199 頁）或無避震器

電動登山車 E-MOUNTAIN BIKE

煞車組：碟煞（參閱 118-121 頁）
齒輪：變速器（參閱 140-149 頁）
避震器：前避震器或前後避震器（參閱 192-203 頁）

騎乘姿勢
公路車

公路車講究以有效率的方式騎得遠又快速，要依個人需求調整到正確的姿勢，在舒適、省力又符合空氣動力學的情況下騎乘。

首先要選擇一個適合自己的車架（見下一頁公路車尺寸），接著調整身體與車子的接觸點，包括座墊、車把及腳踏板的適當位置，找出安全又有效率的騎乘姿勢。

前置準備

- 備齊量尺、水平儀、米尺和內六角扳手
- 設定腳踏板卡子的位置（參閱 186-187 頁）。
- 將自行車放在水平的表面，後輪最好能架在訓練台上，如此可以穩定坐在座墊、踩在踏板上。
- 輪胎充氣至適當的胎壓。
- 穿戴正常的騎車裝備和車鞋。
- 量測並記錄以下三個數據：從五通（BB）中心點到座墊頂端的距離、座墊前端到五通中心點的距離、座墊前端到車把中心的距離。

1 座墊高度

用鞋跟踩在踏板上盡量伸展，此時膝蓋若仍能保持微彎，即為最佳座墊高度。如右圖，可藉由調整座管高度然後坐上去，其中一腳朝下伸直、腳踏板與曲柄朝向 6 點鐘方向。

施工訣竅：嘗試不同的座墊高度，逐漸調整到騎起來最舒適且好施力的位置。但要記住，理想的座墊高度會隨著個人體能狀態、柔軟度和目標而需要改變。

5 龍頭長度

龍頭的長度必須足以讓你用舒適的姿勢將雙手握在車把上。有一個方法可以檢視姿勢是否正確：如圖以雙手握住彎把並往下看車輪花轂，車把應該要能擋住花轂。若可以看到花轂在車把前方，就需要更換較長的龍頭；若看到花轂在車把後方，就需要更換較短的龍頭。

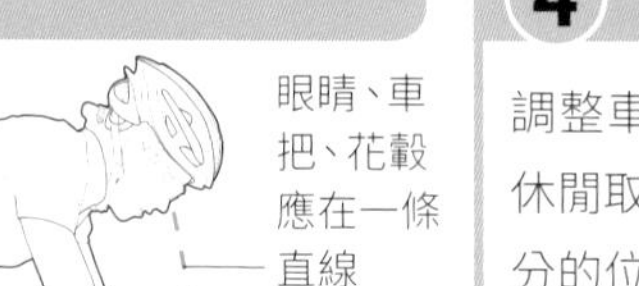

4 車手把高度

調整車手把的高度與座墊中心點相關。若騎車是休閒取向，就將車手把調整與座墊同高或低 1-2 公分的位置；若以速度考量，則讓車手把調到比座墊低 8-10 公分的位置。要調整車手把的高度，可以拆掉龍頭更換墊圈、反裝龍頭或換一組增高（high-rise）或降低（low-rise）龍頭來調整車把高度。

3 座墊前後位置

座墊可延著座弓前後移動調整坐姿的重心，使得騎乘時處於平衡位置。以正常騎乘的姿勢坐在座墊上，讓踏板曲柄前後成水平，然後用一根尺放在前腿的膝蓋垂直向下，尺的下端可穿過踏板轉軸，就是座墊適當的前後位置。

2 座墊角度

為了確保體重透過骨盆的坐骨平均分散在座墊上，要將座墊調到正中的位置，前面三分之二要保持水平，基於舒適的需求可以上下微調 2 度，若超過 2 度則可能造成鼠蹊與會陰的壓力而產生疼痛，且會將體重轉移到手臂與手掌上。

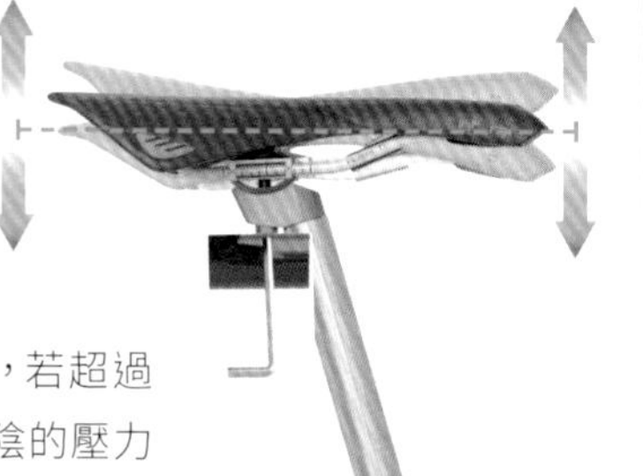

公路車尺寸

- 公路車尺寸是以立管長度做區分，一般來說是以 cm（公分）為單位，從 48-60cm 或以 S / M / L / XL 區別。
- 要確認站在公路車旁時，跨高（地面至上管中心的距離）是否足夠，鼠蹊到車架之間約 2-5cm 的距離會比較理想。
- 考量車身的疊高量與前伸量 — 疊高量（stack）及前伸量(reach) 是分別指由五通中心到上管頂端的垂直與水平距離，代表車架的真實大小且無法改裝，影響以後騎乘姿勢較向前趴或較挺起，選購時就要注意。

騎乘姿勢
越野（登山）車

越野車是比公路車更加需要身體動態的騎乘方式，騎乘者可以用不同的姿勢進行爬坡、下坡、跳躍或吸震，並能迅速應對蜿蜒小徑、崎嶇路面與階梯的情況。依照自己的騎乘風格、找出身體與車身接觸的座墊、車把與腳踏板的最佳位置。

前置準備

- 備齊尺、水平儀和內六角扳手。
- 安裝好踏板（參閱 186-187 頁）。
- 將避震器調整到正常騎乘狀態（參閱 194-195；202-203 頁）；將伸縮座管升高至正常騎乘位置（參閱 70-71 頁）。

1 座墊高度

調整座管讓座墊位於騎乘舒適的位置。在林道間行進時，可將座墊調整到髖部的高度；若要提高上坡效率，可使用公路車座墊的調整方式（參閱 20 頁步驟 1）；下坡或技術騎行，則將座墊高度調整到低於髖部 2.5-5cm。

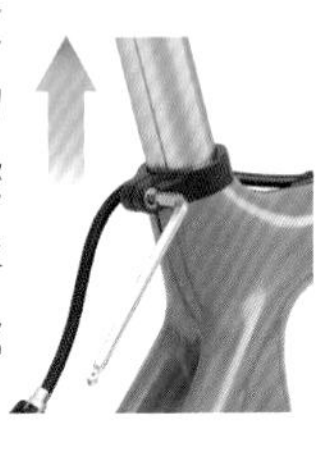

2 座墊角度

改變座墊的角度可依騎行狀況適應車況與坐姿。在林道間行進時，座墊前端稍微往下有利於爬坡；下坡路段則適合將座墊前端稍微往上，有利於在快速下坡與過彎時，將座墊控制在胯下。

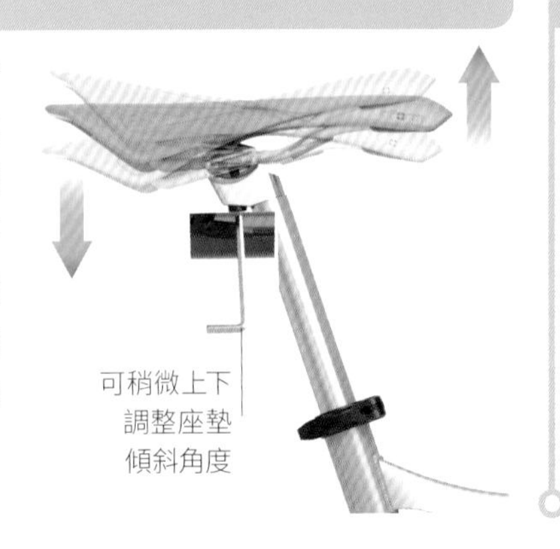

3 座墊前後位置

將座墊順著座弓滑移，使座墊中心位在後輪軸與五通的中間位置，可讓你的身體處在最好掌控車輛的位置，像是輪胎的控制和避震的效果。

施工訣竅：高胎壓(40psi)適合在乾燥林道激烈且快速的騎乘；低胎壓 (25-35psi) 則適合騎在泥濘的路面。無內胎的輪子可用相當低的胎壓 (20-25psi) ，無需擔心車胎夾擊破裂。

7 變速/煞車把手角度

將煞車組及變速把手向前傾斜與地面呈 45 度角，手腕放輕鬆才好控制。為了符合個人的騎車姿勢，以坐姿或站姿踩在踏板上，並調整把手到手腕可以伸直且輕鬆的位置。

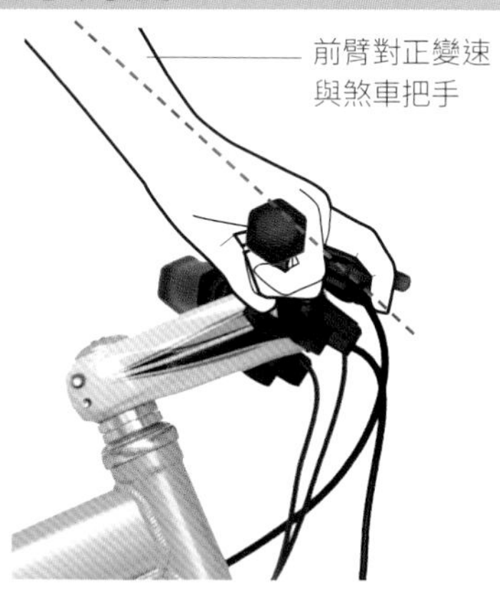

6 變速/煞車把手位置

為了方便使用煞車和控制方向，因此要將煞車組及變速把手裝在易於操控之處。將手握在平時騎車的慣用位置，將煞車組順著車手把移到食指或中指剛好可以拉到的位置。接下來手依舊放在慣用位置，將變速把手裝在易於操作之處。(你可能需要將變速把手裝在握把套及煞車組之間) 。

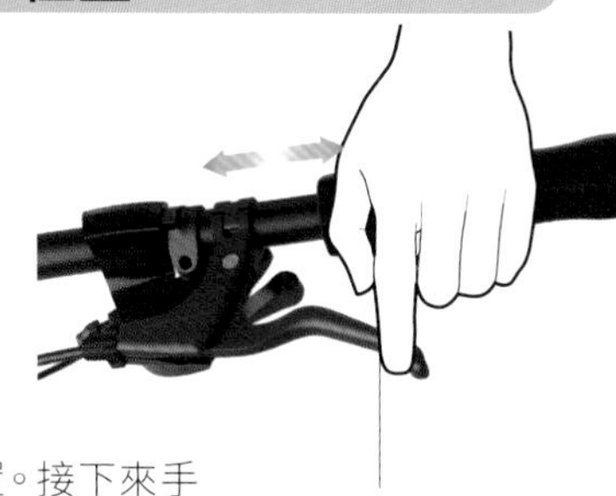
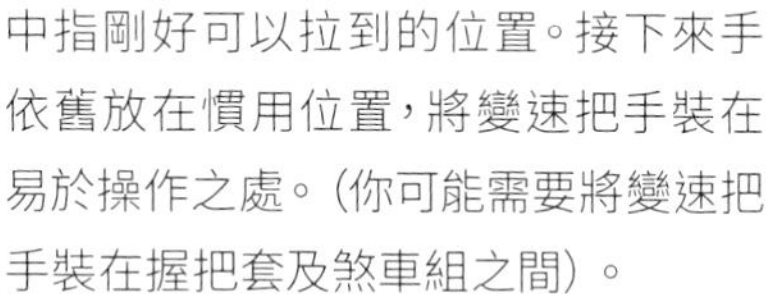

5 龍頭位置

挑選一個適合自己騎乘風格的龍頭，注意不要讓身體太擠或過度前伸，以免造成下背疼痛。短龍頭 (50-70mm) 有利於快速轉向；長龍頭 (80-100mm) 適合爬坡。龍頭的角度也會影響操控性，增高龍頭讓騎乘穩定，但轉向的精確度會較差；降低龍頭或將墊圈移到龍頭上方，可讓騎乘較敏捷。

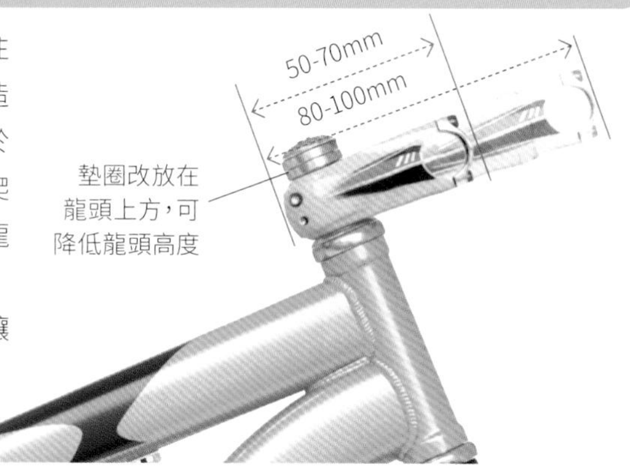

4 燕把角度

大部份登山車都配備手把兩端抬高的燕把 (riser bar) 。鬆開固定螺栓，轉動燕把使從側面看其抬高走向與前叉內外管平行。若將燕把往後轉的角度太大，會增加手腕與背部的壓力；若將燕把往前轉的角度太大，會讓前輪承受過多體重且也會妨礙操作。

登山車尺寸

- 登山車的尺寸是以立管長度做區分，一般來說是以英吋為單位，從 13-24 英吋或直接分成 XS / S / M / L / XL。
- 選購新登山時，可跨站在車子中間，上管需距離下襠 5-8cm，確保跨高足夠。
- 車身的疊高量與前伸量 — 疊高量 (stack) 及前伸量 (reach) 是分別指由五通中心到上管頂端的垂直與水平距離，代表車架的真實大小且無法改裝，要確保這兩個長度適合你的身體。

自行車配件
必備的工具

幾乎所有的自行車都用得到這些小工具，有些是安全考量或是讓騎車時更加方便或舒適而攜帶。對騎乘者來說所有的配件都很有用，所以你要花些時間去衡量哪些配件是旅途中用得到的。

內胎

依輪胎的直徑與寬度會使用不同的內胎，氣嘴也會有差異，需確保攜帶正確的打氣筒。

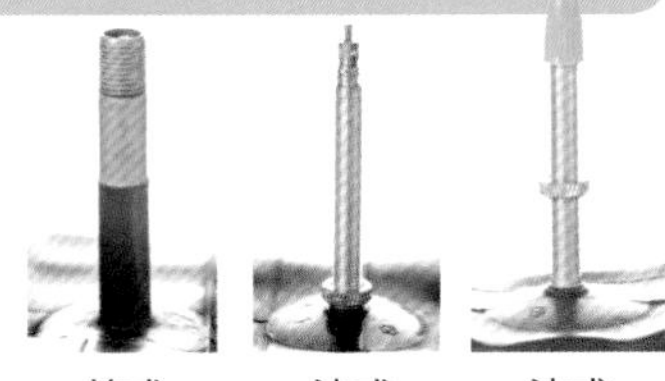

美式(Schrader)氣嘴胎　法式長氣嘴胎　法式氣嘴胎

座墊包

座墊包夾在座墊後方，體積小且牢靠，又不會妨礙騎車。座墊包內一般會放備胎、補胎工具、挖胎棒和手工具組。另外也有容量較大的座墊包可放入備用衣物。

工具包

傳統包

防水包

打氣筒

使用大氣室的打氣筒在充寬輪胎時很容易操作，但如果要充到符合公路車需要的高胎壓就要花多點時間。

氣嘴閥

迷你打氣筒

二氧化碳充氣組

螺口

二氧化碳氣罐

橡膠握把

車架式打氣筒

隨身工具組

必須具備基本維修所需的工具，包括手工具組、挖胎棒以及補胎工具等。需確認這些工具都適用於你的車型。

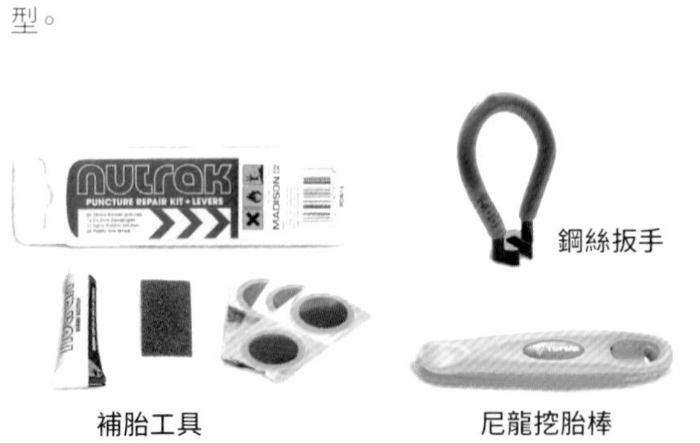

鋼絲扳手

補胎工具

尼龍挖胎棒

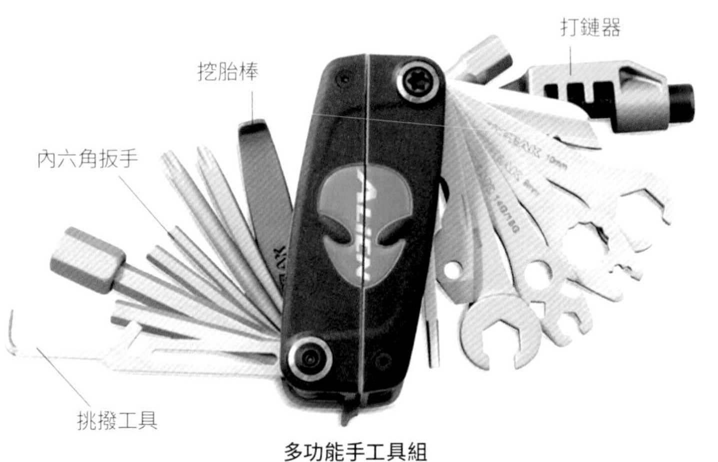

多功能手工具組

水壺與水袋背包

騎車要注意補充水分，並非只有熱天才需要。一般來說公路車都有裝設水壺架，而騎越野車比較常使用水袋背包。

水壺架

水壺

鐵人三項水壺

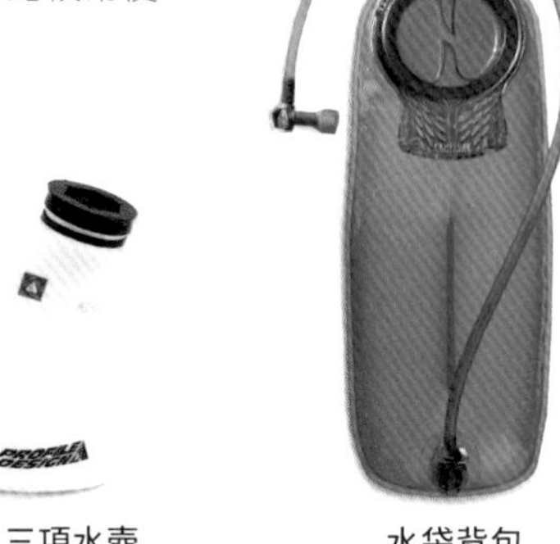
水袋背包

吸管水袋背包

鎖具

市面上有許多型式的車鎖可供選擇。在某些狀況下，需要幾個不同的鎖將車身上不同的部份鎖起來。

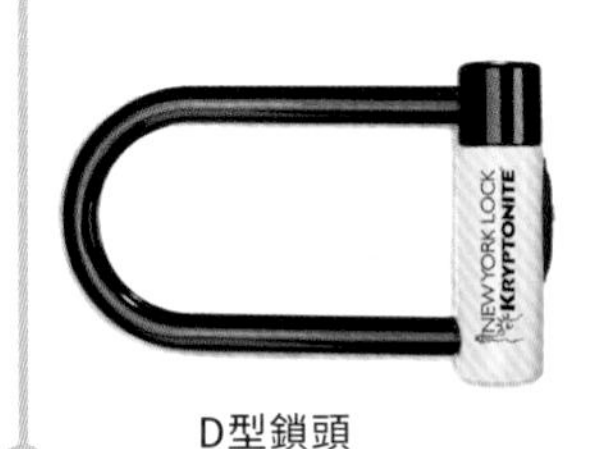

D型鎖頭

鏈條鎖

鋼纜鎖

擋泥板

擋泥板在下雨天時有助於保持車身與衣服整潔，越野車的擋泥板要時常清洗以免堆積。

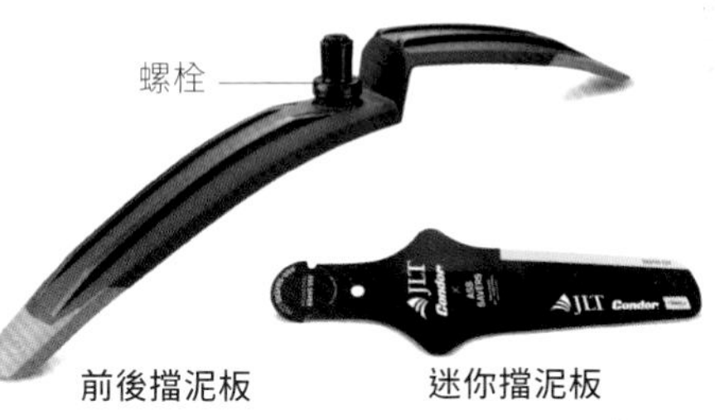

前後擋泥板　迷你擋泥板

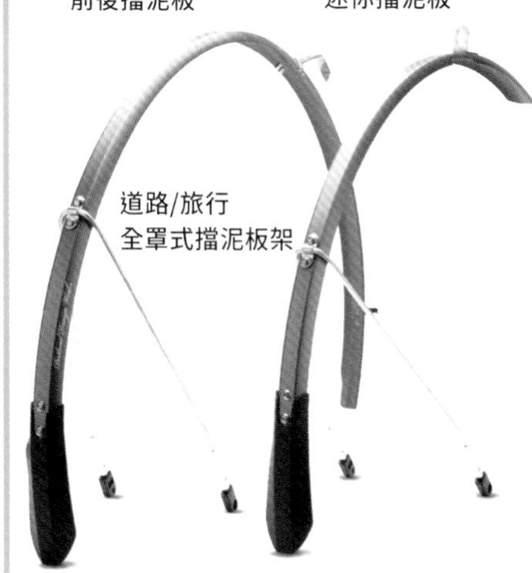
道路/旅行
全罩式擋泥板架

車燈

現今的自行車 LED 燈可比汽車頭燈，對越野車而言，閃光燈可以提供強力的照明讓其他用路人注意。

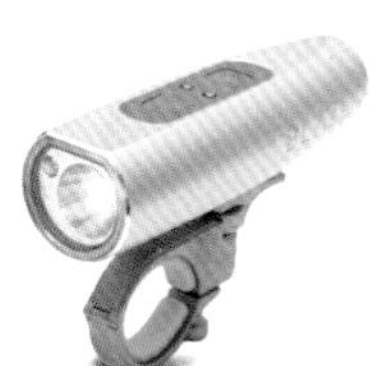

橡膠扣環LED燈

夾燈

警示用前後車燈

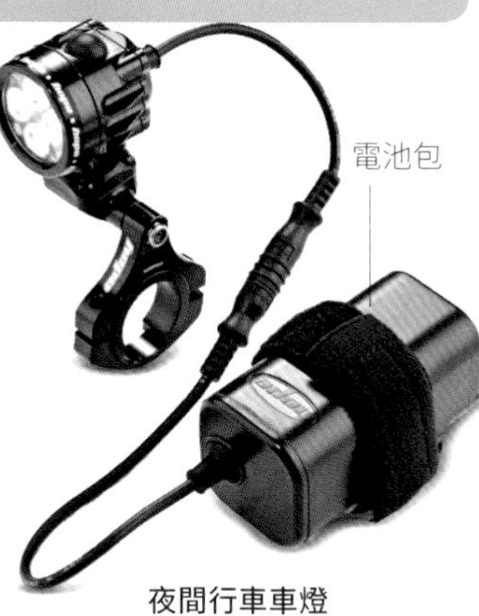

夜間行車車燈

自行車配件

科技配件

自行車的配件研發突飛猛進並結合尖端科技，尤其是 GPS 提供車輛導航的功能更是取代了傳統地圖，而心率監測及功率計可以更容易記錄運動表現。

電腦碼表

即使是最簡易的自行車電腦碼表，都能計算旅程中的行車速度和距離。無線電腦碼表的價格雖然較高，但比有線碼表看起來要簡潔許多。

有線電腦碼表

大螢幕電腦碼表

全球定位系統 (GPS)

準確度高且體積小的 GPS 設備逐漸普及化，高階機型不只可以上傳詳細的地圖做導航，而且還能提供逐向導航 (turn-by-turn navigation) 功能。

GPS手機

精簡型

GPS手錶

迷你型GPS

彩色GPS

心率監測器

心率監測器是一種實惠的方式，測量你的訓練是否有達到目標及預期的效果。新機型都可以連上智慧型手機與 app 整合。

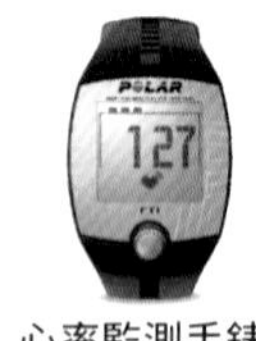

心率監測手錶

心率監測帶

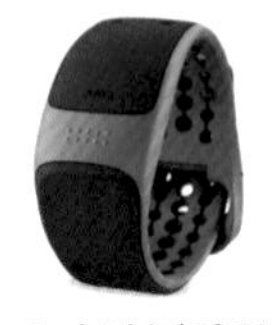
心率監測手環

監測安全帽

功率計

功率計是很實用的訓練用工具，將騎乘者的踩踏輸出即時量化，以瞭解究竟發揮了多少。

使用功率計除了能夠記錄訓練進展，還可以讓你在騎乘的過程中維持正確的強度。

踏板功率計

花轂功率計

曲柄功率計

攝影機

將輕便型攝影機安裝在安全帽或自行車上，可以沿途錄影，例如記錄下坡時的驚險畫面供日後欣賞，還能將突發事件記錄下來做為佐證。

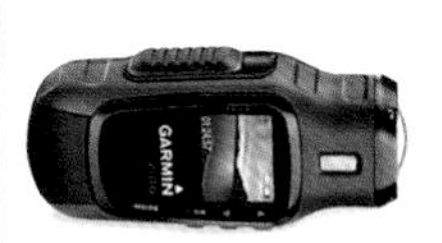
自行車專用行車記錄器

補光燈

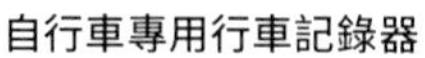
可固定攝影機的安全帽

其它自行車周邊配備

新型的 GPS 配備可以為旅程提供導航功能，並且看一眼就能清楚知道是否騎在正確的路線上，甚至還能搭配可放在水壺架內的迷你音箱使用。

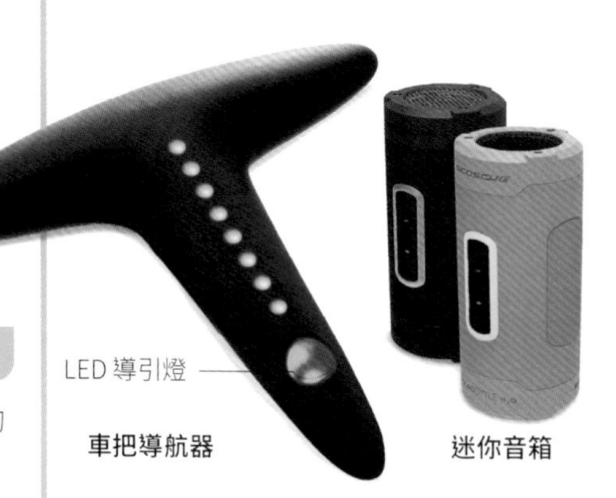

車把導航器　迷你音箱

自行車發電機

現今的自行車發電機不僅便於行進時供給車燈電力，而且比傳統電池供電的 LED 燈更環保。有些型號的自行車發電機還能同時為智慧型手機充電。

自行車發電機燈

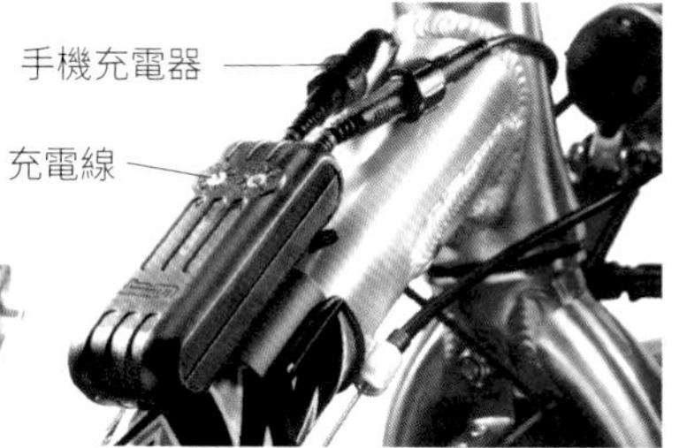

智慧型手機充電器

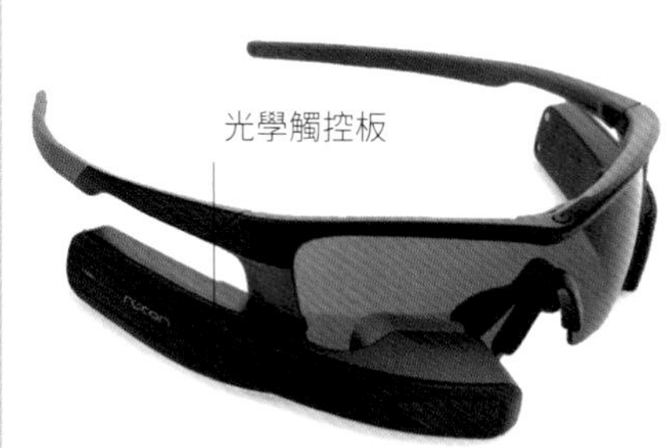

自行車智慧眼鏡，
具備抬頭顯示幕可看到騎行數據

自行車安全配備

雷達感應器可提醒你周遭的路況；發光安全帽可在天候不佳的情況下仍能被其他用路人看見；智慧車鎖讓你省去攜帶鑰匙的麻煩。

雷達

撞擊感應器

後車燈攝影機

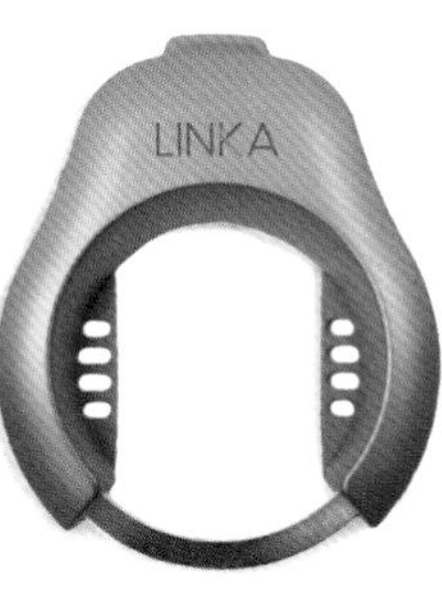

智慧車鎖

整合燈光安全帽

實用裝備

無論騎車出外旅遊或通勤時一定需要攜帶的物品。例如在長途旅行時需要可載物的裝備，才能舒適地騎行；而短程者可挑選適合的背包或信差包，以方便取用隨身物品。

背包/信差包

雙肩大背包能裝較多較重的物品，而信差包則輕便易用。

通勤包

捲蓋式背包

登山車背包

馬鞍袋與貨架

自行車前後可裝上貨架以裝載更多的物品，但並非所有的車型都可以安裝。後下叉較長的車子可適用較大的後馬鞍袋；輕量的前叉不適合安裝前貨架。

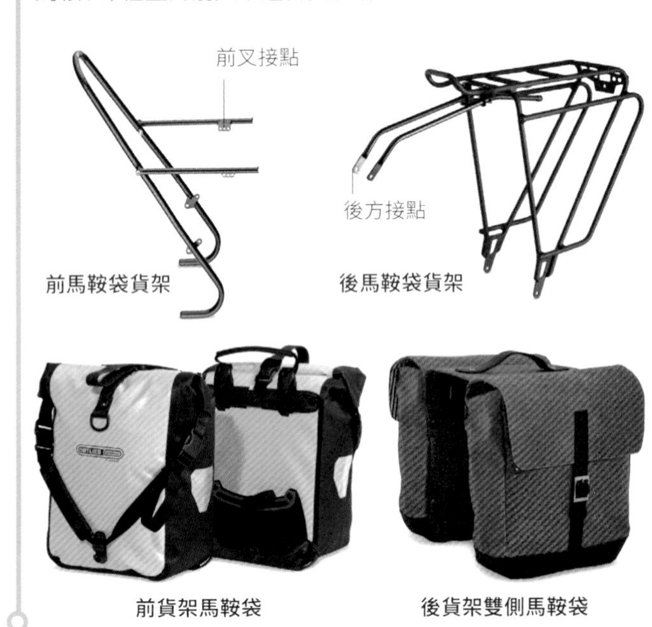

前馬鞍袋貨架

後馬鞍袋貨架

前貨架馬鞍袋

後貨架雙側馬鞍袋

車架包

藉由將重量分散至車架上，這種車架包比傳統馬鞍包更不會影響到操控性，特別適合越野路線使用。這些車架包一般來說都會比較輕，且有助於穩定車身。

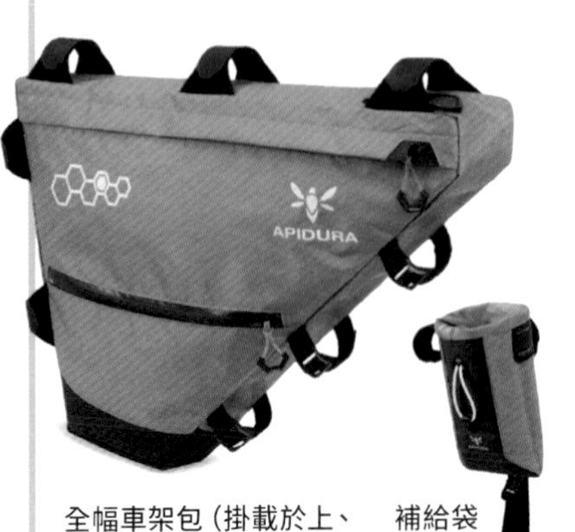

全幅車架包（掛載於上、下管之間的三角位置）

上管包

補給袋

小型座墊包

車把和座椅包

馬鞍袋裝在座管延伸式貨架上

其它類型貨架

車子前面或後面裝上籃子，可在購物時方便放置物品。安裝在車上的車包，通常有快拆機制。

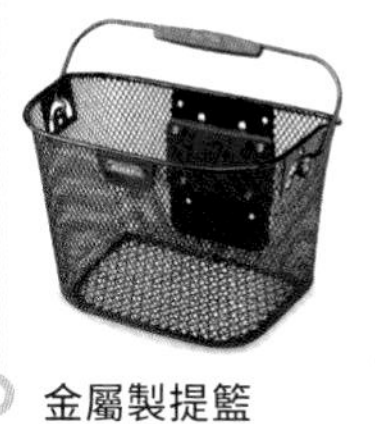

金屬製提籃

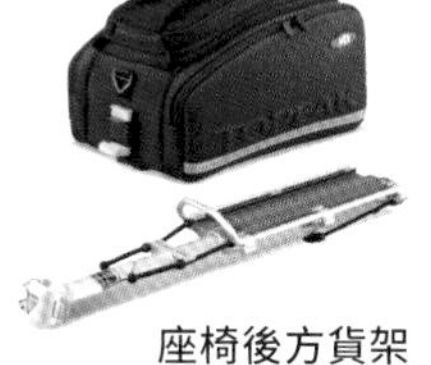

座椅後方貨架

碳纖座管延伸快拆式後貨架

車手把袋

車手把袋可以放重要的物品，例如地圖就可以放在這個位置以方便使用。

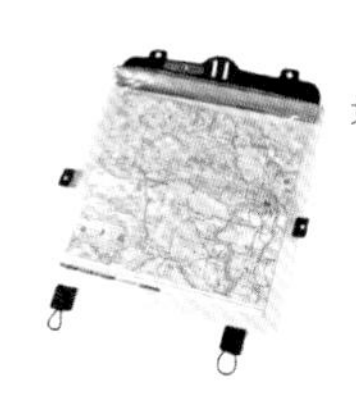

透明地圖夾

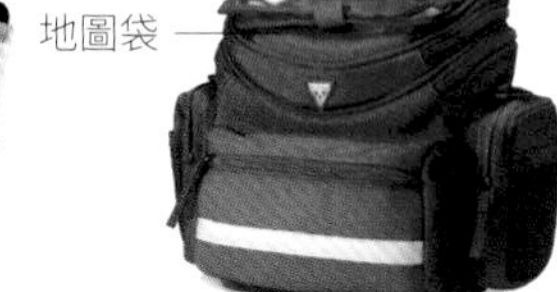

車把袋

兒童座椅及拖車

兒童座椅可以給比較小的孩童乘坐，年紀稍長的孩童則適合乘坐拖車或親子推車。

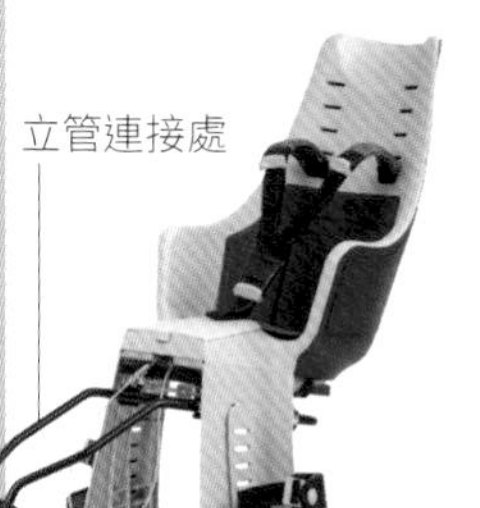

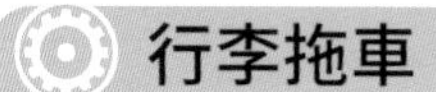

安裝於立管的兒童座椅

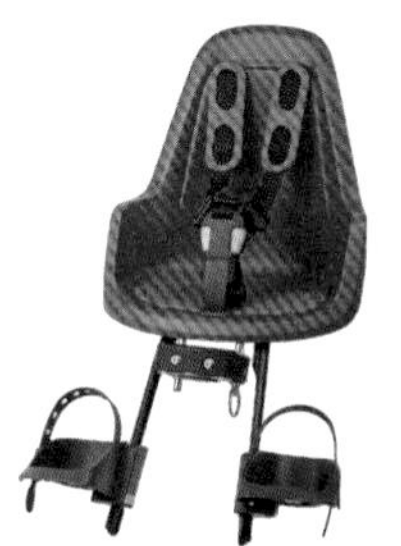

安裝於上管的兒童座椅

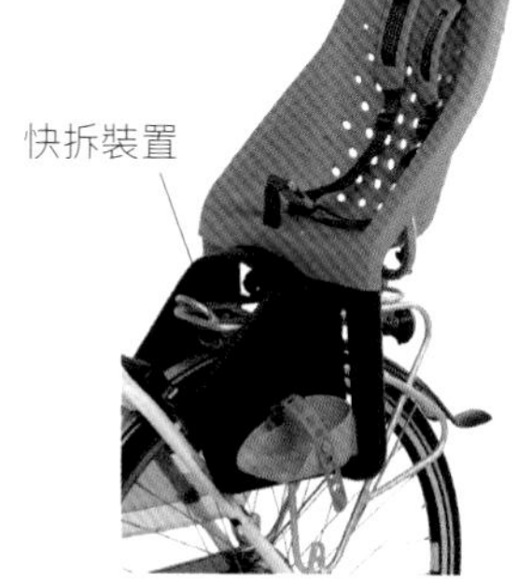

安裝於後車架上的兒童座椅

雙人座兒童拖車

行李拖車

行李拖車適合購物行程或需要攜帶大量物品的時候。雙輪拖車的穩定性較佳，但在越野旅行時較適合使用單輪拖車。

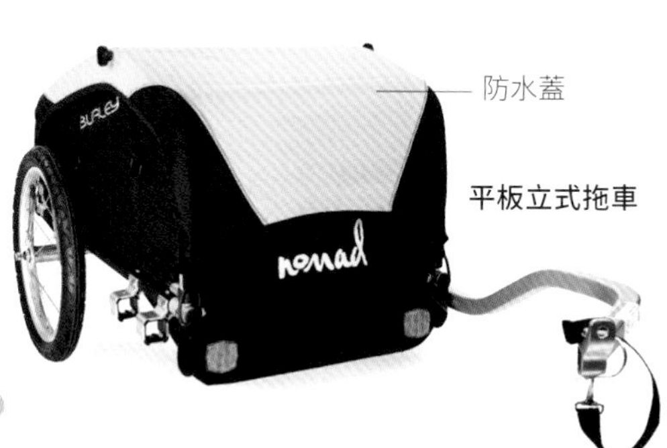

平板立式拖車

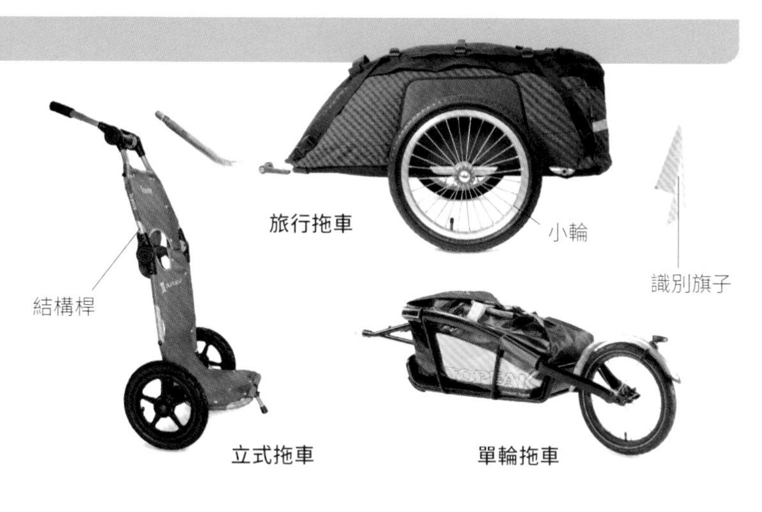

旅行拖車

立式拖車

單輪拖車

車衣穿著

公路服裝

短程騎車只需要穿著平常的服裝即可，但若要長途旅行或在天候不佳的狀況下騎車，最好選擇適當的車衣會比較舒服。特殊剪裁的專用車衣符合運動時的肢體活動範圍，讓你在騎車時感受良好。

服裝的布料選用輕量及透氣材質，讓汗水得以揮發、吸收震動。防風與防水衣物亦能在氣候不佳時，起到保護的作用。

車衣穿搭層次

太熱或太冷都會讓人感到不適，因此適時增減衣物的件數，可有效保持身體軀幹的體溫，選用保溫衣時需注意容易穿脫。而適合全天候使用的衣物材質應具備下列條件：

- 貼近皮膚的底衫要有透氣功能，可以在炎熱氣候排出濕氣，並在寒冷氣候留住體熱。
- 中間層衣物的延展性要好，具有防曬功能並能調節體溫。
- 外層衣物要容易穿脫，具有防風防水功能，可以擋雨並在流汗時能保持通風。

公路車衣

車衣的設計要貼身，且為了符合身體前傾的騎車姿勢，袖子與背部的剪裁也較長。透氣面料可以排汗，連身車褲（bib shorts）有穿起來相當舒適的吊帶，免除一般平口車褲腰帶的束縛感。

1 底衫可排汗，讓身體保持乾燥與保暖。
2 短袖高頸的設計可以防曬。
3 外側穿上無袖背心能保暖及防風。
4 連身車褲讓你坐在座墊時更加舒適。
5 吸濕排汗薄襪可將腳上的汗水排出。
6 半指手套的內襯可以吸汗。
7 公路車安全帽重量輕盈，符合空氣動力學且通風。
8 車鞋為硬底材質，讓雙腳可平穩踩踏。
9 運動型太陽眼鏡可防曬，亦可阻擋昆蟲與碎石。

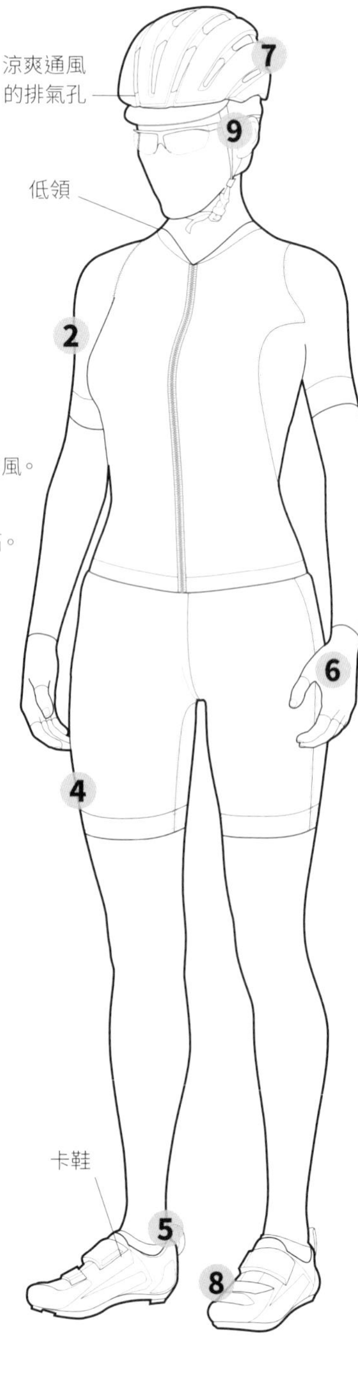

選購訣竅： 騎車時盡量不要穿著綿製衣服，因為容易吸汗而不會排汗，當汗水長時間附著在皮膚，潮濕的衣服會加速體溫散失，使你感到寒冷且不適。

周邊物品

從太陽眼鏡、遮眼帽、手套和保暖衣，這些全方位功能性的配件可提升騎車的舒適感。

卡子護蓋

鏡面太陽眼鏡

自行車小帽

全指手套

袖套

高能見度配件

在夜間或昏暗的天色下騎車，一定要穿著高能見度的衣物才會比較安全。有的服裝本身就設計有局部反光區域，你也可以自己貼上反光貼布。

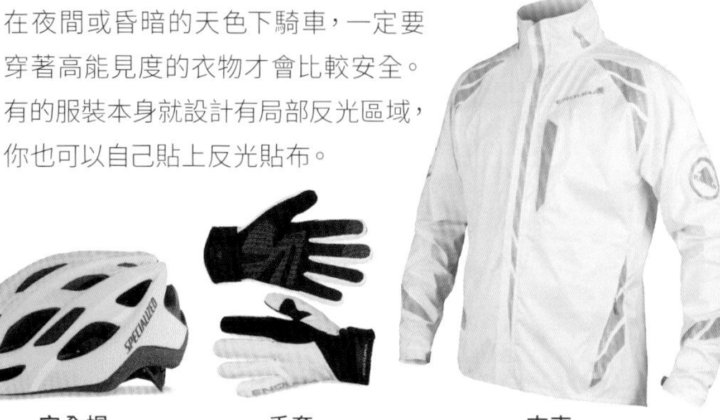

安全帽

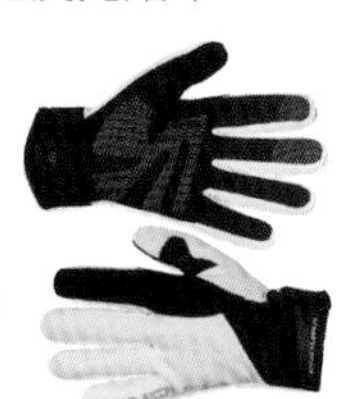

手套

夾克

雨具

騎車難免會遇到下雨天，而選用適當的配件能使你免於成為落湯雞。主要的配件有防水夾克和連帽披風。

套鞋

防雨安全帽套

雨天防水夾克

輕薄型遮雨夾克

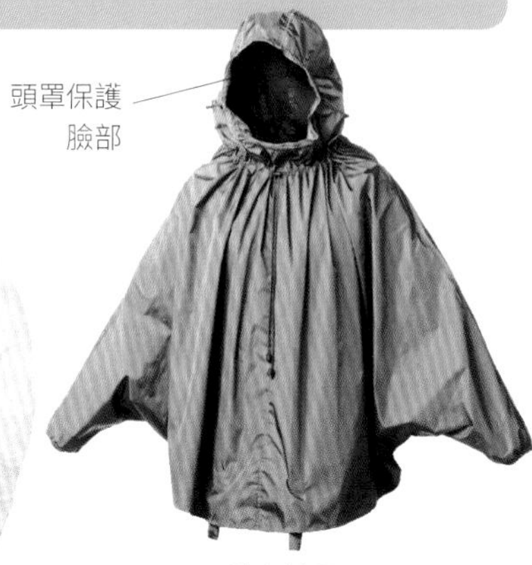

防水披風

防寒裝

在冬天騎車一定要準備保暖衣物，手套、保暖背心和連身車褲都有助於調節體溫。

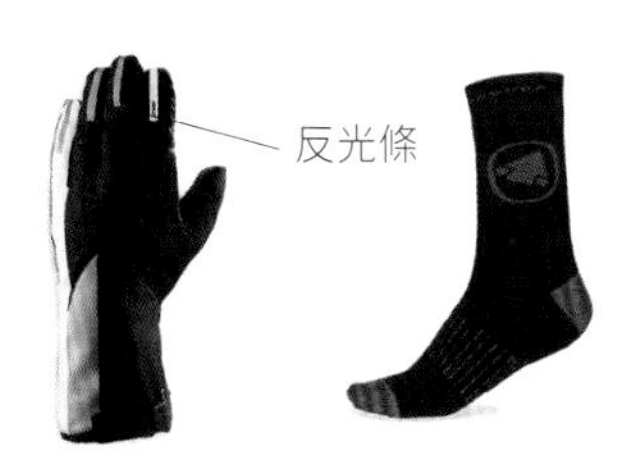

防寒手套

微細針織羊毛襪

保暖背心

長袖防風夾克

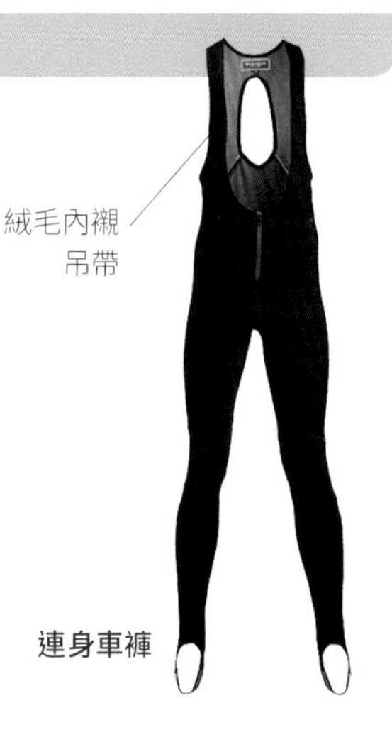

連身車褲

車衣穿著

越野服裝

越野車衣較為寬鬆且無緊身效果，注重身體的靈活度。寬鬆越野短褲具有耐磨的特性，配有口袋，以及讓騎在崎嶇路面時感覺舒適的襯墊。

寬鬆的車衣讓身體的活動範圍更大，若選擇防水材質的衣物能讓你在旅途上經得起泥水的噴濺。

全罩式安全帽及四肢護身能提供在極限賽道上騎車時的保護。

越野車衣

越野車衣的設計是為了讓騎乘者可以盡可能有寬廣的活動範圍，寬鬆的短褲內可以穿戴護膝墊，萊卡材質內也有襯墊設計，甚至也有整合型襯墊，不穿內褲也能得到保護。透氣布料使你能保持體溫及身體乾燥。而鞋底則需抓地力強且耐磨。

1 吸濕排汗的材質可以快速將汗水帶離皮膚。
2 寬鬆車衣讓身體盡量施展開來。
3 軟殼越野車夾克可以防風防雨。
4 有襯墊的車褲在騎車時更舒適。
5 美麗諾毛襪可以保暖。
6 全指且有襯墊的手套可保護雙手。
7 輕量通風的安全帽完全包覆頭部。
8 高度及踝的越野卡鞋，在踩踏時更有效率。
9 可更換為橘色或黃色鏡片的眼鏡。

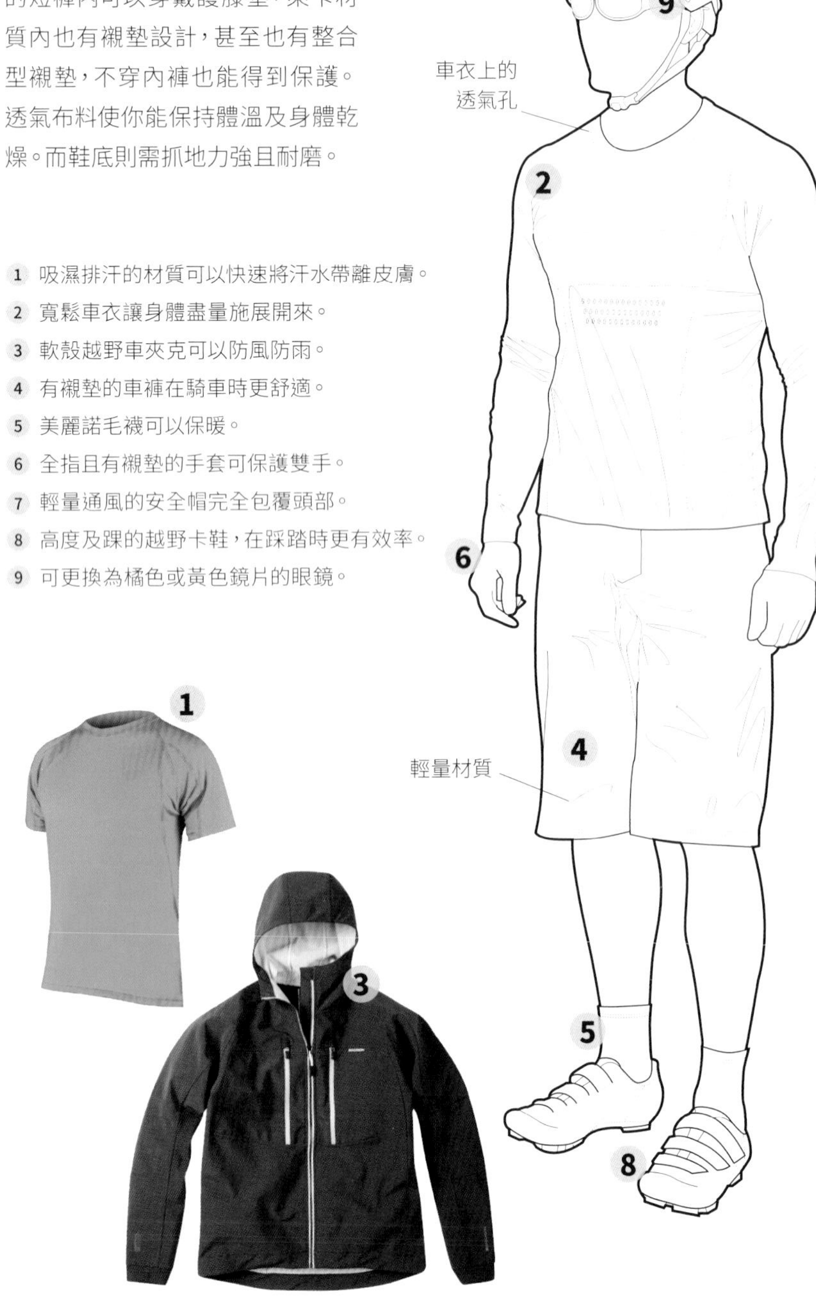

選購指南

舒適感與靈活性是選購越野車衣的重點，購買前要多看看及試穿。

- 選購能讓雙腿自由活動的衣褲
- 在試穿上衣和夾克時，檢視雙手可否向上伸直，騎車時衣服不會被撐破。
- 選擇耐用的眼鏡，有些型號的眼鏡可以更換鏡片，黃色的眼鏡適於在陰暗或微光的路況下使用。
- 安全帽要選擇合頭的尺寸；購買經過認證合格的安全帽。

選購訣竅：防水夾克如果太髒或汗水太多，會使得纖維吸收了水份卻無法順利排出，導致防水效果變差。將防水夾克清洗乾淨後即可恢復防水功能，或噴上耐久性潑水劑也可以。

周邊物品

擁有品質良好的配件可以減少骨折和挫傷的風險，在更為激烈的地形騎車時一定要戴全罩式安全帽，護目鏡可以保護眼睛不被塵土沾染。護膝和護肘可保護身體的安全。

全罩式安全帽

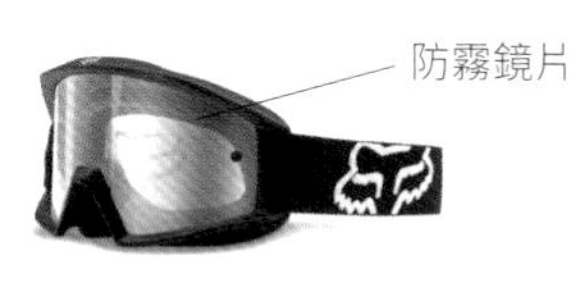

護目鏡

護肘

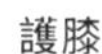

護膝

雨具

穿著正確的衣物讓你在雨天中騎車依然可以盡興。防水車褲不怕泥土潑濺，襪子也有防水內裡。

防水鞋

有襯裡的襪子

防水保暖長褲

硬殼防水夾克

車衣保養

越野車衣通常價值不菲，因此清洗前應留意製造商提供的注意事項以免衣物受損。避免使用衣物柔軟精以免衣物喪失排汗功能。

- 將衣物放入洗衣機前，先以清水沖刷污漬。
- 每次騎車完畢都要清洗衣物以免發霉。
- 自行車衣物與其它衣物分開洗。自行車衣物需要使用溫和及低轉速模式清洗，並使用可在低溫下作用的洗滌劑。
- 夾克放入洗衣機前要先將拉鍊往上拉到頂，以免拉鍊扯到其它衣物。
- 萊卡材質或具有彈性的衣物需自然風乾，不宜使用烘衣機以免造成損壞。

防寒裝

連帽或高領夾克可以防寒保暖，圍上圍巾也可保暖或往上摺以遮蓋耳朵保暖。長連身車褲亦可阻隔皮膚接觸冷空氣。

圍巾

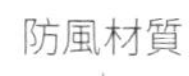

防寒手套

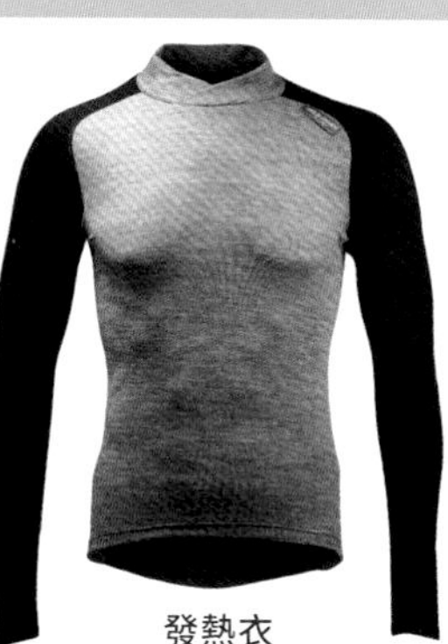

發熱衣

長袖、防水發熱夾克外套

長連身車褲

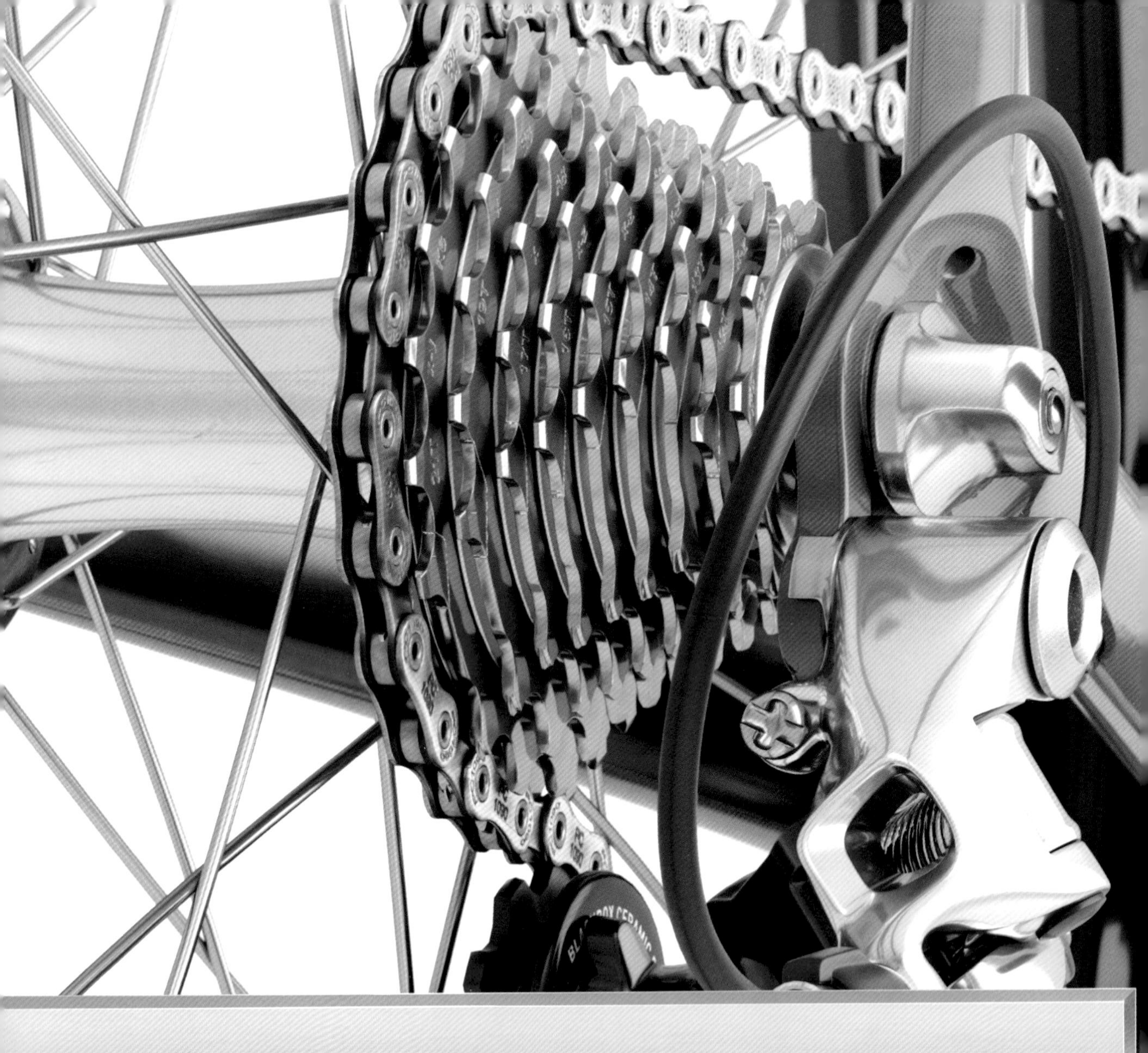

第 2 篇 入門學習

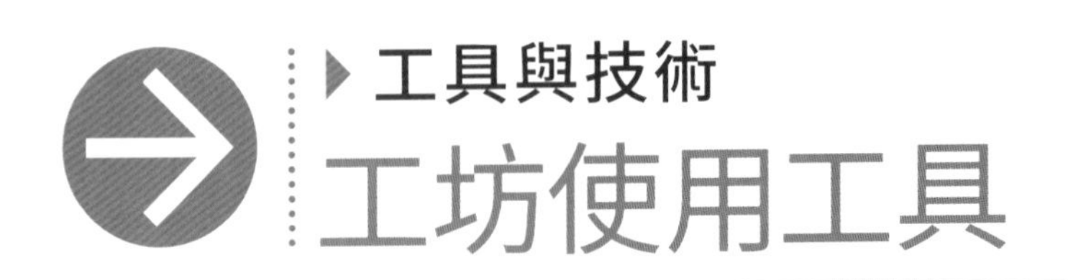

工具與技術

工坊使用工具

購買自行車的工具算是低成本的投資，長期來說可以為你省下大筆的維修費用。只要有適當的工具在手，便能自行完成大部分的保養工作並使車子維持在最佳狀態。一開始先選購基本工具，等到有需求時再添購其它特殊工具。

立車架和打氣筒

選擇適合車身尺寸的立車架及放置工具的空間。使用附胎壓計的打氣筒可讓內胎保持在適當的胎壓。

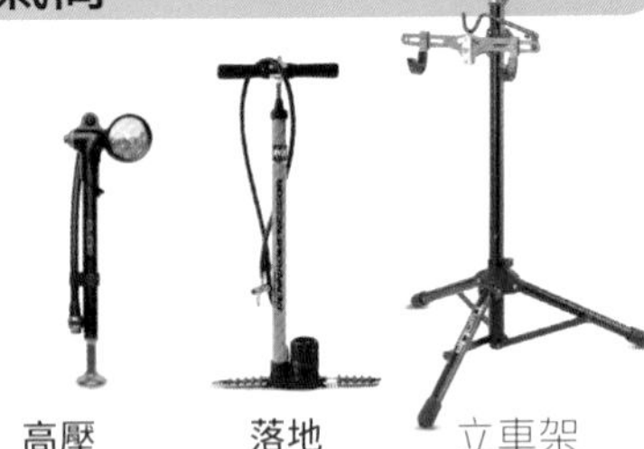

高壓打氣筒　落地打氣筒　立車架

必備工具

許多基本工具不可或缺，是平日與上路時都會常常用到的工具：

機械工具

- 多功能手工具組
- 活動扳手
- 扳手工具組
- 老虎鉗
- 螺絲起子（一字和十字）

其它裝備

- 補胎工具
- 挖胎棒
- 油
- 潤滑油
- 去漬劑

鉗子與螺絲起子

只要備有一組包括數種尺寸的一字和十字螺絲起子，便能做些小調整。尖嘴鉗適合用於較狹窄的區域。

銳利的刃口

尖嘴鉗　老虎鉗　纜線剪

一字和十字螺絲起子

各式扳手

扳手的數量和種類多到嚇人，因此從選購用途較廣的扳手開始，並搭配使用內六角扳手，當使用熟練度提升後，便可以開始添購特殊用途的扳手。

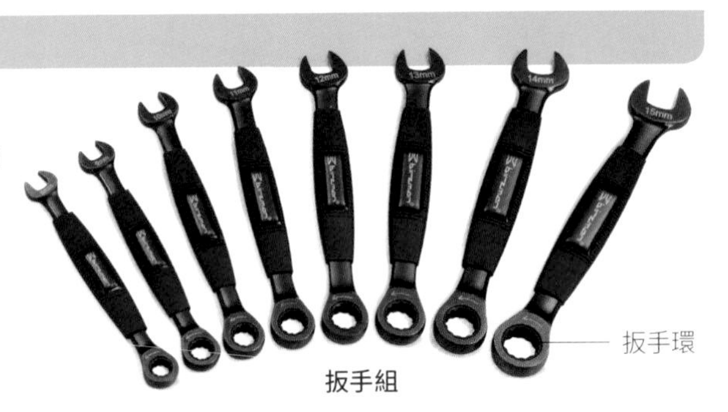

扳手環

扳手組

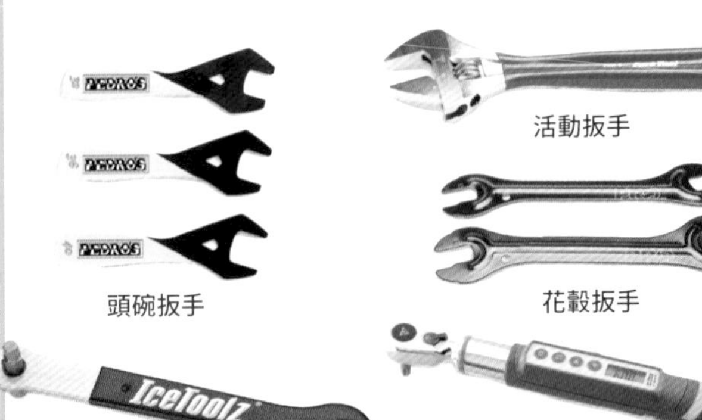

頭碗扳手　活動扳手　花轂扳手　踏板扳手　可調式扭力扳手

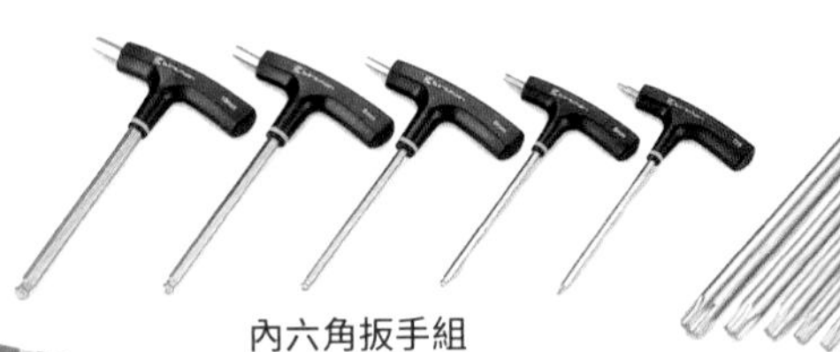

內六角扳手組　星型扳手組

清潔工具和備品

- 自行車清潔刷
- 酒精基底清潔劑
- 內胎（正確的尺寸/氣嘴）
- 煞車來令片
- 水桶和海棉
- 車身亮光劑
- 線尾塞
- 鏈條固定器
- （煞車/變速）外管
- （煞車/變速）內線

鏈條與飛輪（棘輪座）

由於不同廠牌的飛輪要用適當工具才能安裝，因此購買前要確定是否與你的自行車相容。鏈條扳手（Chain whips）可以拆卸飛輪，而有些型號的鏈條扳手附有鎖環工具。

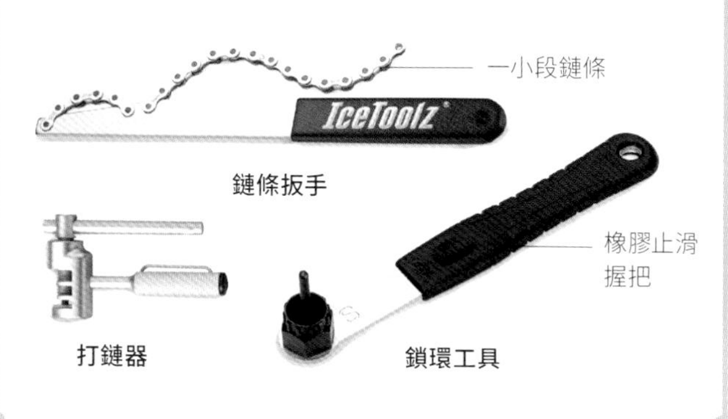

曲柄和五通（BB、中軸）

五通需要使用特殊的工具才能裝卸，假使你想要拆卸或迫緊五通，購買這些工具絕對值得。曲柄拆卸工具讓你可以快速及有效地拆卸曲柄。

五通環扳手與預壓蓋工具

齒盤螺栓扳手

五通拆卸工具

曲柄退出工具

專業設備

除了基本工具之外，以下這些工具可以幫助你更容易維修。你未必會經常使用到這些工具，但長期下來還是可能為你省下不少時間和金錢，舉例來說，鏈條檢測量規可以避免爾後昂貴的飛輪維修費用。

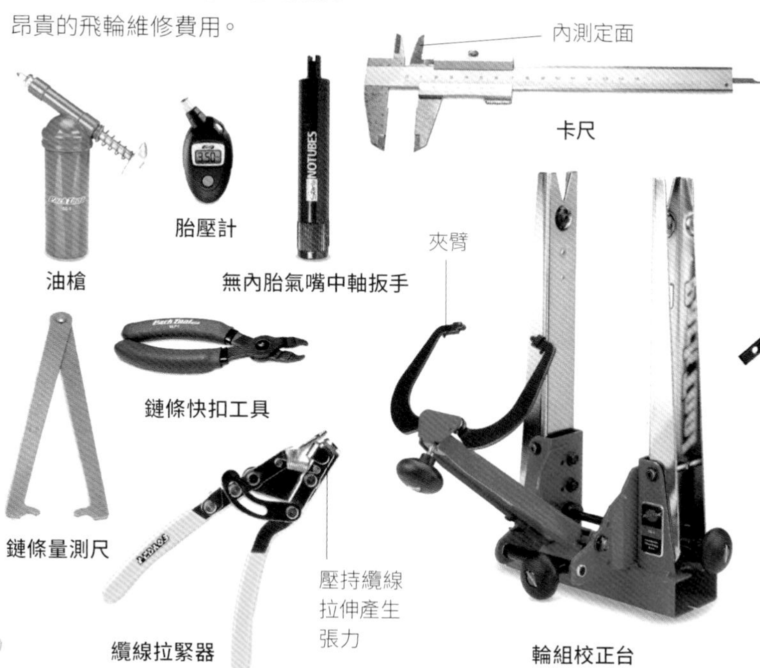

放氣工具

液壓碟煞最終都需要放氣來維持功能，這些工具能簡單快速地完成放氣的步驟。請確認取得正確對應煞車型號的放氣工具。

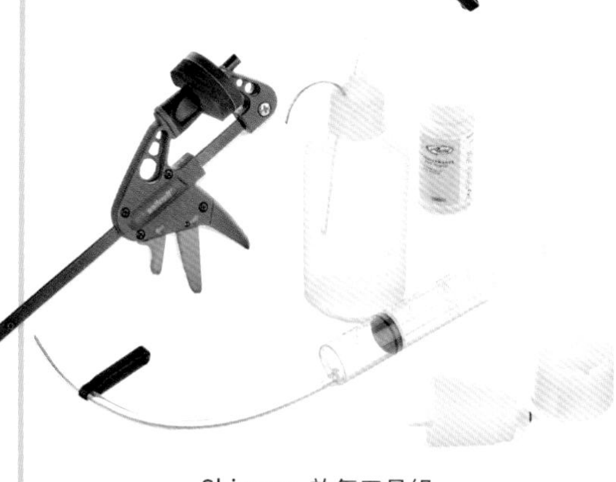

Shimano 放氣工具組

碟煞卡鉗檔塊

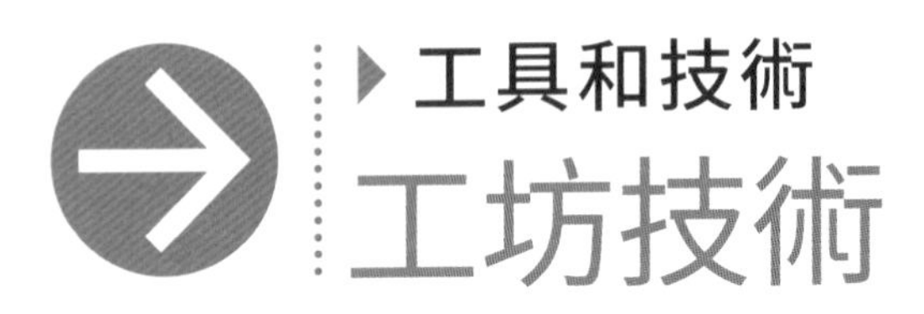

工具和技術
工坊技術

從經典車款到現代高科技超級單車，所有單車其實都使用基本的「螺帽」與「螺栓」完成架構。

雖說簡單基本，但仍有些原則與較不為人知的工坊訣竅能使保養進行起來更加直覺，更為精準。除此之外，正確遵循指示不只省時還能省錢。

預處理

帶有螺紋的零件在組裝前都需前置處理。以去漬劑或酒精類的清潔劑清洗後，接著塗上正確的料劑，概述如下。

- **潤滑油**可以使用在大部分的自行車零件，尤其是區柄螺絲、踏板轉軸、外管夾螺栓（變速及煞車）。
- **螺絲膠**使用在容易因震動而鬆脫的零件，像是導輪螺絲、煞車夾器、碟盤螺絲、龍頭面板螺栓及卡子螺絲。
- **防卡劑**使用在易於卡死的零件，尤其是鋁或鈦合金製品。
- **防滑膏**可用在一端或兩端皆為碳纖材質時（除龍頭 / 轉向管連接處等需保持乾燥處）。

迫緊的方向

大部分的零件順時針方向（向右）旋轉是迫緊，逆時針方向（向左）旋轉是鬆開，腳踏板和五通則是例外。要鎖緊時檢視螺紋有無順著正確的方向旋轉。

順時針螺旋（標準牙紋）

逆時針螺旋（較少見，反牙紋）

機械效益

有些零件需要特別出力才能轉鬆（例如飛輪鎖環），可讓工具與零件或與支撐手成直角以增加機械效益 - 如此施做時，工具可放大你所施加的力量。

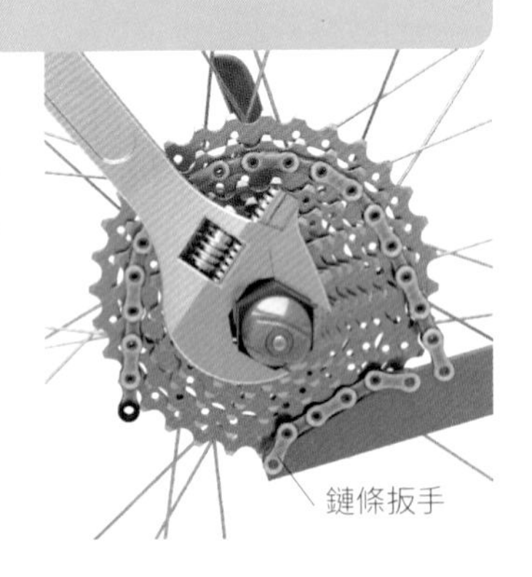

鏈條扳手

下轉

使用工具將零件以下轉的方式鎖緊或鬆開比較容易施作。但也因為較為省力，要注意別過度迫緊。

危險區域

當施工的車體區域有潛在危險性的零件時，例如靠近鏈條、齒片組及碟煞盤等，在使用工具時的位置與角度應離危險零件遠一點，以免一時手滑碰撞而受傷。

施作的工具盡量避開危險區域的零件

施工訣竅：依零件所需使用正確的工具，若使用的內六角扳手或其它扳手時感覺鬆動，就需檢查是否使用了正確尺寸的工具。另外也要注意量測工具上的標示是英制或公制，以免弄錯。

螺紋亂牙

當兩個零件以螺紋相接時（例如踏板與曲柄），必須依照正確的方法安裝，否則可能會產生螺紋交錯，而造成滑牙。為了避免這種情況，先用手將螺紋轉入另一個，當兩者接合時，感覺兩端螺紋是否順利密合。若繼續轉入感覺需要花更大力氣，就表示並未對正螺紋，要反向轉出來再重新嚐試；直到感覺兩端螺紋對正「喀」的一下，用手繼續小心鎖緊。

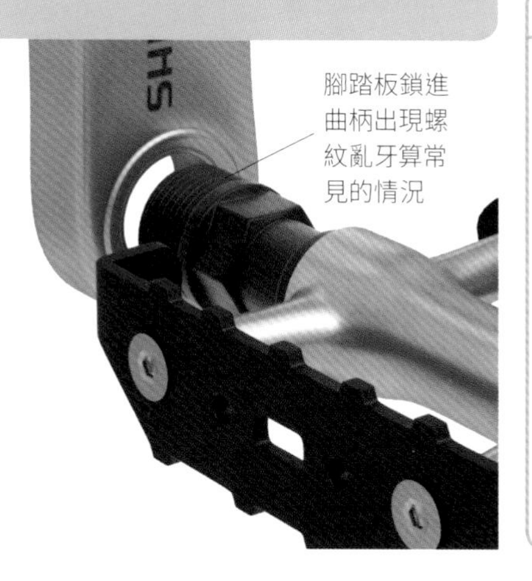

腳踏板鎖進曲柄出現螺紋亂牙算常見的情況

保養工具

工具保養與自行車保養一樣重要，所有的工具都要保持清潔，否則沾上砂土、油漬和水都會使工具生鏽與磨損。隨時留意工具的狀況，已經損壞的工具例如內六角扳手都磨圓了或扳手的齒都磨壞了，就應該替換掉，否則在維修時也容易造成零件損壞。工具應放置在乾燥且陽光照不到之處，最好是掛在工具牆上或收納在工具箱中。

外六角螺頭

如遇單車上配置的外六角螺帽或螺栓（有別於現代單車上配置的內六角螺頭），則需要使用兩用扳手上的梅花開口端或是套筒扳手進行拆裝。這樣的工具將會接合外六角螺頭的六個接觸面，較只有兩個接觸面的開口扳手有更好的穩固性。

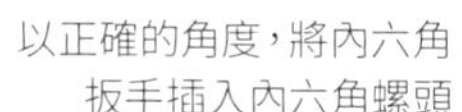

梅花扳手開口套於外六角螺栓

嵌入式螺栓

如遇嵌入式的內六角螺栓，就可能需要以內六角扳手的長柄端深入安裝處才能處理。如果螺栓過於緊固，可在內六角扳手短柄端套上短管以增加力矩。

以正確的角度，將內六角扳手插入內六角螺頭

外露螺栓

由於內六角與星狀螺栓頭皆為內陷構形，因此會卡泥沙，尤其是腳底卡子上的螺栓。在裝卸這些部位的螺栓前，請仔細清除任何泥沙與碎屑，如此才能確保扳手能確實與螺頭接合。

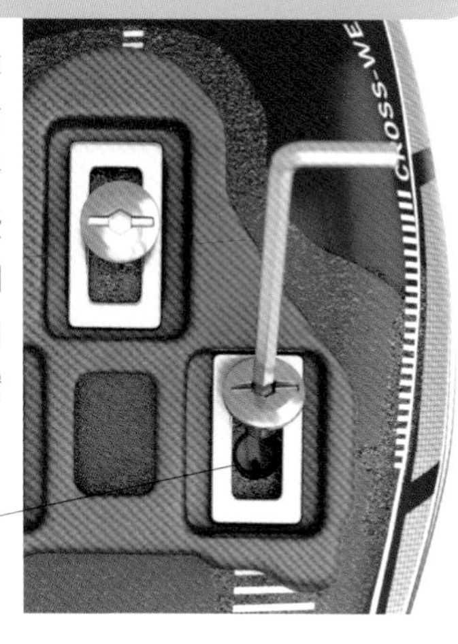

插入扳手前請先清理螺頭中的砂石

搥鬆

踏板中軸、曲柄螺栓與五通軸承蓋這些部位都鎖的非常緊。但通常以膠槌或是掌心在扳手一端短促一擊即可鬆開。如果這樣操作仍無效果，則取一小段硬管套在扳手手柄上以便增加力矩。

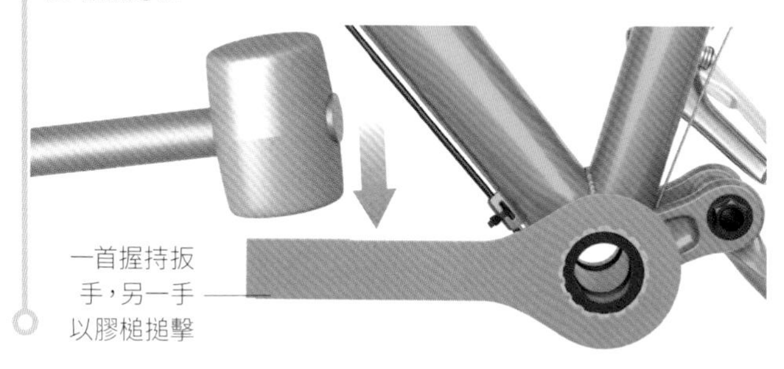

一首握持扳手，另一手以膠槌搥擊

保養和維修
M 字檢查

M 字檢查是一連串的自行車功能安全性檢測，進行 M 字檢查能保障單車安全運作。騎上路時，你對路人、汽車駕駛及其他自行車騎士（更不用提包括你自己）都有安全責任，因此要規律地做 M 字檢查。

這個檢查是以 M 字形的軌跡進行，一連串的檢查，包括車架與零件的磨耗、車身損壞情形和未妥善的調整。從前輪開始檢查，接著前叉、車把、車架和座墊，最後檢查變速器。

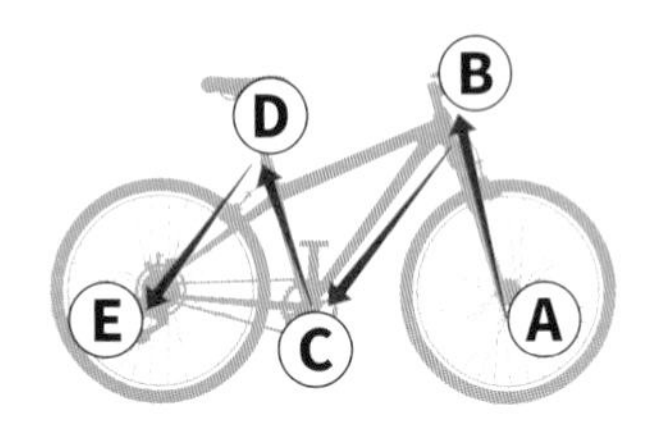

試騎檢查

除了 M 字檢查以外，在每次騎車出去時都應該先試騎做安全性檢查。

1. 測試煞車把確認可以鎖住車輪，否則要調整煞車皮。
2. 檢視煞車皮的磨損情形及是否與輪框對正車圈切齊。
3. 扭動龍頭、車把、座墊及座管，查看是否都已栓緊。（別用力扭推碳纖材質零件，可以使用扭力扳手檢測）。
4. 按壓輪胎檢查胎壓。
5. 檢查車輪快拆或螺絲是否確實安裝以確保行車安全。

A 車圈和前花轂

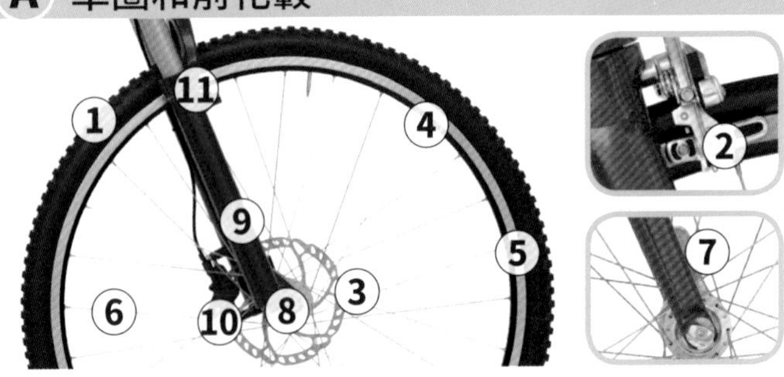

首先從自行車前端檢查，緩緩轉動車輪，接著是花轂、前叉和煞車。

轉動車輪時依下列要點進行檢查：

1. 胎紋和胎壁磨損的程度及胎壓是否正常。
2. 框式煞車夾緊是否磨擦輪框。
3. 碟盤是否正直。
4. 輪框為正圓沒有裂痕或磨損，或是鋼絲孔沒有凸起的情形。
5. 胎唇都有放進輪框內，從外面看不到內胎。
6. 鋼絲的張力均勻。

按壓車輪上方的橫面進行下列檢查：

7. 車輪螺帽／快拆安穩固定在叉端中。
8. 花轂軸承已迫緊。

目視檢查：

9. 前叉有無凹痕或裂縫。

按壓煞車檢查：

10. 煞車功能是否正常。
11. 按壓煞車同時向前推，檢查避震是否因為軸襯磨損而晃動。

B 車頭碗組和把手

接著檢查「座艙」，也就是把手、龍頭、車頭碗組與控制單元。

1. 壓住前煞車並將把手轉 90 度，握住轉向管向前推，若有任何間隙晃動就表示頭碗組鬆了。
2. 檢查把手有無凹痕或歪斜。
3. 檢查把尾塞有無嵌入。
4. 握住煞車及變速桿確認已固定住。
5. 雙腳站在前輪兩側，檢查把手是否與前輪成 90 度角。
6. 握住把手確認龍頭螺栓皆已迫緊。

施工訣竅： 檢查車架時要注意潛在的危險，金屬車架的焊接處比較容易斷裂，前兆是車身塗裝出現裂痕和起泡的現象。碳纖車架則會掉漆、變軟及車身的塗裝出現裂痕。

C 五通

移動到五通的位置進行傳動檢測。

① 用手將曲柄朝車架兩側拉動，如果有移動的情況，就表示五通鬆掉了。

② 轉動腳踏板檢查軸心運作情形。

③ 扭動腳踏板的軸心檢查軸承是否鎖緊，以及與曲柄是否緊密接合。

④ 將鏈條變速至前面最小齒盤，然後反轉曲柄檢查鏈條是否筆直、螺栓是否迫緊、鏈節皆可自由轉動。

⑤ 檢查前變速器與齒盤平行並已鎖緊，且未磨損。

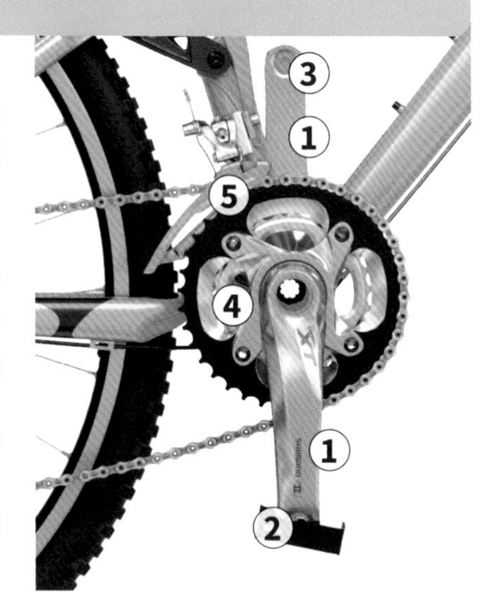

D 車架、管線、座墊和避震器

接下來要檢查車架、管線、座墊和避震器。

① 以手指檢查各處車管有無凹痕或裂痕。(先將車身擦拭後再檢查)

② 檢查外管 / 液壓管線的損耗情形，尤其是與車架磨擦的部分。

③ 檢查座管束已鎖緊。

④ 檢查座墊已安全無虞地安裝在座弓夾中，由上往下看座墊與上管呈一直線。

⑤ 檢查後避震時，立於車一側以一手握住座墊，另一手握住後輪，以平行手臂方向晃動後輪，檢查連桿軸襯 / 軸承 是否有任何間隙。

E 後輪

M 字檢查的最後一個步驟就是檢查後輪、煞車和變速器。

① 站在自行車後方檢查後變速器及後變吊耳 (hanger) 沒有扭曲，看看有無螺絲鬆脫及導輪磨損。

② 轉動後輪檢查輪胎或輪框磨損、鋼絲張力和煞車皮是否對正。

③ 測試後煞車功能是否正常。

④ 握住後輪上緣搖動車輪檢查花轂是否鬆動，迫緊中軸。

⑤ 依序變速至每個齒片，檢查變速是否正常、齒片是否磨損。

⑥ 使用鏈條測量尺檢視鏈條磨損情形。

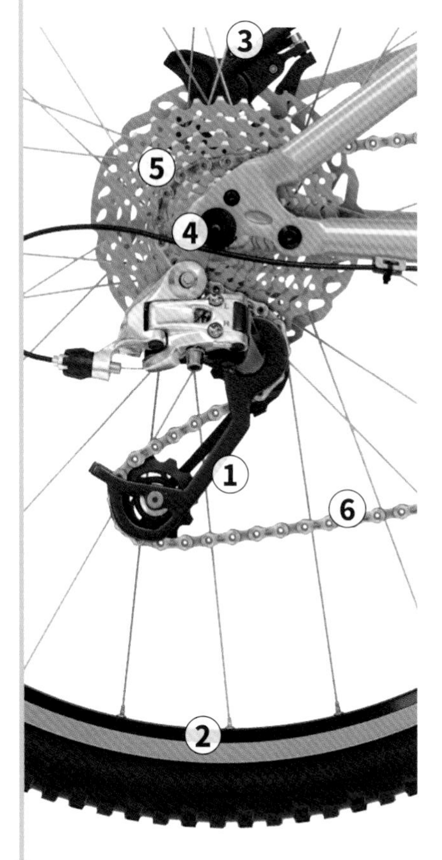

保養和維修
清潔自行車

保養自行車最重要的事情就是日常清潔，以免汙垢堆積而磨損零組件。端詳車況後，從最髒的區域開始清理，並依照這裏介紹的步驟完整清潔自行車，或就髒污區域加以清理。

清潔訣竅

千萬別在清潔時將車輛倒放，可能會導致汙水滲入車架並造成座墊和把手的損害。如果你沒有維修腳架，可將車身直立靠在牆邊。

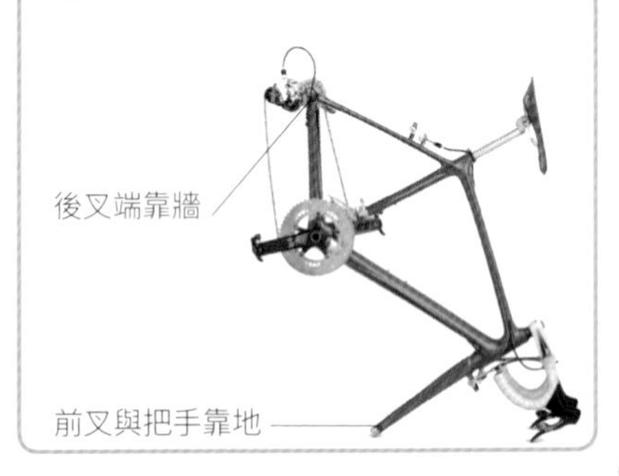

泥土與污物

清潔車子前要將所有配件拆下，根據車子的使用狀況做清潔，像越野騎乘就常會被汙泥潑濺，就需要徹底清潔。先將污垢用噴或刷的方式清除，並特別注意以下幾個區域：

① 外輪
② 車輪
③ 車架
④ 座墊下方
⑤ 下管下方
⑥ 前叉腳
⑦ 架橋、叉肩、轉向管內部(登山車)
⑧ 煞車夾器(公路車)

採用不傷車漆及煞車的自行車專用清潔劑噴灑整個車身，接著再用清水沖洗乾淨。

傳動裝置

為求最佳單車清理效率，可先將兩輪卸除，並且在後叉端的鏈條裝上鏈條固定器將鏈條固定。

1. 反轉曲柄時在鏈條噴上去漬劑。維持曲柄反轉並同時以毛刷刷掉導輪上沾粘的泥污。
2. 在大盤噴上去漬劑。以海綿刷洗齒盤與鏈條兩側。
3. 以小杯刷刷洗前、後變速器。
4. 一手握持海綿、毛刷或鏈條清洗工具，另一手反轉曲柄以刷除其上沾粘的油汙。
5. 徹底沖掉去漬劑 - 因為任何殘留的藥劑將會沾染泥污。

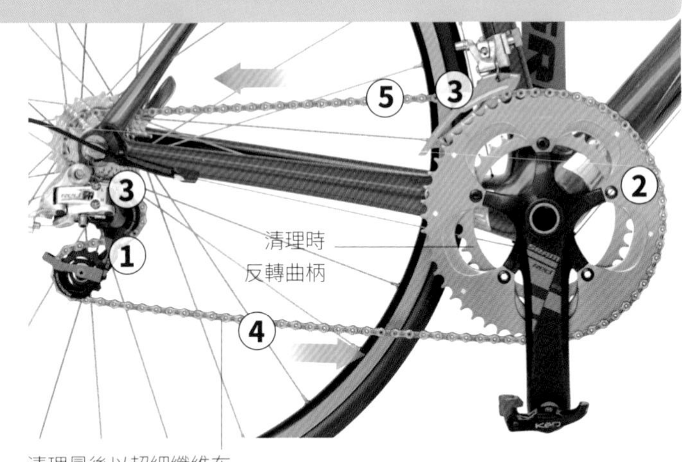

清理最後以超細纖維布將鏈條擦乾

工具和裝備

- 刷子和海綿
- 單車清潔劑
- 去漬劑
- 鏈條固定器（選項）
- 抹布和超細纖維布
- 鐵氟龍亮光蠟

施工訣竅：不能使用熱水清洗自行車，那樣會使附在螺紋與軸承表面的潤滑油溶掉。若用水管沖洗車輛時，使用低水壓並注意不要對準軸承沖洗，同時使用專門清洗自行車的清潔劑。

飛輪、車輪和碟盤

要將車輪清洗乾淨最好的方式，就是將車輪拆卸下來處理。

1. 使用刷子和去油劑擦拭飛輪上的潤滑油和塵垢，並將飛輪背面刷乾淨（從花轂的位置進入清洗）。使用抹布來回刷洗藏於齒輪間的油垢。
2. 使用自行車專用清潔劑清理輪胎、鋼絲和花轂。
3. 使用浸過去油劑的抹布擦拭輪框，檢視煞車的磨損情況。後輪清潔完後依同樣順序清理前輪。
4. 用碟盤清洗器噴碟盤，可將污垢清除而不會殘留髒東西。

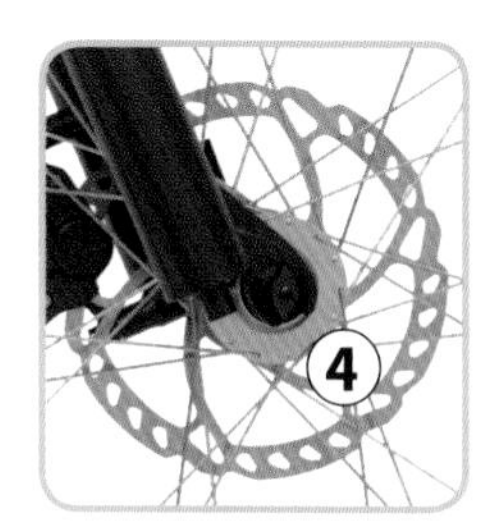

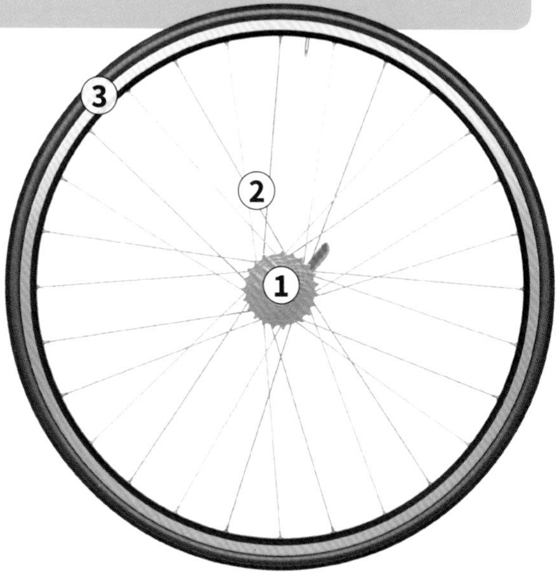

車架和前叉

為求最佳清潔效果，以單車專用清潔劑與海綿刷洗車架、前叉或任何如煞車、踏板或曲柄內側髒汙的區域。

1. 清理座墊底面、下管、五通處與後叉管件內側。
2. 移除煞車上任何卡住的砂粒。
3. 裝上輪組靜置風乾。噴上鐵氟龍量光臘以隔絕水氣，然後在必要處上油潤滑。（參閱 44-45 頁）

電子變速

雖然電子傳動系統設計可供潮溼天氣使用，但以水與清潔劑清理時仍須留心。為求保險請以單車專用清潔劑或是電子變速專用噴劑清理，因為不需要額外擦拭或以清水沖洗。

- 請避免使用酒精基底藥劑、以去漬劑浸泡電子零件或是任何可能損壞密封環的噴霧或毛刷。
- 若電線盒髒汙，請先從車架上移除並拆解所有電線，以單車清潔劑清理。並小心擦拭所有電子插孔或電池連接處。
- 在清理配有功率計的曲柄前，請先以橡膠蓋覆蓋，以保護其免於水份損傷。

保養和維修

潤滑保養

自行車上潤滑油和清潔一樣重要，每當車子清洗後一定要立即上潤滑油，可以減少零件的損耗，特別是鏈條要時常上油。

潤滑油形成一層油膜，可以讓零件防水及防止腐蝕，油膜同時也能將金屬隔開，減少不同金屬材質間的直接接觸，例如能防止鋼製車架和鋁製座管的長時間接觸而卡死。

鏈條與後變速器

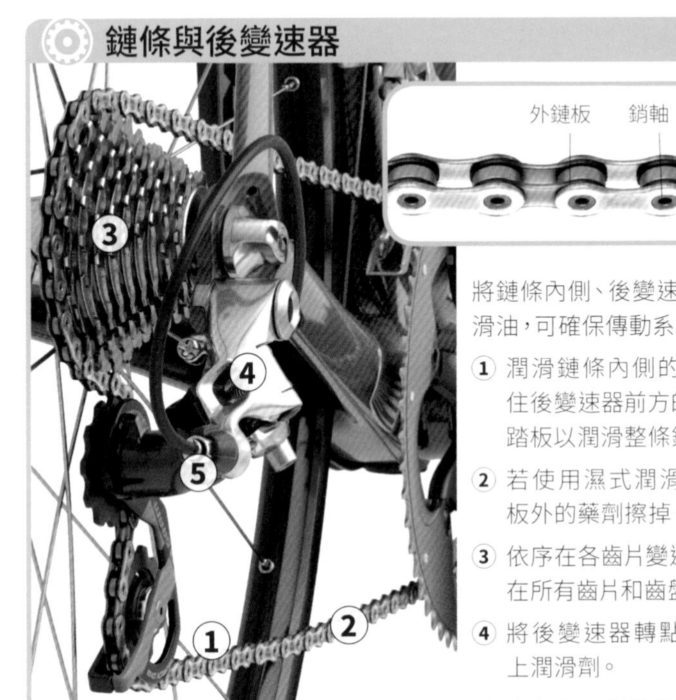

將鏈條內側、後變速器與變速線上潤滑油，可確保傳動系統平順運作。

1. 潤滑鏈條內側的銷軸與滾子。握住後變速器前方的鏈條，並轉動腳踏板以潤滑整條鏈條。
2. 若使用濕式潤滑劑，需將溢出鏈板外的藥劑擦掉。
3. 依序在各齒片變速，使潤滑劑塗佈在所有齒片和齒盤上。
4. 將後變速器轉點、彈簧及導輪塗上潤滑劑。
5. 檢查變速線並塗上潤滑劑。

曲柄和齒盤

同時將前變速器、踏板和鋼絲塗上潤滑劑。

1. 對前變速器的轉點和彈簧潤滑。
2. 在輪上每個鋼絲銅頭與孔眼處滴點潤滑劑防止鏽蝕。
3. 對卡式踏板上的張力彈簧潤滑。

框式煞車

潤滑夾器轉軸與煞車線，可發揮最好的煞車效果。

1. 潤滑煞車夾器的轉軸
2. 將潤滑劑緩緩滴入煞車線外管：鬆開煞車快拆，接著轉到線露出後再潤滑。

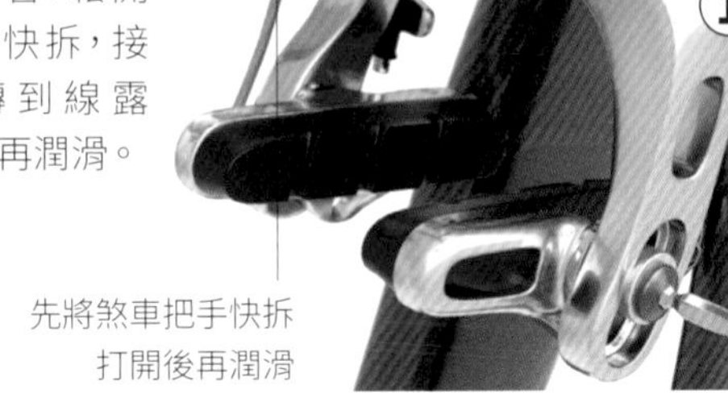

工具和裝備

- 潤滑油（詳見最下方說明框）
- 束線帶
- 超細纖維布或抹布

施工訣竅：潤滑時的劑量要控制到最小，若有溢出就要立即擦掉。因為過多的潤滑油會沾黏汙垢形成硬塊磨損零件。

避震轉點和座管

將避震器上潤滑油可以更靈活運作。而座管大部份都是塞在車架中，因此也需要上潤滑油以免卡住。

1. 在座管底部和立管上方內側上潤滑劑或防滑膏可防止卡死。
2. 檢查登山車的全避震轉點，在轉點軸承或襯套處上潤滑劑。
3. 將避震專用潤滑劑滴在後避震器中軸表面，從座墊往下壓使潤滑劑能平均分佈。

避震前叉

前叉上潤滑劑可以保持運作順滑。

1. 讓避震潤滑劑順著前叉內管往下流。
2. 使用束帶將外管油封微微撬開，讓避震潤滑劑流入外管內部。按壓前叉讓潤滑劑滲進去。

潤滑劑和油的種類

謹記必須使用單車專用潤滑劑。一般家用潤滑劑太過濃稠，而滲透油只有用於將舊有的潤滑劑或潤滑油去除的功能。

- 濕式潤滑劑採用較濃稠、以油料基底的配方。因為較不容易擦掉，所以適合潮溼天候和泥濘的騎乘狀況。不過缺點是容易沾粘沙塵與砂粒。
- 乾式潤滑劑配方是將潤滑成分懸浮於溶劑中。塗抹後溶劑會自然揮發，在物件表面留下乾燥、臘質的潤滑面。較濕式潤滑劑不易沾粘塵土，但是需要時常補充。最適合在乾燥、多塵土的條件下使用。
- 基本潤滑油減低靜止物件間的摩擦力，如軸承與螺紋處。有些產品為防水型，另一些則是針對如碟煞活塞等高溫處使用。
- 防咬死潤滑劑內含銅或鋁微粒，避免接觸面因為鏽蝕而咬死。
- 碳纖防滑膏內含微粒增加摩擦力。特別適合如碳纖維表面這種只允許低迫緊扭力值的接觸面。

保養和維修
保護車架

自行車是為了高強度使用而設計。由於瓦礫、零件的磨擦或甚至騎乘者的腿、足磨擦都會對車架造成損傷。因此也需要保護車架才能延長車子的壽命。以下是車架特別需要保護的區域。

3 止線豆/螺旋線套

將止線豆或螺旋線套穿在外管上，能防止磨擦車架。

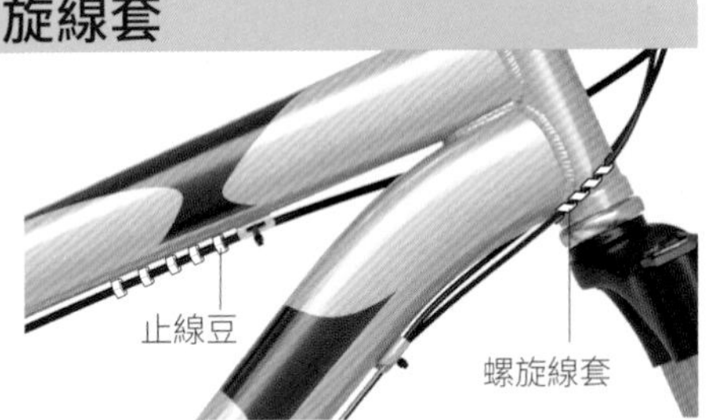

2 下管保護套

使用下管保護套或以束線帶將舊外胎固定。如此可以保護車架免於石子和瓦礫的撞擊。

將下管底部包住

有的下管保護套會連五通一併包住

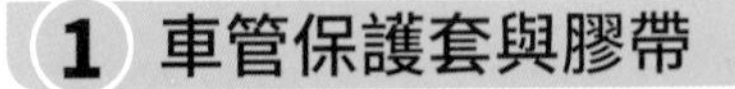

1 車管保護套與膠帶

使用車管保護套或聚氨酯直升機膠帶(詳見施工訣竅)，將容易受到瓦礫撞擊、磨損的區域包住。

膠帶可以剪裁成符合車管的曲度

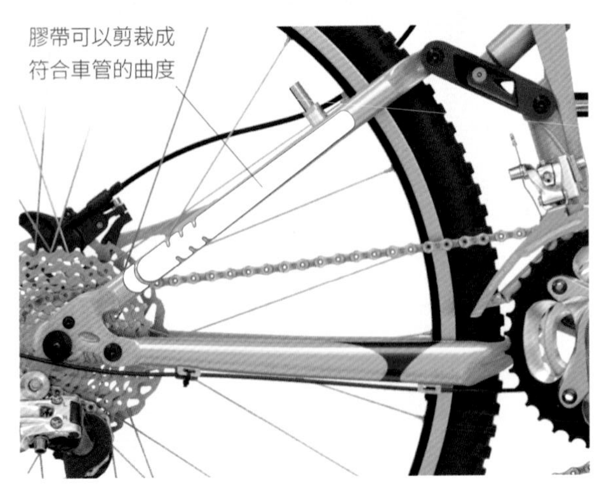

7 後下叉保護套

鏈條因彈撞車架會磨損後下叉，選用適合的後下叉鏈條保護套可進行防護。可購買合成橡膠或塑膠製，或者用直升機膠帶甚至用舊的內胎來做保護套。

施工訣竅：原本設計給旋翼專用的直升機膠帶很適合做為自行車保護用。剪下一條用吹風機加熱，將一端背膠撕開貼在車管上，再一點一點平順地貼上，以避免氣泡殘留在裡面。

4 車架保護貼

用貼紙或小塊膠帶黏在外管會碰到的部位，以避免磨擦。

搬運的保護

搬運單車前要先將車架綁上護墊，並固定把手。

- 以膠帶將泡棉包覆車架。
- 將前叉與後變速器區域包上泡棉。

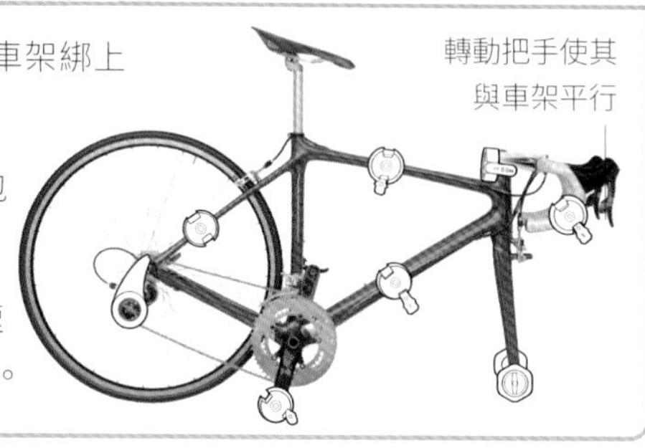

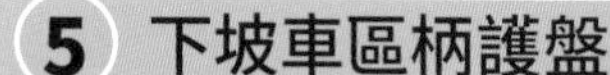

5 下坡車區柄護盤

騎在崎嶇不平的路面時，護盤可以防止鏈條從齒盤上脫落。此外，裝上護盤可以保護齒盤，免於來自地上的瓦礫撞擊造成損害。

6 防掉鏈器

這個裝置可以防止公路車的鏈條掉落最小齒盤內側而造成車架受損。

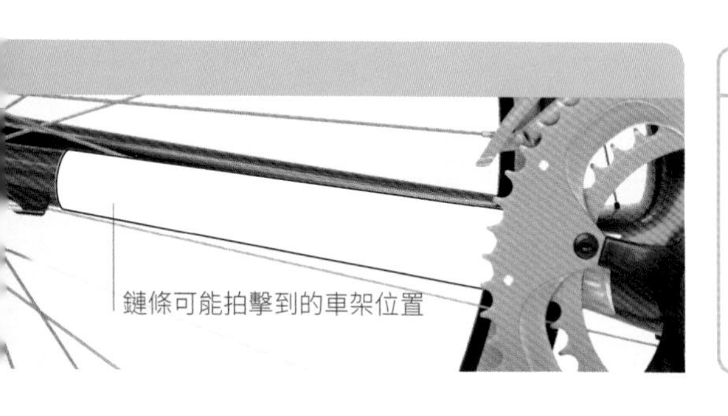

自製後下叉保護套

剪下一段舊內胎，纏繞於後下叉以保護車架避免被鏈條拍擊。

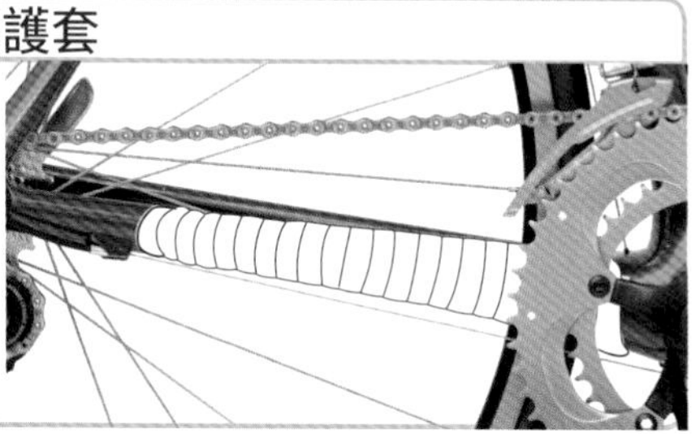

緊急維修

在騎車的旅途中難免遇上臨時故障需要自行修復的情況。除了攜帶必備的食物、水、手機和錢以外，最好再帶一組維修工具（見右圖說明）以備不時之需。

行前安全檢查（參閱 40 頁）可以減少機械故障的機會，若能再學會修補破胎與快速換胎基本的維修技能，在外遇到簡單的故障時也能自行解決。

修理工具

除了座墊包內常見的工具外（參閱 24-25 頁），多帶些工具可避免被迫提前中止騎乘。依單車規格攜帶所需的修理工具，以下為建議攜帶的物品：

- 快扣
- 束帶
- 補胎片（長寬 5cm）
- 大力膠帶
- 後變吊耳
- 法式氣嘴轉接頭（公路車使用加油站充氣管時使用）
- 氣嘴延長管（用於氣嘴頂壞掉時）

補胎

破胎是騎車者最常遇到的狀況。造成破胎的原因可能是尖銳物刺進輪胎，或夾在外胎與輪框間的內胎受到瞬間撞擊擠壓也會破胎。

此種損害會出現兩條平行的裂縫洞口，也稱為「蛇咬」（snakebite）破胎。因此要攜帶挖胎棒和補胎工具；這些工具包含修補內胎的補胎片、砂紙、補胎膠和粉筆。

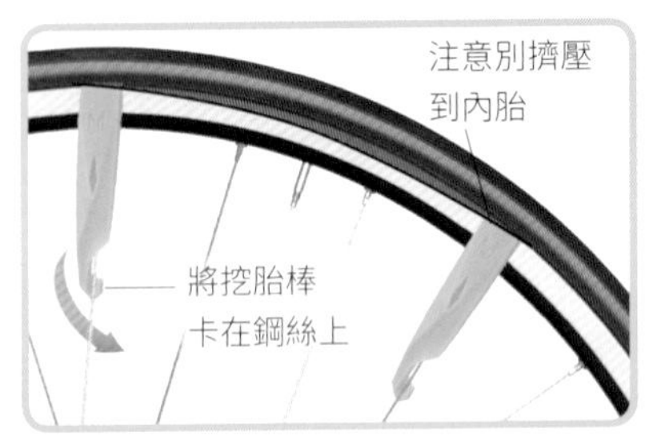

1 拆下車輪並找出車胎破損的原因。將挖胎棒置入胎唇下方並將其扳離輪框。再用第二個挖胎棒沿著輪框滑一圈。

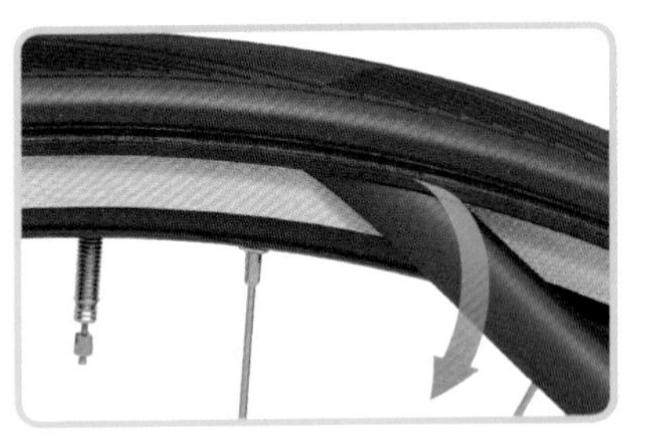

2 當一邊的外胎移出後，便可以將內胎拉出來，檢查內胎並試著找出破胎的原因。

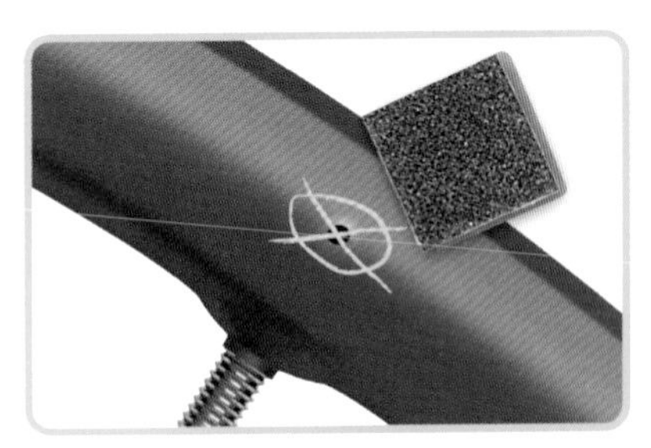

6 使用砂紙在破胎處磨擦形成粗糙表面便於塗上補胎膠。磨粗的面積要略大於補胎片。

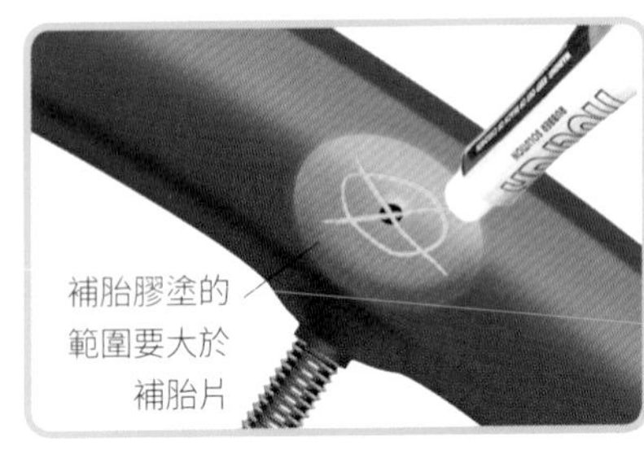

7 將補胎膠塗在破胎處中間已磨粗的區域，塗上補胎膠後靜候 30-60 秒等它變得更為黏稠。補胎膠要均勻塗抹。

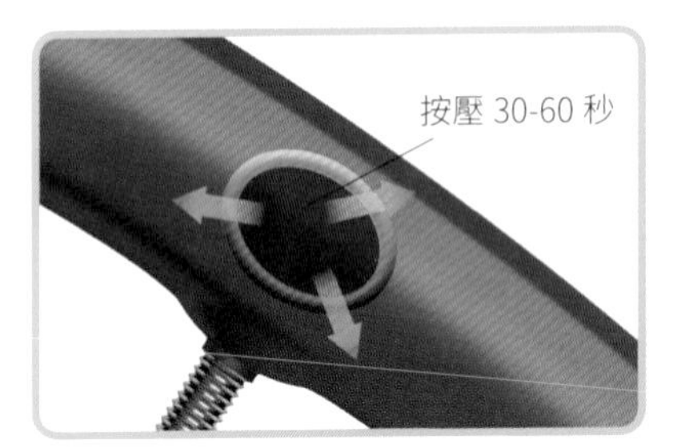

8 將補胎片貼在黏膠處的中央位置並完全覆蓋破胎處，從中間向外按壓將汽泡壓出補胎片。靜待補胎片完全乾掉。

維修訣竅：如果在騎車時遺失一個零件，看看是否可以從車身其它部位找到一個即時替代品。舉例來說，你可以用水壺架的螺栓代替卡子螺栓，或使用輪子或座管快拆替代挖胎棒。

快速修理

即使你將自行車保養得非常好，並且定期做安全檢查（參閱 40-41 頁），仍無可避免會發生機械故障。

在右方的情況中，如果你沒有備料或工具，可以試著用這些方式修理。

鋼絲斷裂	■ 移除鋼絲。若無法移除，請將斷裂的鋼絲固定於鄰近的鋼絲上。
輪框變形	■ 如果輪框嚴重變形，將變形的部位抵住膝部然後用手拉直。萬不得已時將輪框往地上盡量敲直，回家後再更換輪框。
輪框裂開	■ 使用束帶將裂開處綁起來。回程路上要格外注意安全。
後變速器故障	■ 先將後變速器拆下，接著使用鏈條工具將鏈條縮短，再以快扣將鏈條重新接上，以單速騎回家。

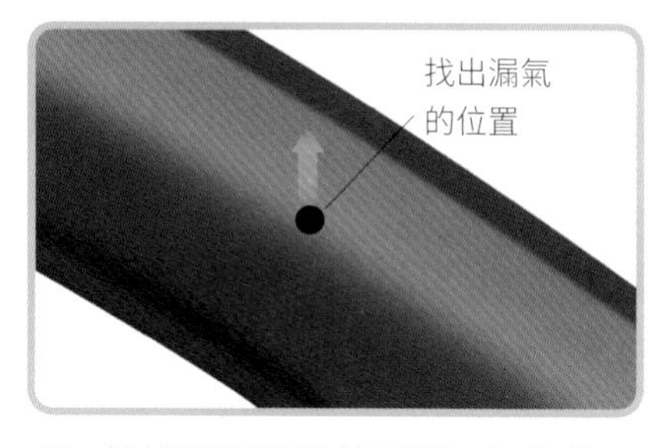

3 若找不到破胎的原因，打氣進內胎並循氣聲找出漏氣之處。因為破洞通常很小，不易用眼睛看出來，所以將內胎靠近感覺敏銳的嘴唇邊去找到漏氣之處。

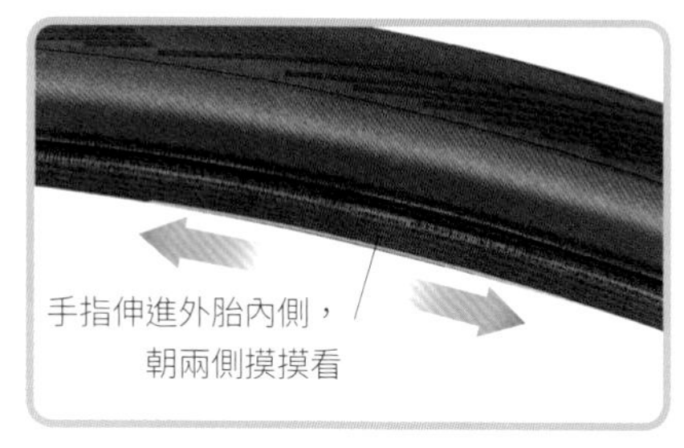

4 如果還是找不到破胎的位置，以手指小心在外胎內側摸摸看是否有尖銳物，一旦有發現有異物時，立即查看內胎的對應位置。

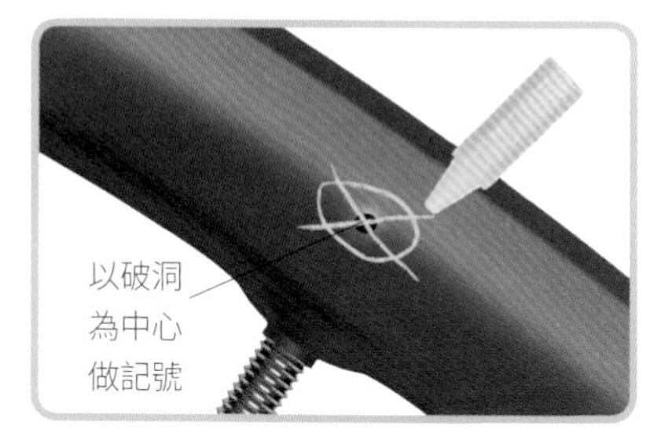

5 找到破洞處之後，用筆以破洞為中心畫上記號。並再檢查破洞對側是否也有另一個破洞，看看是否發生「蛇咬」現象，在兩側都產生破洞。

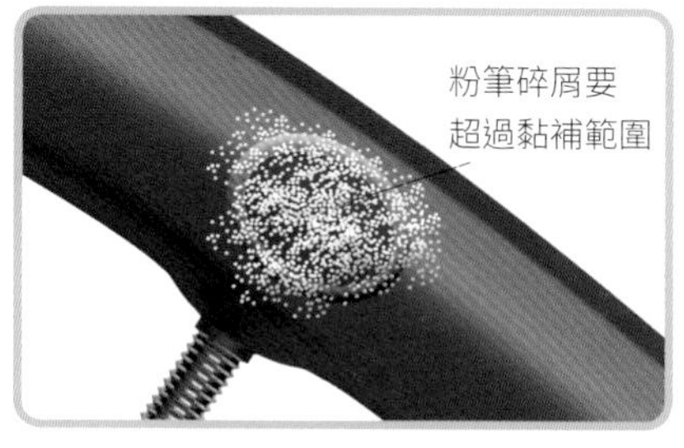

9 將粉筆摩擦維修工具盒產生的碎屑灑在黏補處。這可防止內胎沾黏至外胎內壁。

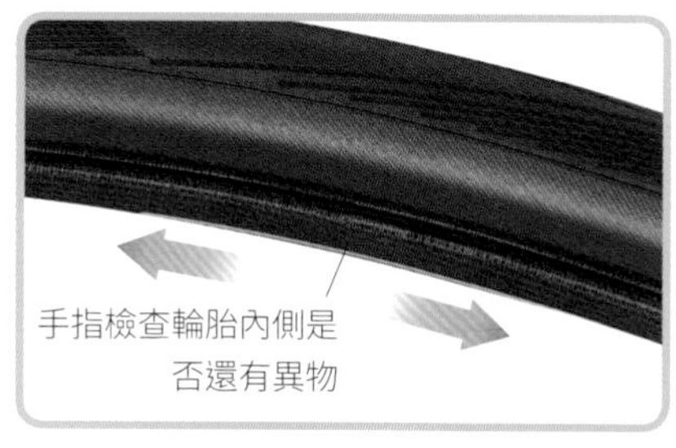

10 再次檢查外胎內側和輪框，清除可能再次造成內胎破洞的砂石、瓦礫與異物。

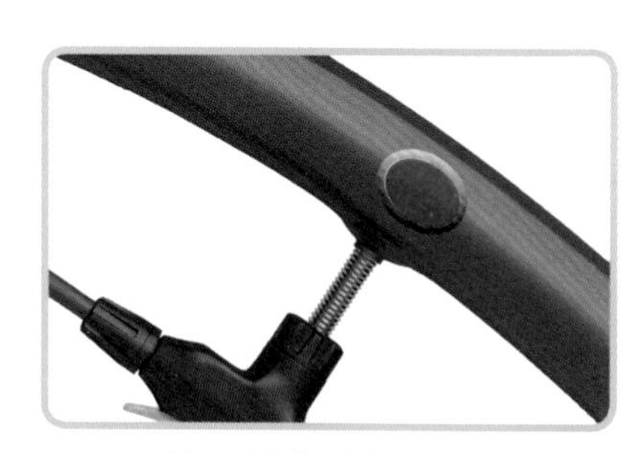

11 將一側外胎裝回輪框，內胎充入少許空氣使之膨脹成形但仍是柔軟的狀態。再將內胎塞入外胎下方，並將氣嘴穿過輪框。之後將外胎整個裝回輪框。

第 3 篇 車把與座墊

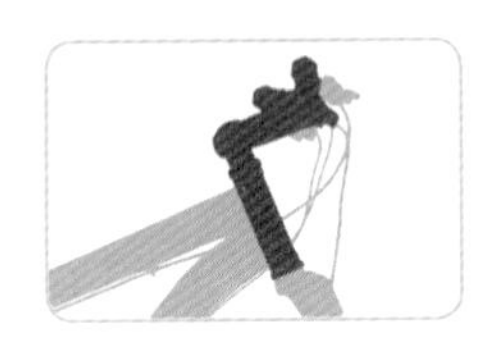

關鍵零件

車頭碗組

車頭碗使騎乘者在轉動車把時，前叉得以於頭管內順暢旋轉；較老舊的型號多是使用有牙款式（參閱 54~55 頁），此種款式龍頭安裝於有牙前叉轉向管上，並連結有牙龍頭與車把。

在現代無牙款式中，龍頭直接鉗上前叉轉向管。當前有兩大類無牙頭碗系統：整合式（如右圖）與外掛式。整合式頭碗內含置於車架頭管內的卡式軸承。如需更換，僅需將之取出並安裝新的零件即可。而外掛式頭碗系統則有珠碗（caps）壓入並卡於車架內，因此施工時必須使用「車頭碗迫緊器」來輔助。

零件細節

車頭碗承環內置兩組滾珠軸承，並使車把與前輪能順暢的轉動。

① 梅花片（star nut）位於前叉轉向管內，可將前叉與龍頭固定在一起。

② 墊圈置於龍頭與上碗蓋之間，可根據騎乘者的需求提高或降低龍頭的高度。

③ 滾珠軸承能讓前叉與手把能順暢的轉動，因此保養作業相當重要（參閱 54-57 頁）。

④ 頭碗底座是車頭碗承環最低處的零件，置於頭管的下方與前叉的上方。

龍頭固定螺絲把龍頭與轉向管固定一起

車架上管置於頭碗與立管之間

上碗蓋有保護軸承（亦稱為培林）的作用

上軸承杯包含著滾珠軸承

下管與頭碗組相連

龍頭上蓋螺絲拴入
置於轉向管之中的
梅花片
龍頭連接車把
與轉向管
1
2
3
滾珠軸承內含多個小滾珠
迫緊環固定滾珠軸承的位置
滾珠軸承減少龍頭轉向時的摩擦
軸承墊圈用於固定散置的滾珠
轉向管連結前叉、龍頭及手把
頭管內含前叉的轉向管
車把固定螺栓用於
固定龍頭與車把
RACE LITE
車把因滾珠軸承的
關係能自由旋轉
前叉肩蓋將前叉與
轉向管固定於一體
下側承環置於頭管底部
3
下滾珠軸承置於下側頭管承環處
4
前叉被手把帶動並轉向

車頭碗組保養
有牙頭碗組

有牙頭碗組使用可調整式的鎖固鎖蓋，將前叉與有牙的頭管組合起來，其包含滾珠或卡式軸承；當轉向時感到有顆粒感或阻力變大時，表示頭管的保養時間到了。

前置準備

- 將自行車固定於維修腳架上
- 把拆解下來的零件，依序整齊置於桌面
- 移除車把與龍頭（參閱 58-59 頁）
- 移除前輪（參閱 78-79 頁）

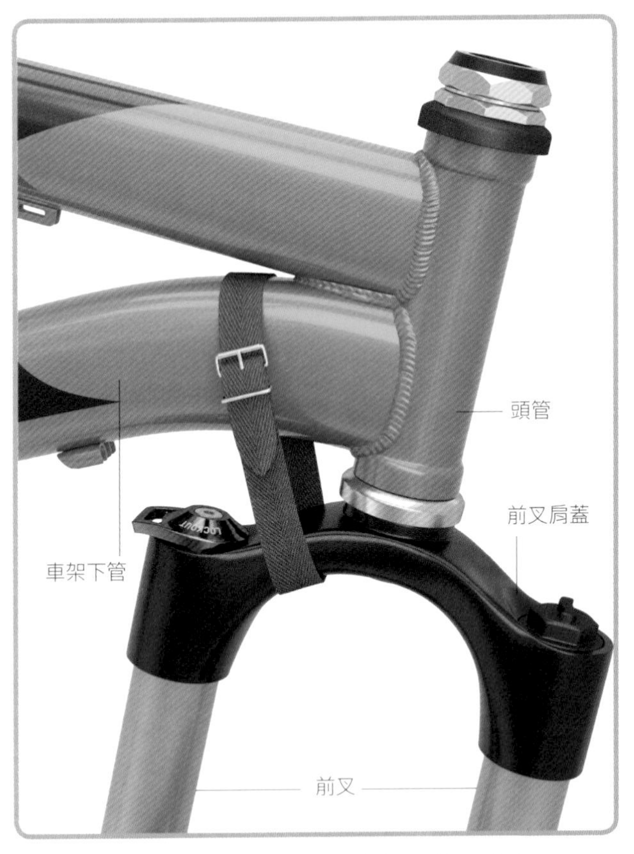

1 使用可調式束帶把前叉與車架下管固定在一起，讓你在拆除調整碗（上珠碗）與鎖蓋時，無須擔心前叉不小心掉落。

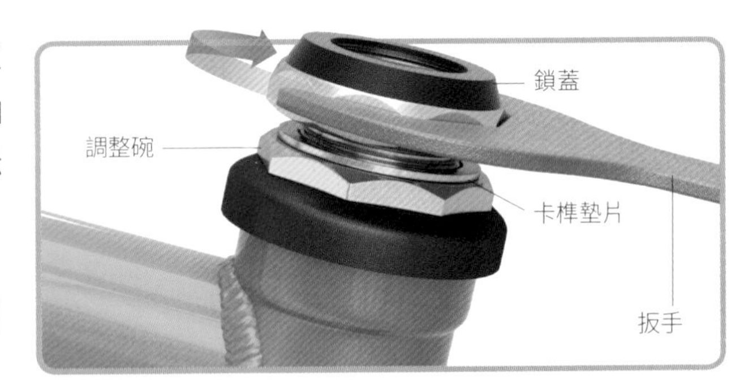

2 前叉固定後使用扳手鬆開鎖蓋，接著移除卡榫墊片或其他墊片以及調整碗，全部移除後即可接觸到頭碗內的滾珠軸承。

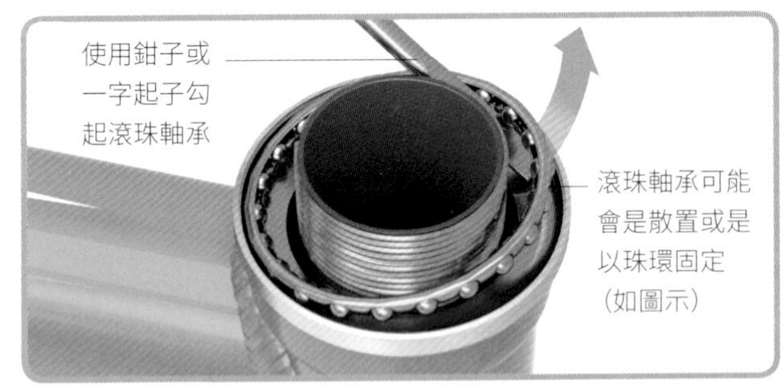

3 將調整碗上的滾珠軸承移除，並檢查其滾動是否依舊順暢及有無損壞的情形。如有損壞則需更換新的滾珠軸承。而如果是調整碗磨損過度，也必須尋找合適的替代品更換。

4 拆除可調式束帶後將前叉從頭管處取下，以便進行頭碗組內側滾珠軸承與頭碗承環的施工與保養。移除、檢查並清潔軸承，如有損耗的情形則順便更換。

工具與裝備

- 維修腳架
- 一字起子
- 可調式束帶
- 尖嘴鉗
- 開口扳手組
- 潤滑油脂

施工訣竅：準確記錄拆解下來的各個墊圈、墊片、密封軸承的安裝方向與順序。如導軌上安裝的是散置的滾珠軸承，也務必清點滾珠的數量，並可使用磁鐵（或磁盤）防止它們散落至地板。

5 塗抹適量之潤滑油脂於頭碗承環上，並重新安裝滾珠軸承，或如有必要，此時可更換新品。

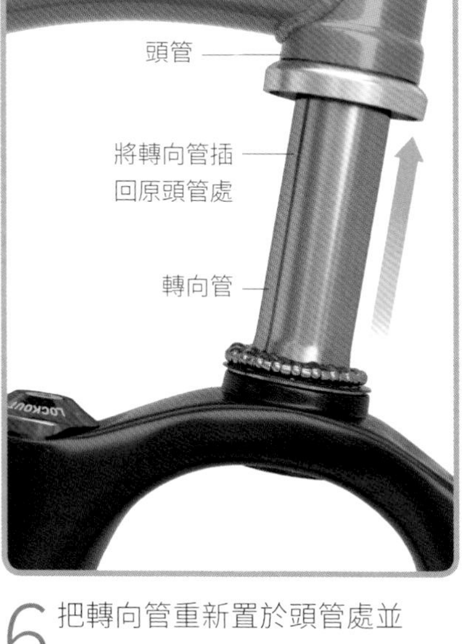
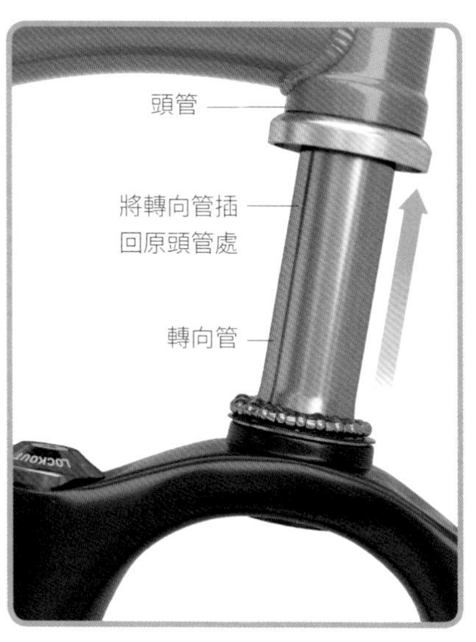

6 把轉向管重新置於頭管處並使用束帶固定，將鎖蓋固定後即可將束帶拆除。

零件細節

多數的有牙龍頭內含珠碗、滾珠軸承及一對用於鎖固前叉與調整其高度的鎖蓋。

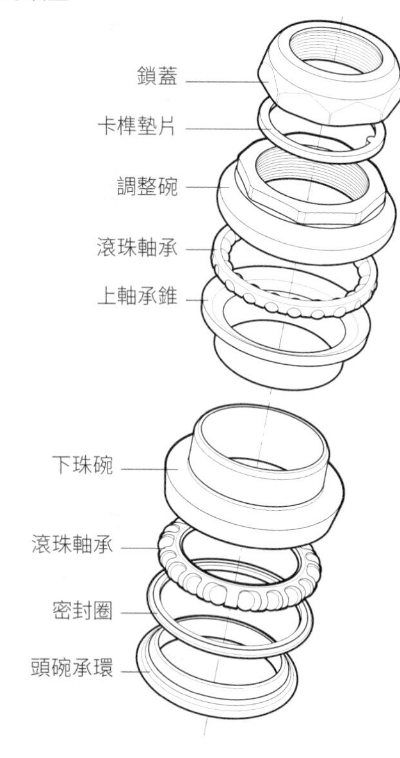

7 將上軸承錐處塗上潤滑油脂並重新安裝滾珠軸承，接著把調整碗旋回至轉向管上。

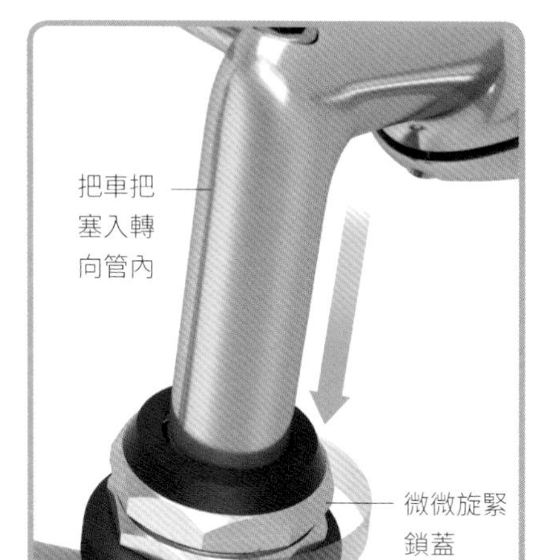

8 鎖蓋與墊片放好，將車把塞進轉向管內，接著用手旋緊鎖蓋。

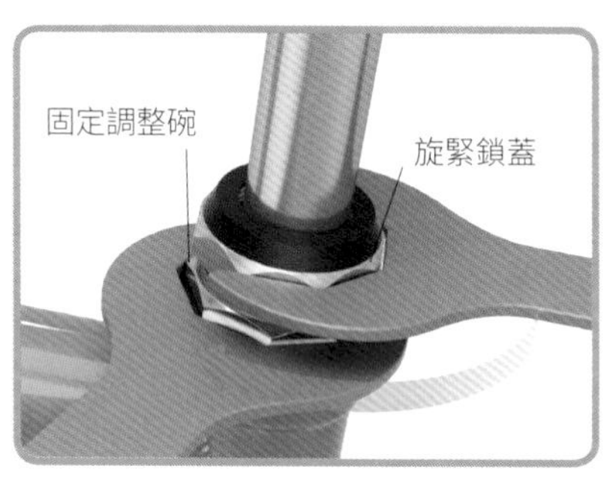

9 用兩支扳手全將鎖蓋朝向卡榫墊片處鎖緊，並在確認手把調整位置無誤後即可完全鎖固。

車頭碗組保養

無牙頭碗組

無牙頭碗系統固定的方式是經由龍頭直接鉗住龍頭的轉向管。龍頭的頂蓋在這裡就是扮演著固定所有零件的角色；如使用無牙頭碗的自行車時感覺到阻力過大或顆粒感時，通常代表保養或更換新零件的時候到了。

前置準備

- 將自行車固定於維修腳架上
- 移除前輪（參閱 78-79 頁）
- 鬆開煞車或變速線（如必要）
- 利用束帶固定前叉（參閱 54-55 頁）

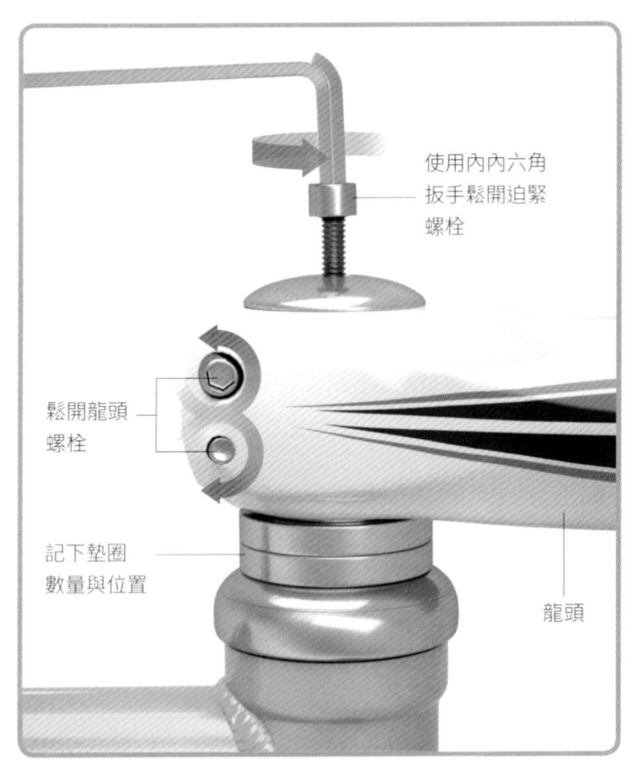

1 鬆開並移除頂蓋的迫緊螺栓，同時旋鬆龍頭螺栓並將龍頭與所有墊圈抽起。此時小心地將龍頭置於安全的地方避免損壞煞車或變速線。

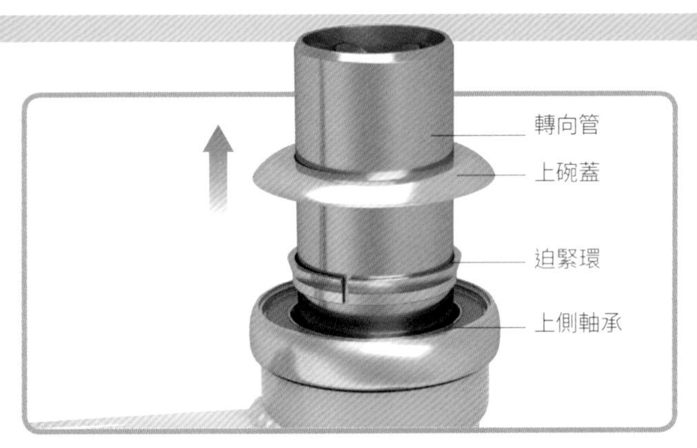

2 把轉向管由上往下推，如有無法順利移除以膠槌輕敲即可使迫緊環鬆脫，接著移除迫緊環與軸承即完成此步驟。

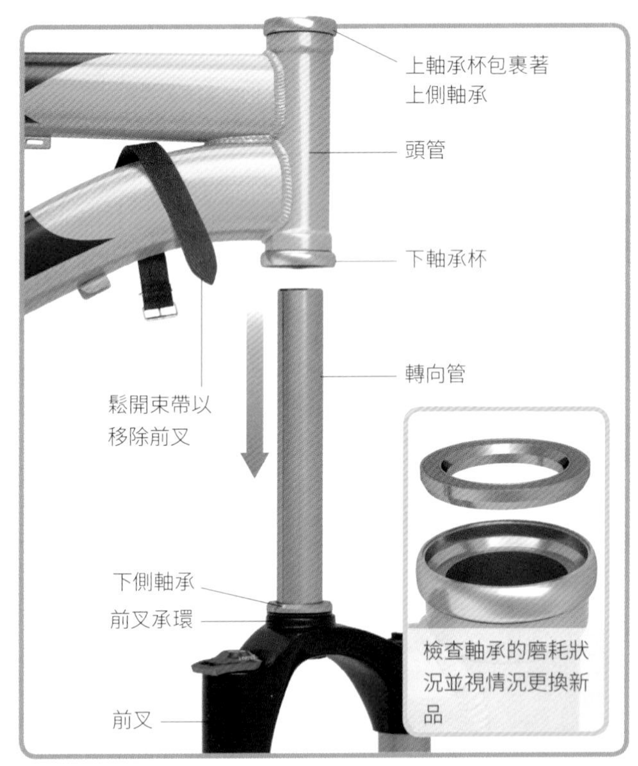

3 向下抽出頭管，並從上軸承杯處移除上側軸承，以及前叉底座處取下下側軸承，接著擦拭並清潔軸承、頭管以及承環處的油污。

工具與裝備

- 自行車維修腳架
- 除油劑與抹布
- 可調式束帶
- 潤滑油脂
- 內六角扳手組
- 膠槌

施工訣竅：使用可調式束帶，可避免在鬆開龍頭迫緊環時，前叉直接掉落於地面造成損傷，若手邊無此工具也可用手支撐。

4 將軸承與上軸承杯處使用新潤滑油脂重新潤滑，新舊皆無一例外；之後將軸承重新安裝回原位。

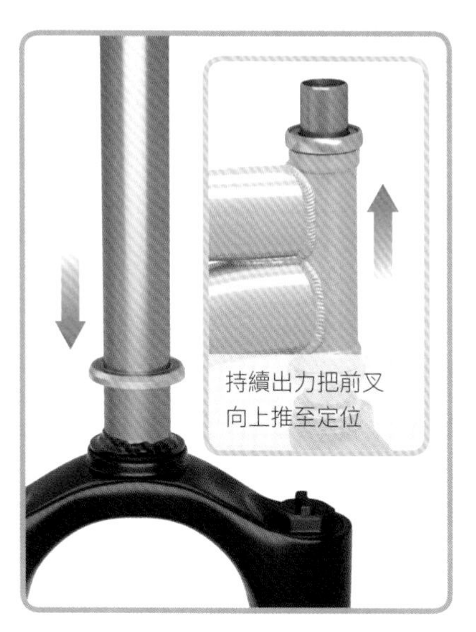

5 把下側軸承滑入前叉轉向管，並重新將之插回頭管內，此時用力將前叉上推至原位。

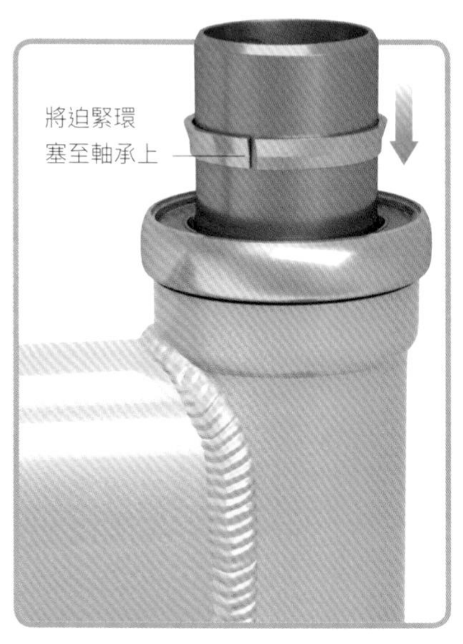

6 迫緊環重新向下塞入轉向管，並進入上軸承杯後，務必確認此零件有朝向正確的方向。

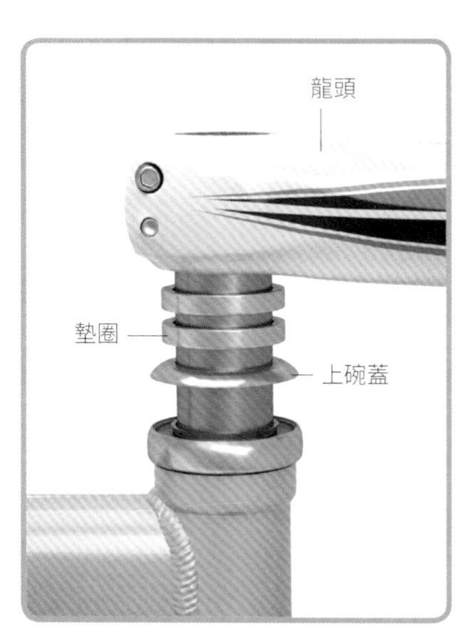

7 重新將上碗蓋及所有原墊圈裝回原處，最後再將龍頭塞回。

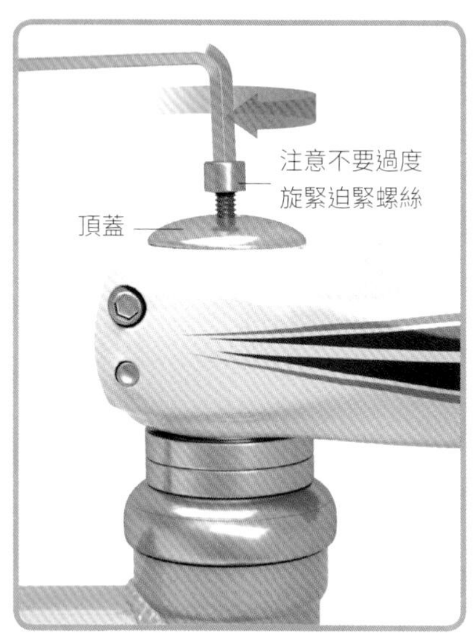

8 將龍頭頂蓋及迫緊螺栓裝回，接著將此旋緊避免龍頭的任何間隙，小心不要所過頭，否則會影響到轉向的順暢度。

9 安裝前輪後確認手把與前輪的位置完全交疊，無誤後迫緊龍頭螺栓。

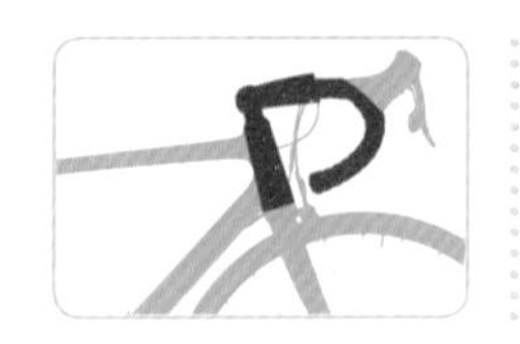

關鍵零件

車把與龍頭

車把是自行車上的重要零件之一，轉向時龍頭會帶著前叉一同動作，因而帶動前輪變更它行進的方向；車把本身也搭載了煞車手把與變速手把一類的重要零件。

自行車把有兩種主要款式：公路車的「彎把」以及登山車使用的「平把」。同時車把與龍頭也涵蓋了多種款式與尺寸。簡單來說，肩膀較寬的騎乘者適合較寬的車把，而長度較長龍頭則讓你在比賽中，能採用更符合空氣力學的騎乘姿勢。

當更換車把時務必先記下或測量好當前所使用的尺寸為何，因為替代的新品必須要能和龍頭互相配合。

零件細節

車把和其它自行車零組件相比，是個結構較為簡單的零件，但卻不能忽視其重要性，所以務必確認替代品的規格是否正確以及其安全性。

① 龍頭聯結車把與轉向管。

② 龍頭附有前蓋，並以此將車把鉗住並緊緊固定，因此龍頭的前蓋必須符合車把的外徑。

③ 煞車把固定於車把上；多數的車把為鋁合金製成，而高階款式則有可能使用碳纖維。

④ 自行車的車把帶與手握能增進車手在騎乘時舒適性與防滑能力，手把帶同時也能包裹住手把上的變速與煞車線。

⑤ 把尾塞用於固定手把帶的安裝位置。

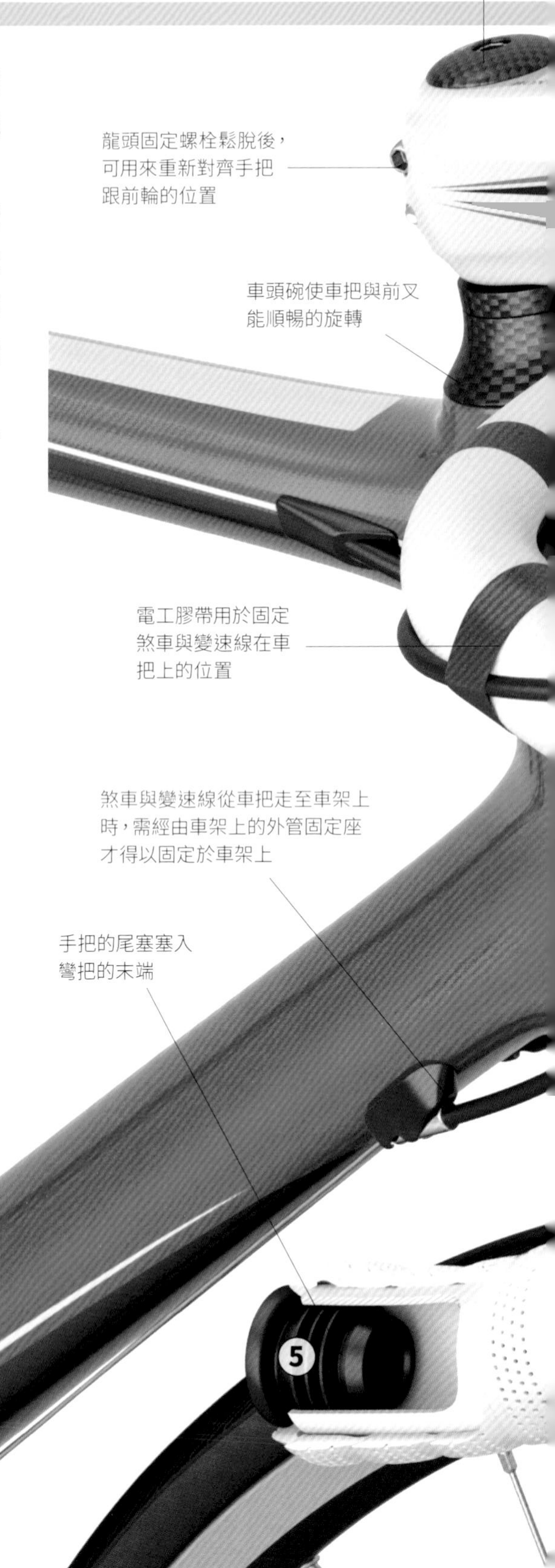

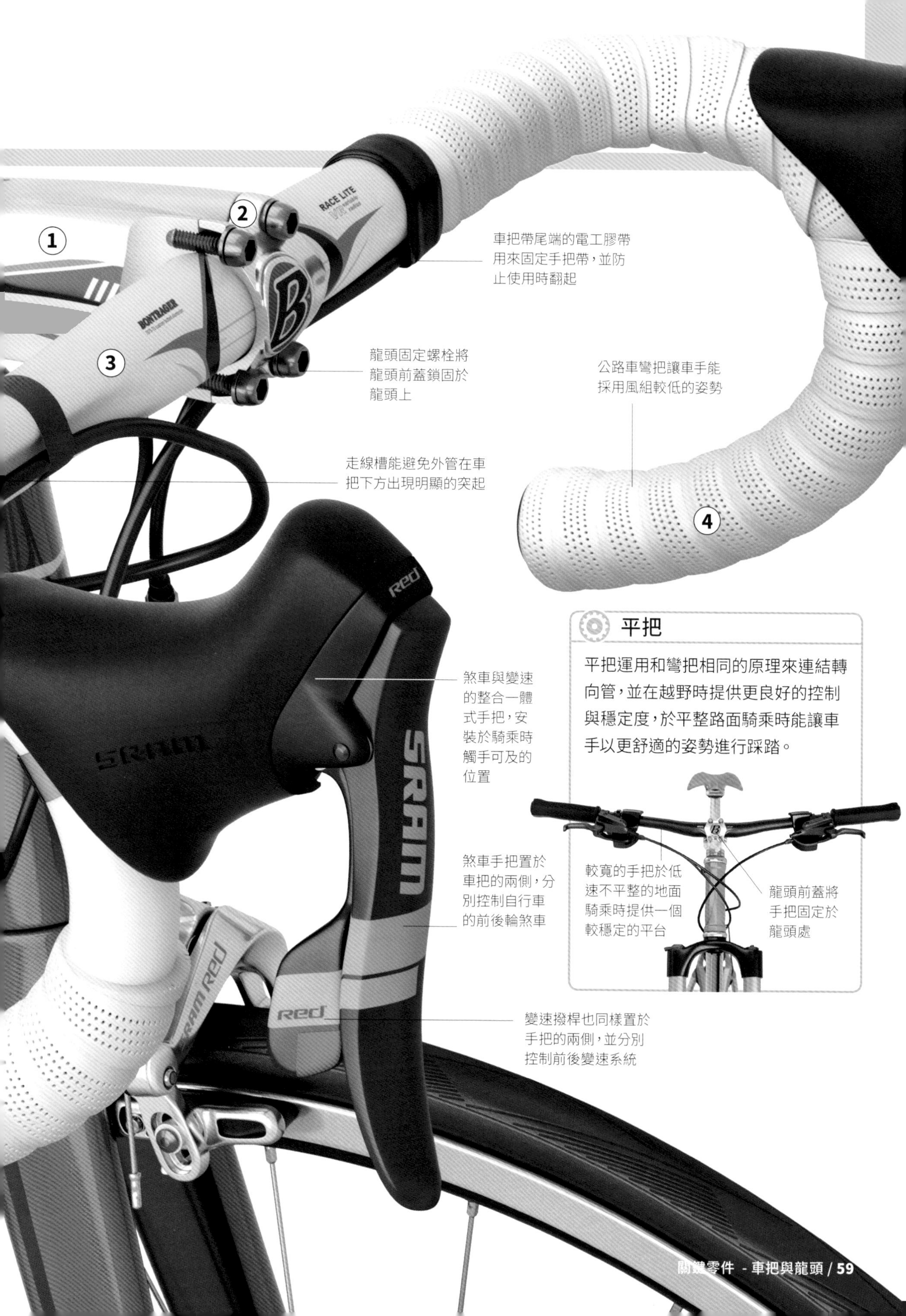

平把

平把運用和彎把相同的原理來連結轉向管，並在越野時提供更良好的控制與穩定度，於平整路面騎乘時能讓車手以更舒適的姿勢進行踩踏。

移除與更換

彎把與平把

車把並非消耗品，但摔車過後可能就必須好好考慮是否要更換了；在升級時也可把這部分納入考量，一個好的車把不僅單單改變外觀而已，還能使騎乘時更加舒適。更換過程相當簡單，而平把及彎把的處理步驟差異不大。

前置準備

- 確認新車把的規格和龍頭相同
- 記下舊車把的安裝角度與位置
- 確認煞車與變速手把的安裝位置
- 將自行車固定於維修腳架上

1 首先拆除手把帶或手握（參閱 62-62 頁），並把彎把上的煞變把橡皮握套向前折起，此動作會使你施工較為方便，最後將手把上固定變速及煞車線的電工膠帶拆掉。

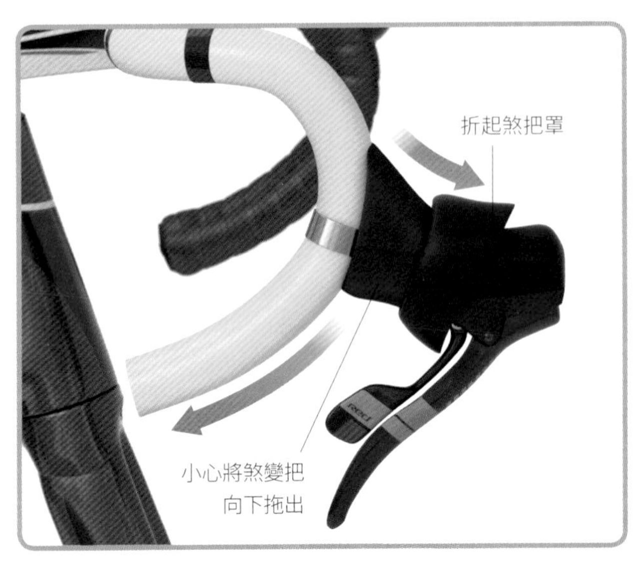

2 折起煞把罩，即會露出煞變把鎖固螺栓，使用內六角扳手或一般開口扳手將之鬆開。先選擇一邊動工，取出後讓煞變把隨管線自然下垂即可，完成後另一側也使用相同方法拆卸。

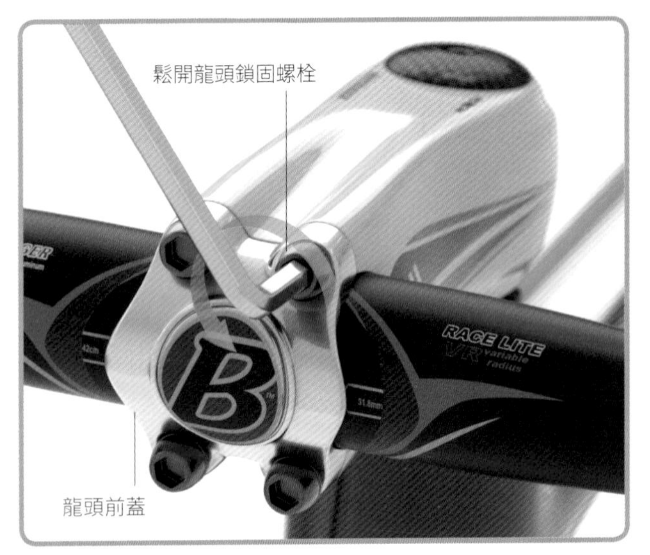

3 在龍頭前蓋上的螺栓逐一旋鬆後即可移除前蓋；要更換的車把和原本的款式完全相同時，可記下車把角度，在更換新品時會更加方便快速。拆除後也順勢使用清潔劑清潔一下車把，並檢查龍頭本身的使用狀況。

工具與裝備

- 量尺
- 內六角扳手組或開口扳手
- 抹布
- 維修腳架
- 潤滑油脂或碳纖維止滑劑
- 工具刀
- 清潔劑

施工訣竅：依據你的騎乘風格去調整手把的角度及位置，可讓騎乘的過程更加舒適，如有需要則可反覆調整。

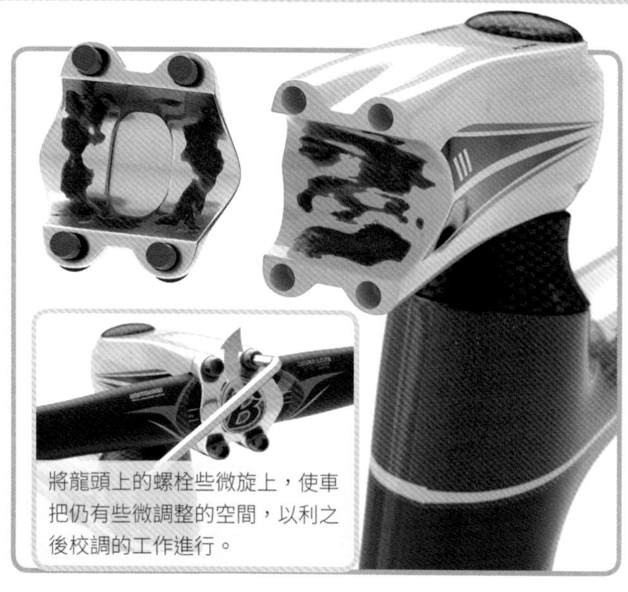
將龍頭上的螺栓些微旋上，使車把仍有些微調整的空間，以利之後校調的工作進行。

4 將龍頭前蓋上的螺栓微微旋緊，但不宜過緊至無法微調龍頭角度；如果你要安裝的車把為碳纖維材質時，可把「碳纖維止滑劑」一同抹上以增加摩擦力。

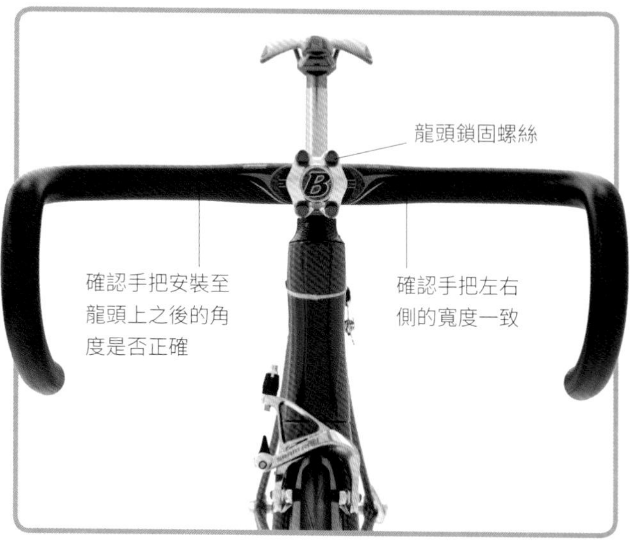

5 將手把置中，大多車把皆印有清楚標示有助於將手把安裝於正中間；接著可依據需求調整車把的角度，確認後即可將龍頭完全迫緊。

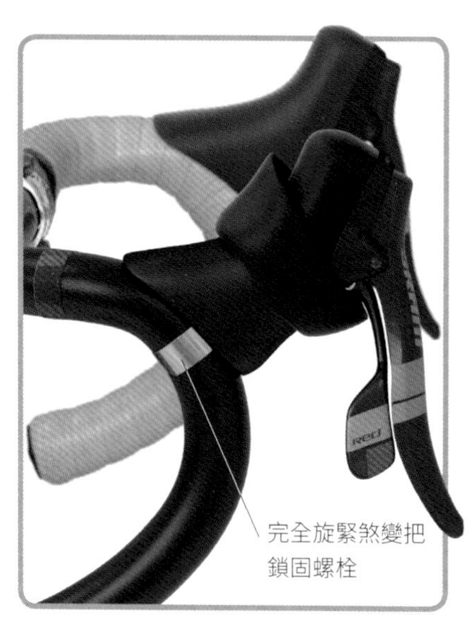

6 重新安裝煞變把並調整角度，以膠帶將外管固定在車把上。更換手把帶或手握。

將龍頭螺栓鎖固，但不要將龍頭上蓋螺絲鬆開。

7 檢查龍頭是否與前輪完全成直線，如尚需調整可藉由鬆開（約四分之一轉）龍頭後方的鎖固螺栓來做細微的校調。用兩腿膝蓋處夾住前輪並用力轉動車把，即可開始調整的動作，之後逐一迫緊置於左右的龍頭螺栓。

保養車把

更換手把帶

手把帶提供你騎乘時更佳的抓握力與舒適度，也有保護管線的重要任務。汗水、氣候因素以及使用習慣都會造成手把帶的髒污與損壞或鬆脫。更換損壞的手把帶也相當容易。

前置準備

- 找尋適合替換的手把帶
- 清洗雙手以避免新手把帶沾染髒污
- 將新手把帶拉平
- 剪下 20 公分 (8 英吋) 的電工膠帶

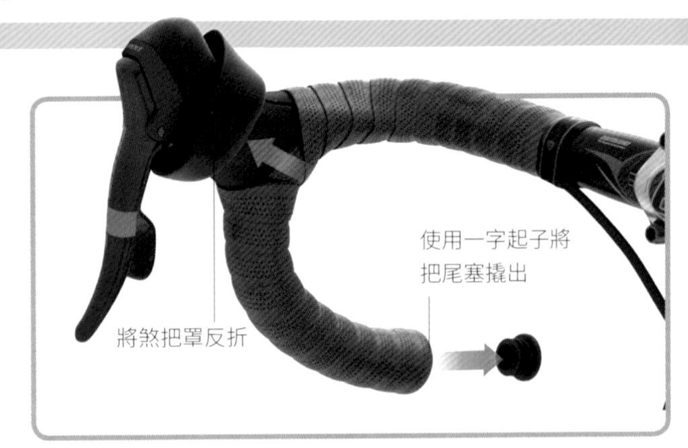

1 先將煞把罩反折，以顯露其包裹住的部分手把帶，再用一字起子將把尾塞撬出。

2 從龍頭處開始逐漸拆除原手把帶，並同時移除固定外管用的舊電工膠帶，因為隨著使用可能失去黏性或損壞。

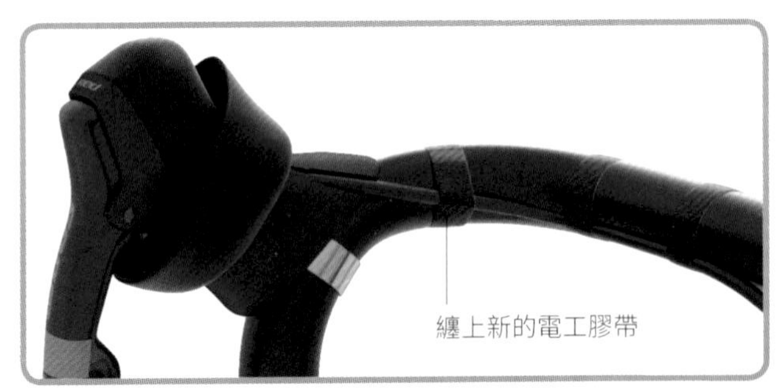

3 清潔車把，使用酒精類清潔劑處理手把上的殘膠或污泥，接著纏上新的電工膠帶，並將煞車、變速外管固定至原位置。

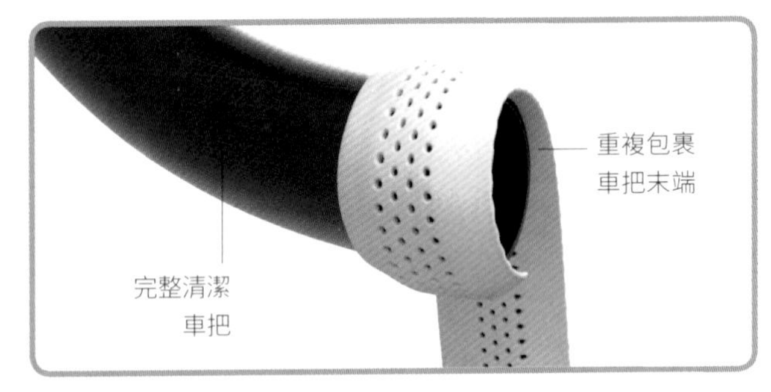

4 手把帶應由車把末端處開始纏繞，在一開始時多包裹約半圈，完成後再由順時針方向逐漸向上繼續纏繞。

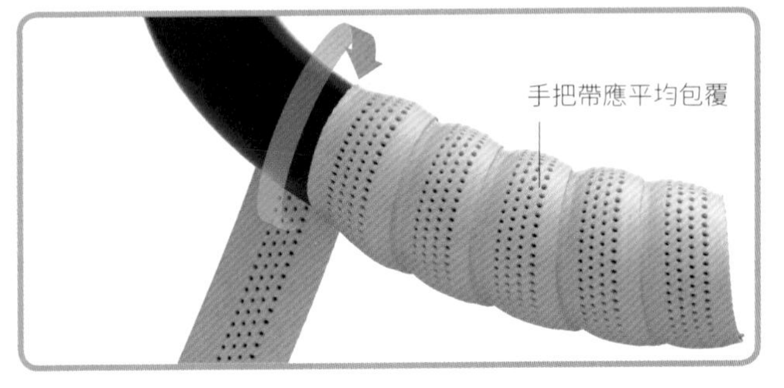

5 在纏繞把帶時應平均施力並平均包覆約一半的把帶距離，如果手把帶為有背膠的款式，則其黏膠皆應黏著於車把本體上。

工具與裝備

- 手把帶
- 一字起子
- 膠槌
- 電工膠帶
- 工具刀
- 剪刀
- 酒精類清潔劑

施工訣竅：纏繞新把帶時應遵循順時針方向的原則—由內至外的纏繞方向。這樣一來你在騎乘的過程中，手會自然的向外側扭轉，手把帶可因纏繞方向的原因，長時間保持足夠張力，使手把帶不易鬆脫。

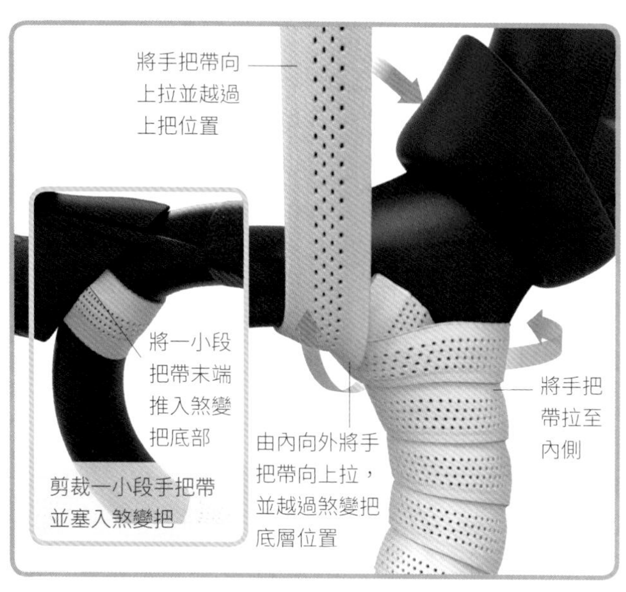

6 連續纏繞至煞變把底部後將手把帶向上帶，越過車手把上方，並再次向下帶到煞變把底部的位置。

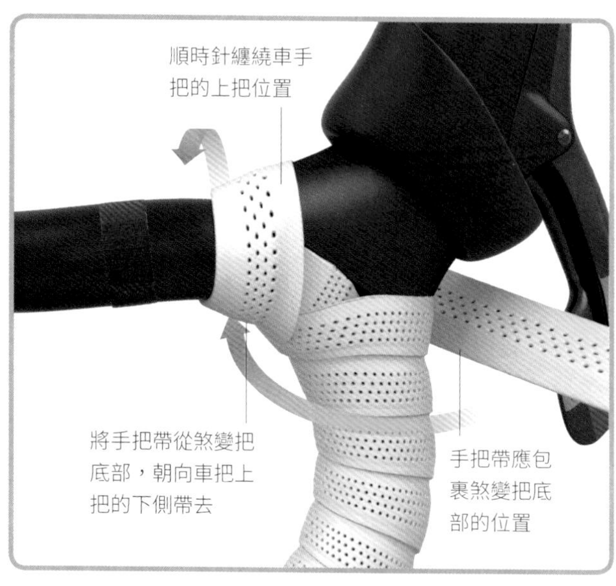

7 將手把帶再次以逆時鐘方向往上拉過車手把和煞變把下方之間，接著再次繞回上把，之後繼續以順時鐘方向纏繞上把。

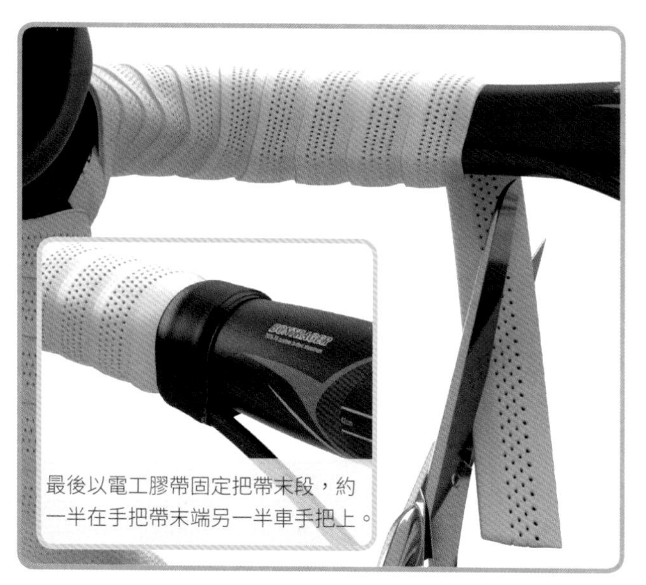

8 當手把帶包裹至接近龍頭的部分，朝向龍頭部分裁剪約 8-10 公分長的斜長直線，最後使用電工膠帶牢牢固定把帶於手把上。

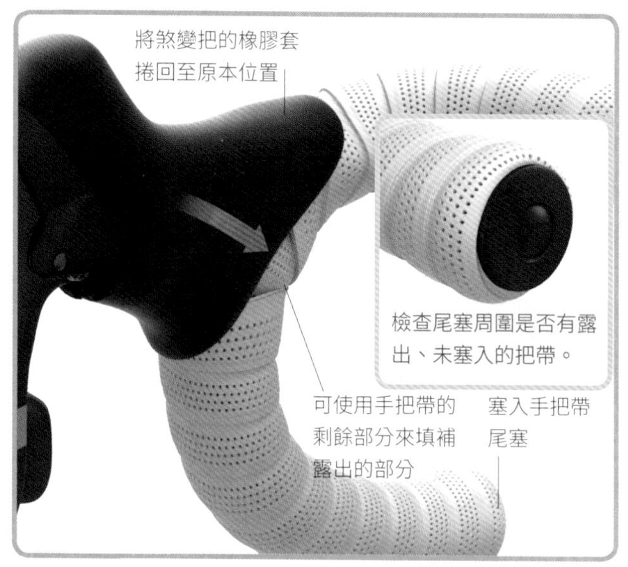

9 最後將煞把罩捲回原位，並檢查是否有尚未包覆到的部分，再將車把末端的多餘把帶塞入車把內，塞入把尾塞將之固定（如過緊可用膠槌輕敲）。

保養車把

更換手握

手握對整車的操控性有相當大的影響，而這種消耗品在褪色、撕裂或移位時就必須更換了；而在某些時候為了增進自行車的效能，也會需要更換手握。一些基本款式用本身的摩擦力來固定，另一些如鎖固型的手握則是使用小型固定螺栓來鎖固。更換手握為相對簡單的任務。

前置準備

- 將自行車固定於維修腳架上
- 鎖固型的手握在安裝前就必須進行組裝
- 將煞車及變速手把鬆開並把它們滑到手把中間，這樣一來會有較多的工作空間以利施工進行

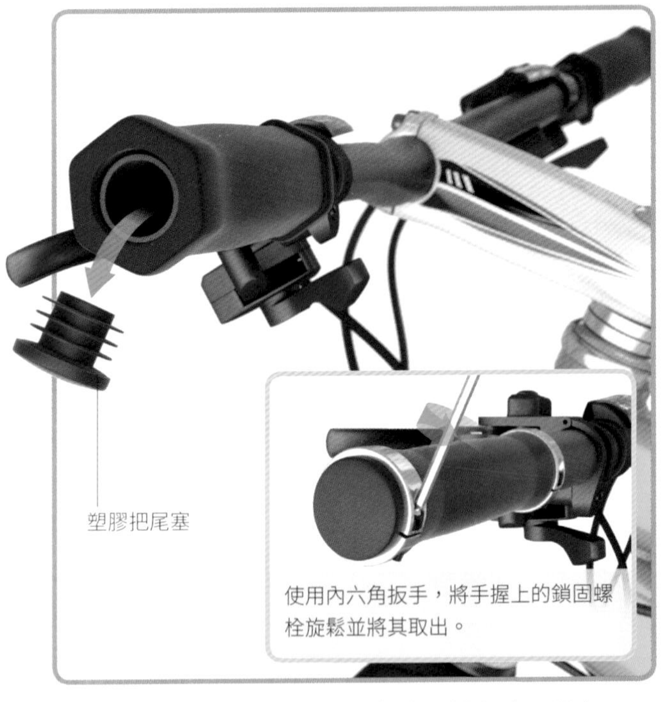

1 用指尖將尾塞從車把手中摳出，過緊時可用小型一字起子協助，如需再次使用尾塞，務必小心不要將其損壞。

使用一字起子輕輕將手把內側的一些黏著物與手把本身分開

2 將小型一字起子插入手握內側約 2.5 公分（1 英吋）來將手握與車把分開。如果手握依然紋風不動，可用一字起子從手握的另一側插入，如此一來手握應可鬆開並順利取出。

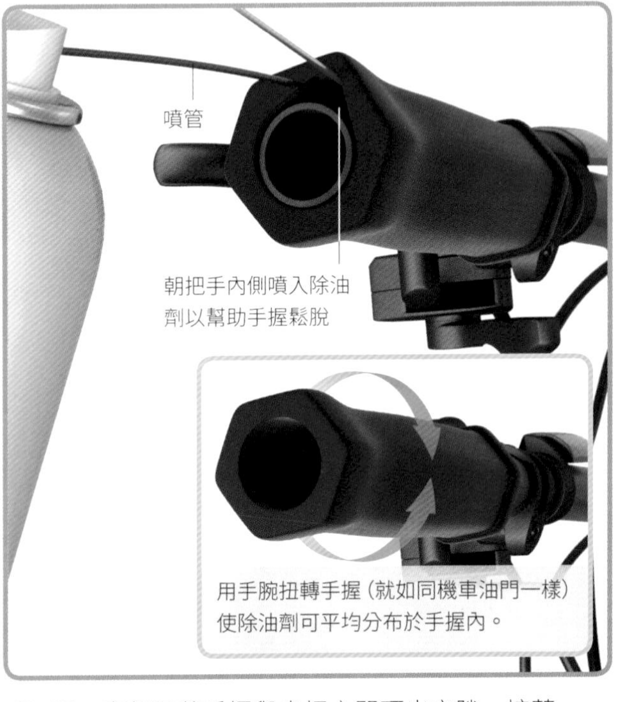

3 用一字起子將手握與車把之間頂出空隙，接著將除油劑噴管插入；將手握內側噴上一輪後，手握應能輕鬆從車把上取下。

工具與裝備

- 自行車維修腳架
- 小型一字起子
- 工具刀
- 內六角扳手組
- 酒精性清潔劑
- 除油劑與抹布
- 膠槌

施工訣竅：如果手握在安裝時有過緊的問題時，可以使用 2-3 條束線帶綁住手握內側再往車手把內側推，在推至想要安裝的深度時再將束帶抽離即可。

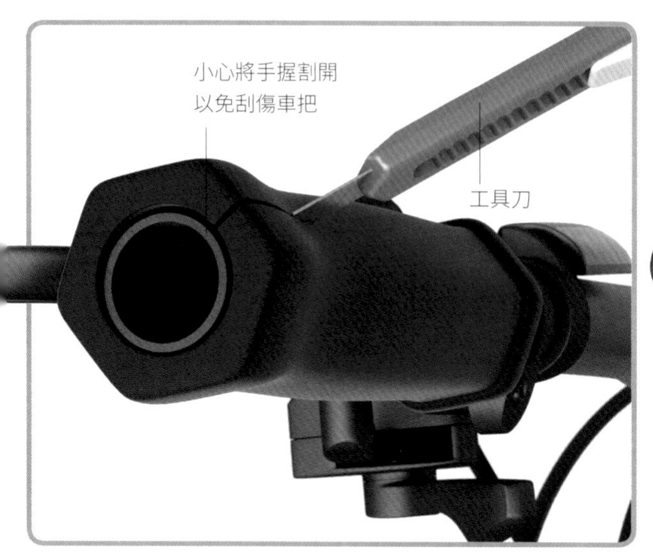

4 如果手握依舊難以取下，就必須使用銳利的工具刀沿著手握平面將之切開，小心不要切得過深損壞到車把本身，最後把手握撕開並丟棄。

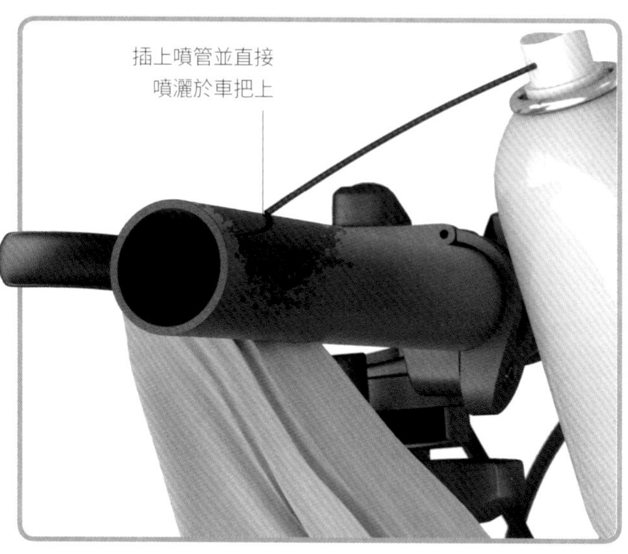

5 使用除油劑將車把上殘留的油、泥沙或其它殘留物完全清除掉，接著用抹布將車把擦乾抹淨，移除任何油脂；如果你的車把是屬於開放式的（如上圖），則順便將內側也一併抹乾。

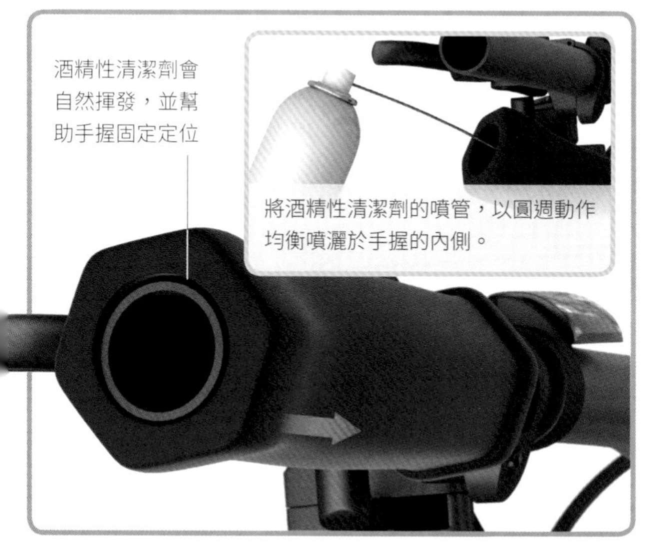

6 將酒精性清潔劑平均覆蓋於新手握的內側，再將之扭入車把上，也須記得檢查手握末端是否有正確密合。最後將之靜置約 10 分鐘。

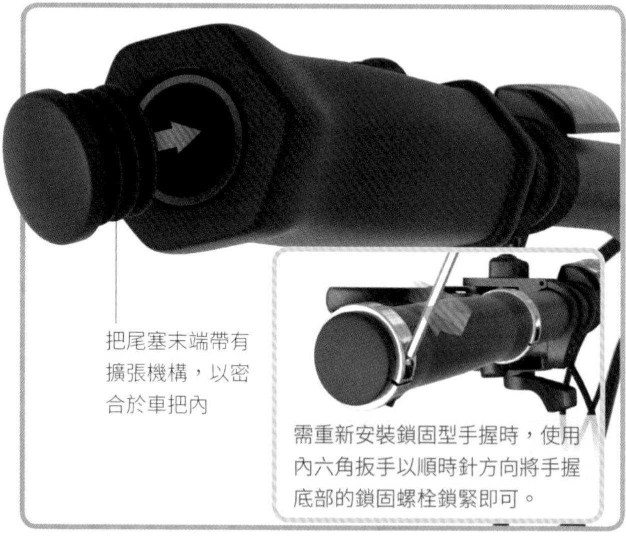

7 將把尾塞向內推到底，避免有多餘的突出，當把尾塞過緊時可用膠槌輕敲。

關鍵零件

座管與座墊

座墊的選擇因人而異，舒適度是相當重要的考量因素。目前座墊在選擇上也相當多樣，如寬窄、形狀之類，有些廠商甚至會設計中空的座墊以追求更高的舒適度；一般來說公路車座墊比登山車的較偏長窄，而長途旅行車的座墊則較寬，幫助騎乘者在長途騎乘時提供更多支撐。

座墊底部帶有座弓作為墊與座管之間的連結，在功能方面，座弓也讓騎乘者得以微調座墊的仰角與（前後）位置。座管也有許多不同的長度與角度，而座管的高度也是能夠調整的（參閱68-69 頁），且多數時候由鋁合金或碳纖維所製。

座墊表面的材質分為人造與皮革兩種

有些座墊鼻尖會使用克維拉纖維提升其耐用度

座弓的減震功能讓騎乘者在騎乘時更加舒適

煞車線走線孔

上管位於車架的上側

零件細節

座墊需一對座弓才得以固定於座管上，而座管則在插入車架後才能加以固定。

① 位於座墊下的不銹鋼、鈦合金或碳纖維的座弓主要用於固定於座管的用途，但同時也有調整前後位置的功能。

② 座弓夾夾固於座弓上下側，並將整體固定於座管上。

③ 座墊高度可藉由升降座管來達成，但須注意最低插入安全標示的位置（參閱 68-69 頁）。

④ 將座管拉到適合的高度後，鎖緊座管束即可固定高度。

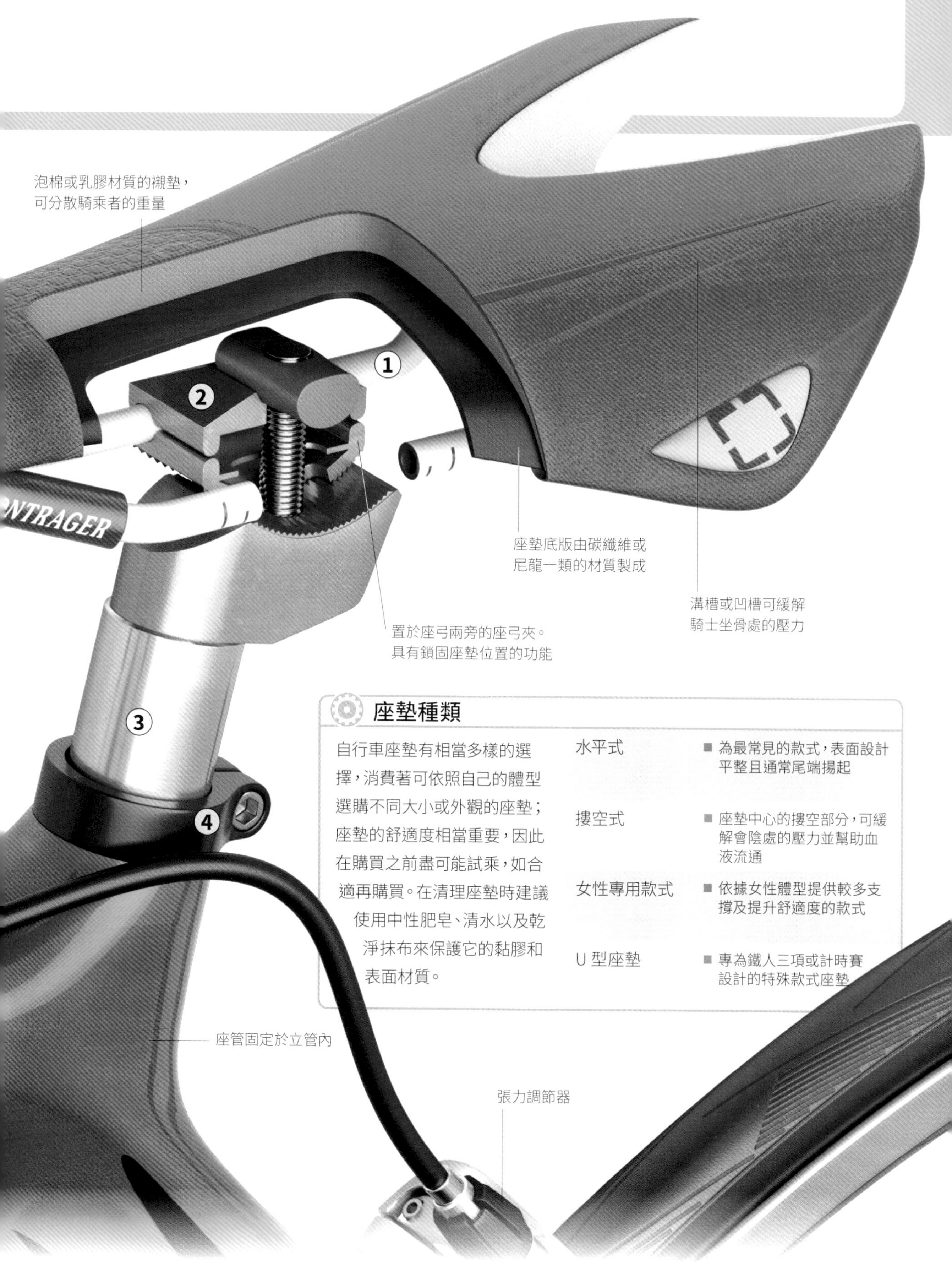

座墊種類

自行車座墊有相當多樣的選擇，消費著可依照自己的體型選購不同大小或外觀的座墊；座墊的舒適度相當重要，因此在購買之前盡可能試乘，如合適再購買。在清理座墊時建議使用中性肥皂、清水以及乾淨抹布來保護它的黏膠和表面材質。

水平式	■ 為最常見的款式，表面設計平整且通常尾端揚起
摟空式	■ 座墊中心的摟空部分，可緩解會陰處的壓力並幫助血液流通
女性專用款式	■ 依據女性體型提供較多支撐及提升舒適度的款式
U 型座墊	■ 專為鐵人三項或計時賽設計的特殊款式座墊

座管保養

座墊高度對於騎乘效率與舒適有相當重要的影響，且能保護你免於膝關節與臀部的傷痛。調整座墊高度相當簡單，但有可能會遇到座管卡住無法取出的情形。

前置準備

- 將自行車固定於維修腳架上
- 使用抹布及清潔劑抹去座管和座管束上的髒污
- 務必確保座墊有確實鎖固

調整座墊高度

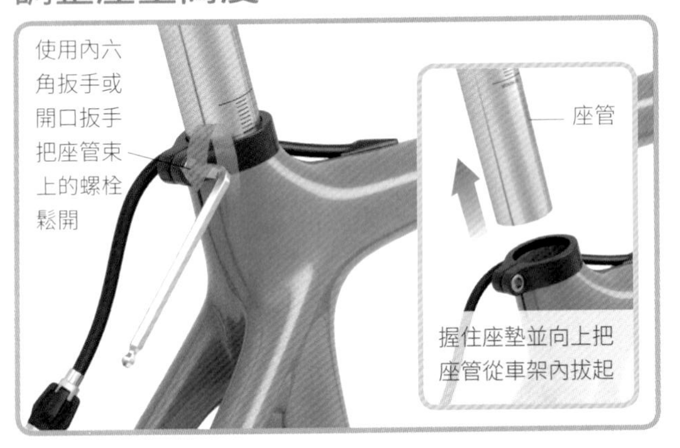

1 座管束鎖固螺栓或快拆把手（如果有）鬆開後，應不需太用力即可拔起座管，如果遭遇到阻力時切忌蠻力硬拔，正常狀況下左右扭轉後再拔出即可。

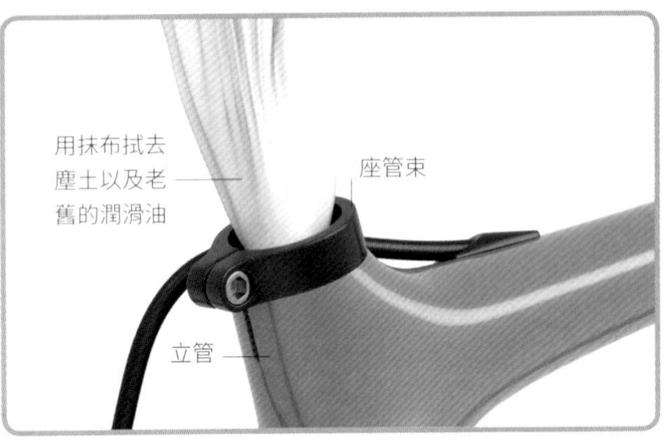

2 清理座管、座管束以及立管口處，使用抹布抹去污垢及表面的腐蝕，如座管束的螺栓或束環本身已經出現鏽蝕或損壞時也一併更換。

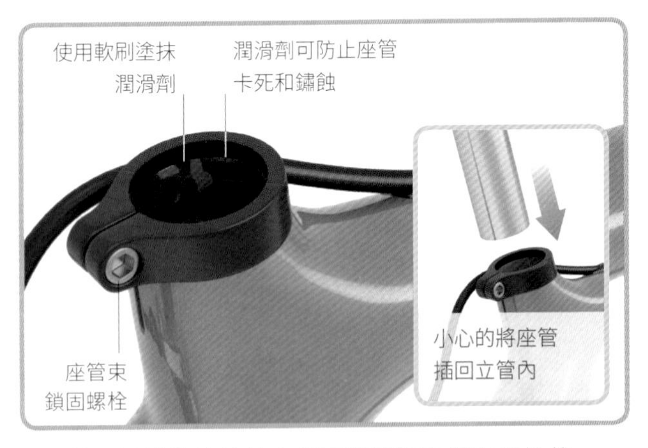

3 將潤滑油脂塗抹於立管口與座管束鎖固螺栓的牙紋處，但如果車架或座管是碳纖維材質時，則抹上碳纖維止滑劑而非一般潤滑油脂，這樣一來可防止座管意外滑動的問題。

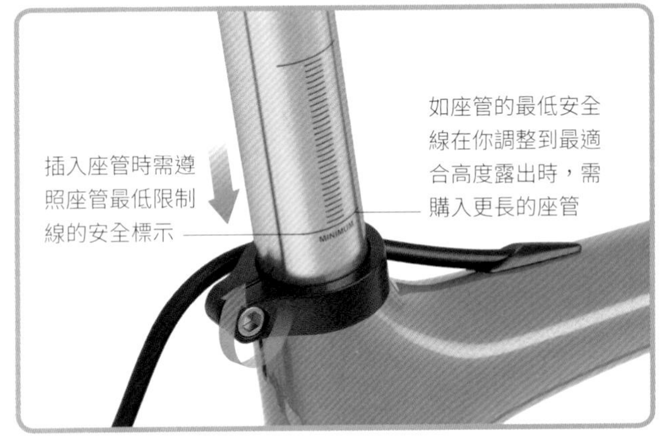

4 將座墊設定至最適合你的高度（參閱 20-23 頁）並檢查是否置中後，將座管束的鎖固螺栓（或快拆桿）扭緊，但請勿過度鎖緊（譯註：依建議扭力的九成鎖緊即可）。

工具與裝備

- 自行車維修腳架
- 抹布
- 潤滑油脂
- 滲透油
- 清潔劑
- 軟刷
- 煮水壺
- 內六角扳手或開口扳手組
- 止滑劑
- 冷凍噴劑

取出卡死的金屬座管

1 鬆開座管束鎖固螺栓或快拆把手，但遇到螺栓難以鬆開的情況時，可噴上一點滲透油並靜置一段時間，讓油慢慢滲透至螺栓的縫隙中。鬆脫後將座管束向上推，接著把滲透油噴至座管與立管的連接處，最後扭轉座管以利油品能順利滲透至立管的縫隙中。

座管過鬆

遭遇座管滑動或嘎吱作響的困擾時，可先檢查座管束的鎖固情形，或管徑是否適合你所使用的車架。

- 座管鎖固不良有可能是因為座管、座管束內側的泥沙所造成。
- 將座管拆下並擦拭乾淨，在移除所有泥沙後重新上油再裝回原處。
- 如座管依舊滑動代表座管已抹損，將之更換即可。

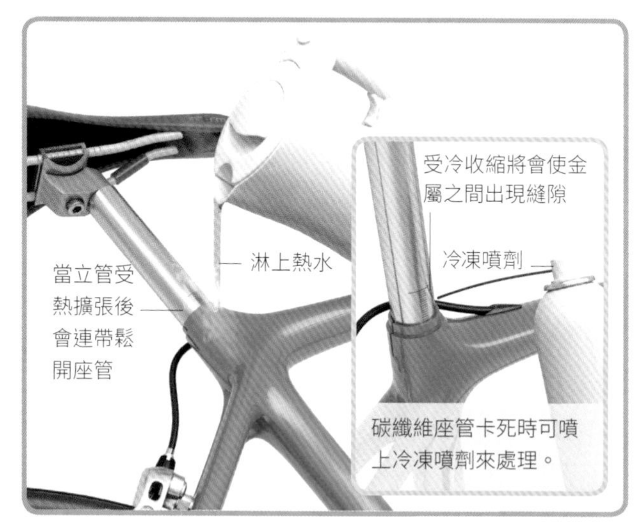

2 車架為金屬材質而座管仍無法順利拔除的話，可以在立管上方（與座管的連接處）淋上熱水，利用熱漲冷縮的方法，重複幾次後應可順利排除卡死的狀況。

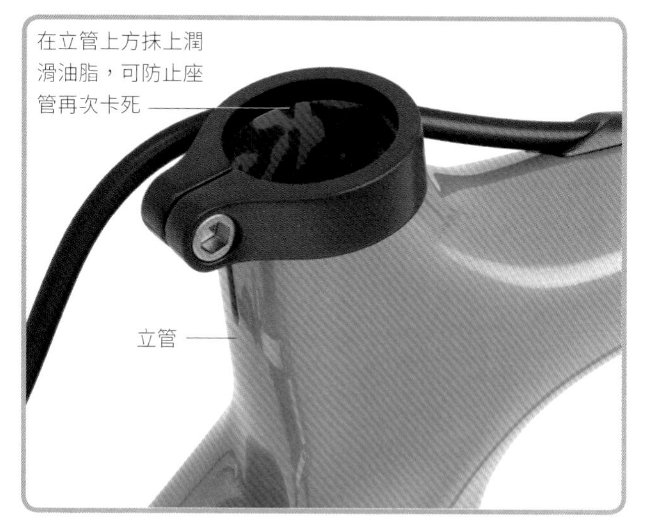

3 成功拔除座管後抹除立管內的泥沙，在裝回座管前也需抹上相當程度的潤滑油。乾淨且完全潤滑的表面，可有效防止座管再次被卡死的情況發生。

安裝座管

伸縮座管

伸縮座管提供你在騎乘的過程中，藉由按壓車把上的遙控撥桿或座墊下的拉把，來調整座墊高度的功能。其常見於登山車上，並有機械式(或稱拉線式，如下列展示的款式)以及油壓式供使用者去選擇。

前置準備

- 移除現有的座管(參閱 68-69 頁)
- 將自行車固定於維修腳架上
- 使用清潔劑清理立管內側
- 事前先確定好要走外側還是內線

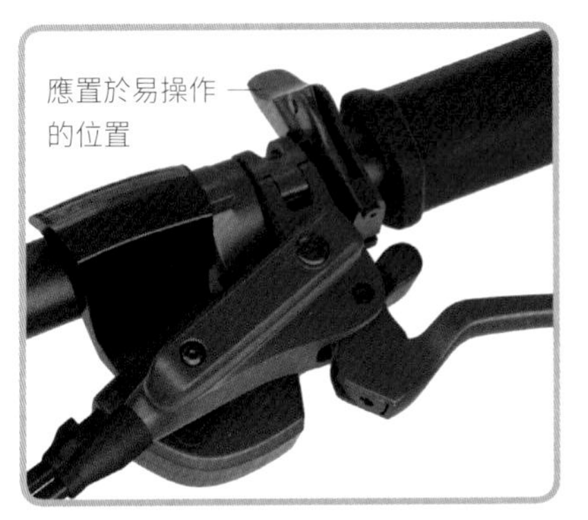

1 安裝至車把後將撥桿調整到適合、易操作的位置，並仔細閱讀使用說明書，遵照原廠指示進行施工。

2 這個步驟會依車架的設計有所不同，先從座管的頂部開始裝設外管，而通常結束於頭管的位置。

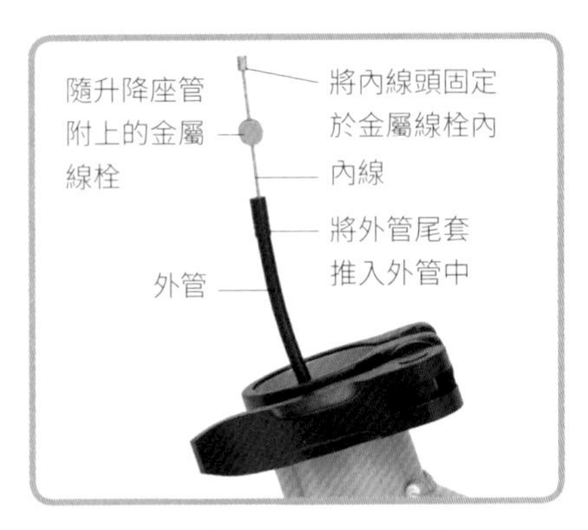

3 把金屬線栓套上內線線頭後，將外管尾套裝上外管，接著將內線(連同金屬線栓)塞入外管中。

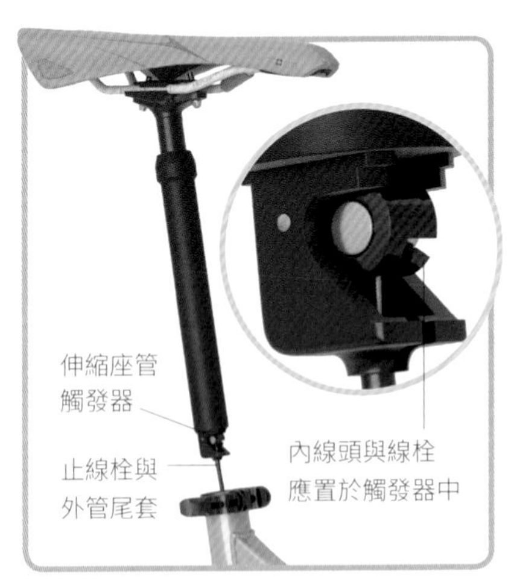

4 把線栓及內線頭裝入伸縮座管觸發器中，接著再將外管與其尾套一同帶入觸發器中的止線栓上。

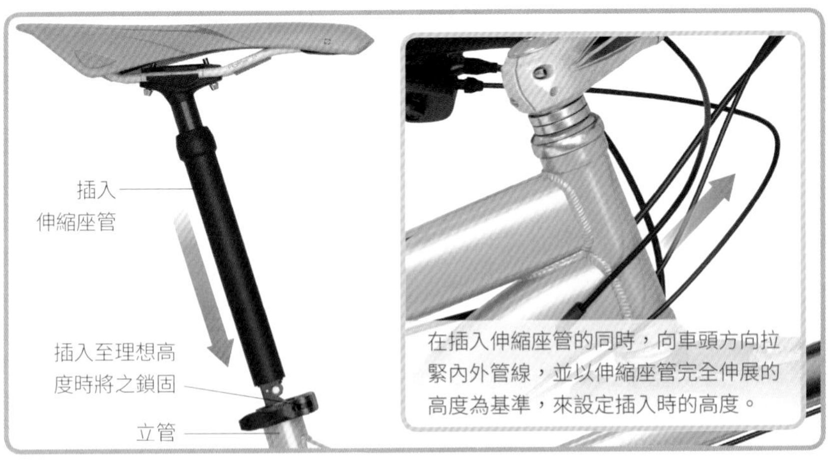

5 伸縮座管降到最適合處(依騎乘者身材為準)時，把管線同時向車頭處拉緊，使系統處於緊繃狀態。

工具與裝備

- 內六角扳手組
- 伸縮座管與線材
- 捲尺
- 維修腳架
- 剪線鉗
- 清潔液
- 外管尾套

施工訣竅：如果你安裝的伸縮座管及車架皆為走內線的設計，在組裝前可能有必要先移除「五通軸承」(BB)，如此一來線路才可順利通過並抵達座管的部分。

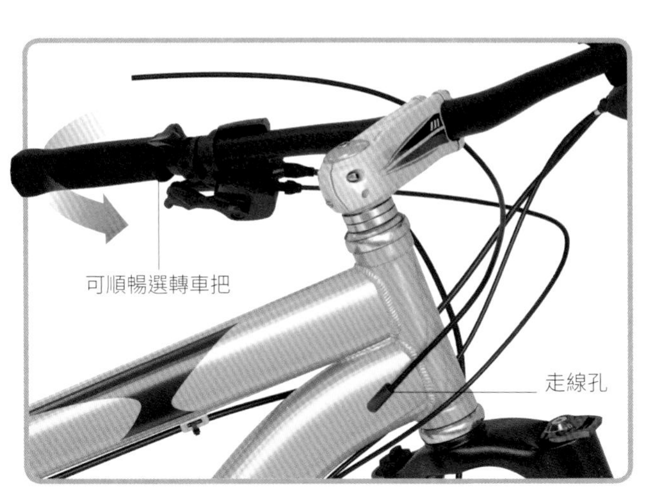

6 務必確定車把在轉向時不會被管線所限制；將車把朝向一側盡量轉到底後，用捲尺測量所需長度多少。

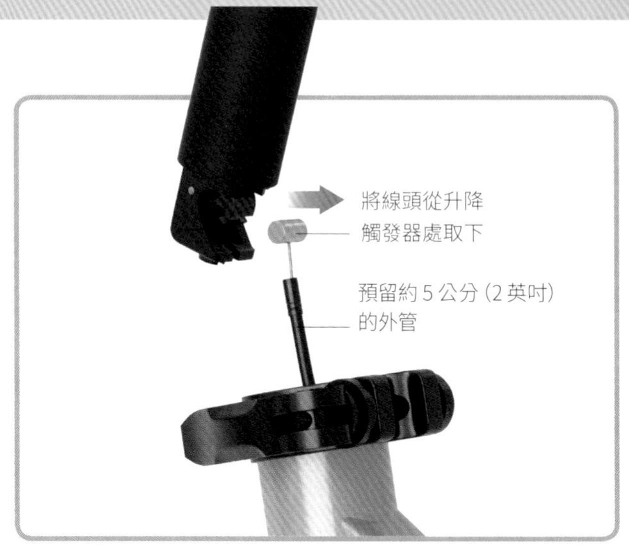

7 移除伸縮座管並將升降觸發器上的線頭取下，再將內線與外管同時上拉約 5 公分 (2 英吋) 左右的長度。

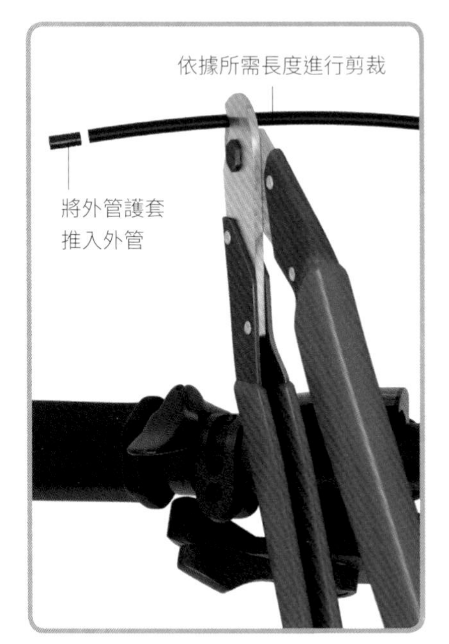

8 從座管端拉出足夠長度的外管，以便正確剪裁遙控撥桿外管線長度。

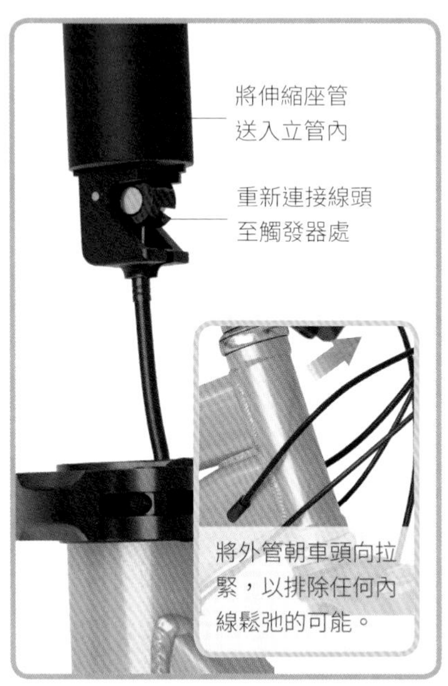

9 重新將內線與伸縮座管上的觸發器連結，並把座管裝回立管；完成後調整至適合高度。

10 安裝內線至遙控撥桿和微調線路時，遵循原廠安裝說明書所提供的標準流程依序進行。

第 4 篇　輪組

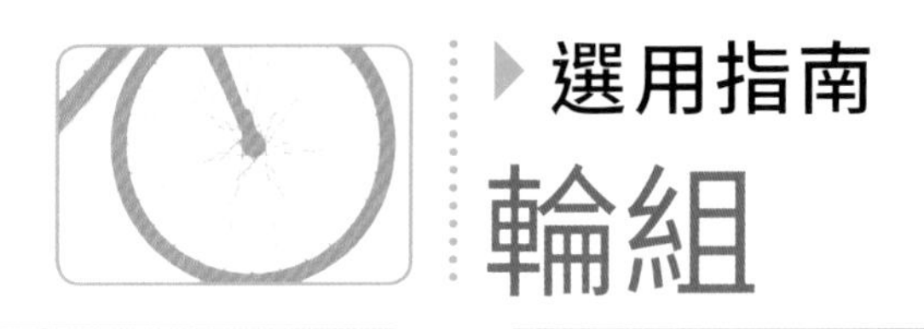

選用指南
輪組

市面上有許多不同種類的輪組可供選擇，各有其功能與優點。你可能只需要其中一種或幾種以應付不同路況，這取決於進行哪種形態的騎乘。在升級輪組時要格外留心，因為前、後輪不同，並且有的後輪只適用於 11 速傳動系統。

類型	適用性	鋼絲
通勤／旅行 針對日常使用與長征騎行，此類輪組需以堅固與耐用的材料製成。「輕量」與「炫亮」外觀是次要考量。	■ 通勤，攜帶行李長距離騎行。 ■ 以公路車或跨界車進行輕度非鋪裝路面騎行。	■ 不鏽鋼、等徑、鉤型結構連接轂耳、銅頭連接輪框孔眼。 ■ 最多 36 條鋼絲，長程旅行車有較多鋼絲。
公路高速騎行 此類車輪通常具有空力設計，搭配高階公路車或競賽車，以碳纖或鋁合金製成。兼具輕量、剛性與強度，實現高速、平穩的公路騎行。	■ 公路競賽、進階健身與公路越野車，或是輕量單車配備。 ■ 在爬坡時，較輕量與高滾動性的輪組提供絕佳性能優勢。	■ 多為不鏽鋼，也可能是鋁合金或甚至是複合材料。某些設計為空力或刀刃狀造型。 ■ 多為 20-32 條鋼絲。放射狀編法常見於前輪。
公路訓練 常見的中價位公路車配備。訓練輪組適用於除了競賽之外的各種公路騎乘，可供冬季練習使用。	■ 一般公路騎行與訓練。 ■ 一般、長距離、非競賽騎行。此類輪組強度足以應付重度使用。	■ 不鏽鋼、等徑、鉤型結構連接轂耳、銅頭連接輪框孔眼。 ■ 比輕量化輪組具有更多鋼絲：常為 28-36 條。
登山車 此類輪組專為崎嶇非鋪裝路面騎乘設計。但有些也具備輕量與剛性，尤其是搭配有後避震設計的登山車使用時。	■ 非鋪裝路面越野與下坡競賽所使用，具有前後避震的登山車。 ■ 泥濘與濕滑的非鋪裝路面。	■ 取決於結構品質與重量，以不鏽鋼或鋁合金製成。 ■ 標準登山車車輪多為 28-32 條鋼絲，但是輕量化型號可能只有 24 條。

此外，輪軸固定方式（鎖入式或快拆型）也需對應車架設計。

請注意輪組各部零件都以不同的考量選用，框寬、胎寬與輪徑都會影響外胎性能。簡化起見，以下提供了一般的選擇分類。

輪框	花轂	規格變化
■ 鋁合金，具有煞軌配合夾器式煞車使用。 ■ 常搭配楔形外胎使用，重度使用類型內部具補強結構。 ■ 寬框適合重度使用或搭配登山車外胎。	■ 常以鋁合金製成。 ■ 轂耳小、搭配密封式或杯 - 錐式軸承與快拆型或穿心軸使用。 ■ 載重單車上通常設計有重型輪軸，尤其是在後輪上。	■ 多為 700c 尺寸。 ■ 26 吋也是常見規格，此類輪組可安裝較寬的大體積外胎。較適合崎嶇的路徑。
■ 具鋼絲孔眼的鋁合金或碳纖輪框。 ■ 硬化煞車面（針對夾器式煞車）。 ■ 框槽分佈於方形到 V 型之間。 ■ 框槽必須配合外胎設計：楔型、管型或無內胎。	■ 此類輪組通常具有小轂耳與環形軸承，並搭配快拆型輪軸。 ■ 碟煞輪組上有碟盤固定螺孔，並以穿心軸與車架相接。	■ 業界標準為 700c，框寬 13-25mm（最常見的是 18/19mm）。 ■ 更寬的輪框適合大體積外胎，寬度 25-40mm。
■ 較輕量化輪組更重、更強壯，具有方形或 V 型框槽。 ■ 輕量，碟煞輪組上沒有煞軌。 ■ 多針對楔型外胎設計，但也可以配合無內胎外胎使用。	■ 多以鋁合金製成，搭配快拆型或穿心軸固定於車架。 ■ 可能配有杯 - 錐軸承，需要上油潤滑與正確調整。	■ 業界標準為 700c，框寬 13-25mm（最常見的是 18/19mm）。 ■ 更寬的輪框適合大體積外胎，寬度 25-40mm。
■ 多為鋁合金，碟煞輪組上沒有煞軌。 ■ 高性能型號以碳纖製成。 ■ 所有登山車輪框皆配合楔型或無內胎外胎使用。	■ 多以鋁合金製成，競賽級型號以碳纖製成。 ■ 小轂耳，具鋼絲孔眼或直拉槽安裝鋼絲。 ■ 輪軸具閉鎖機構安裝在車架上。 ■ 密封式軸承防止泥沙污染。	■ 常見規格為 29 吋、26 吋與 27.5 吋（亦稱為 650b）。 ■ 最新的外胎型號包括較小的 584mm+ 與 622mm+，有些外胎型號前後輪可互換。

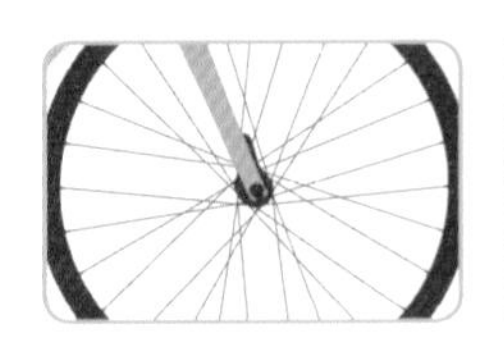

關鍵零件

金屬鋼絲輪組

車輪是單車接觸地面的部位。當行經崎嶇或顛簸路面時，外胎與輪框吸收衝擊，傳遞至鋼絲形變後緩衝輪框上的震動。鋼絲在花轂上支撐輪框。某些性能級競賽輪組，配備黏合的複合材料鋼絲，但絕大部分單車採用的是金屬鋼絲。

大部分鋼絲以不鏽鋼製成；最新的空力扁型或刀刃狀外型框，可增加整體流線性並增進單車性能。鋼絲藉由銅頭與輪框相接。轉動銅頭可改變鋼絲張力，並對正輪框。

零件細節

車輪具有花轂、鋼絲、輪框與外胎。後輪比前輪編有更多鋼絲，因為動力由傳動系統傳遞至此。

1. 花轂承接鋼絲。經由鋼絲將動能傳遞至輪框，所以在單車移動時承受高度負載。
2. 輪框由鋁合金或碳纖製成，框槽裝置外胎。針對不同騎乘風格，有對應的框深及設計。
3. 輪框側面提供框式煞車所需的煞車接觸面。經過磨耗後，就應該更換輪框。（參閱 78-83 頁）
4. 針對不同強度與吸收煞車和加速時的力道，有多種工法「編織」鋼絲，比如放射狀、交叉型或混合型。

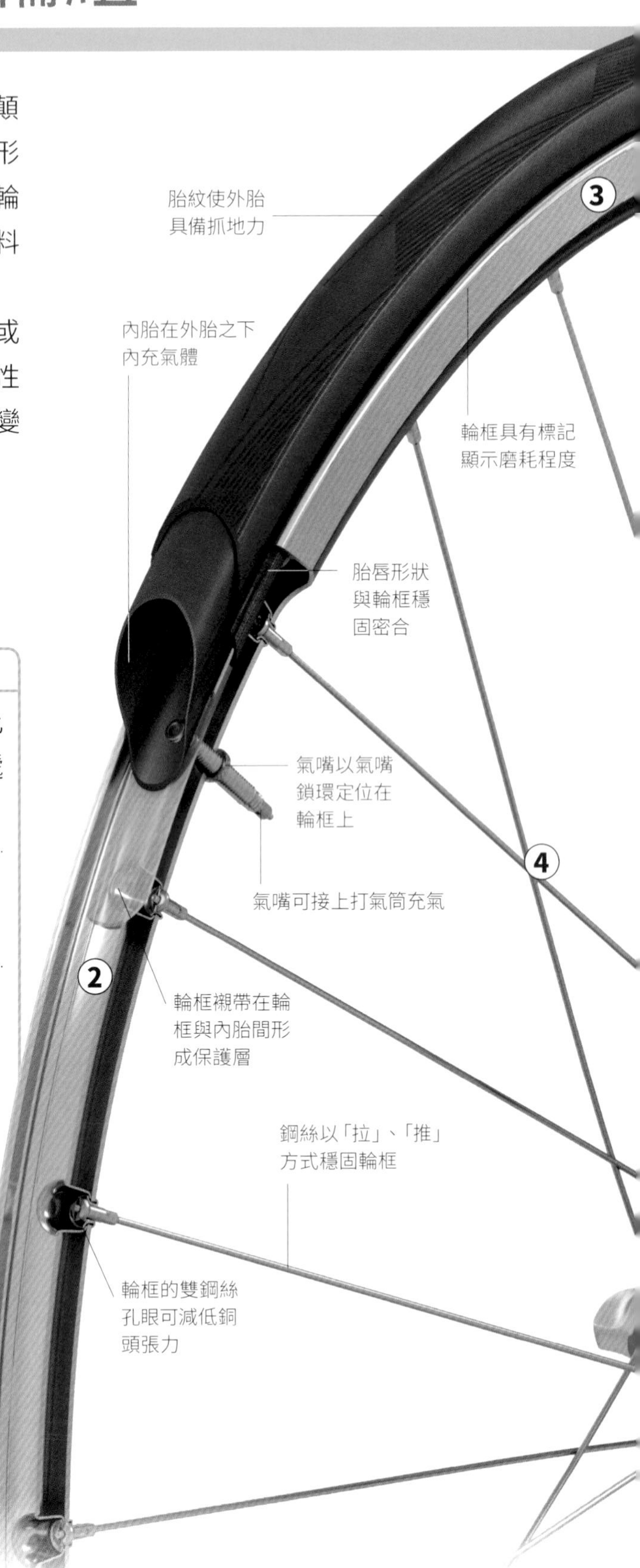

鋼絲孔眼

鋁合金輪框上使用不鏽鋼孔眼可補強鋼絲孔，並且防止鋼絲被拉出。

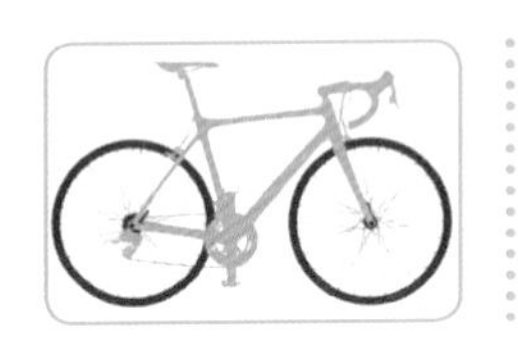

拆卸與安裝車輪

快拆型前輪

載送或維修單車時，常需要將前輪拆下。多數現代單車配有快拆型輪組，無需工具就能徒手將車輪拆下。有些舊型單車設計為傳統螺栓，需以扳手進行拆卸。

前置準備

- 以維修腳架支撐車架
- 檢查快拆拉柄上是否有鏽蝕。如有發現，請噴油潤滑

1 將夾器上的快拆撥片鬆開。這將使兩側煞車皮的間距加大，外胎能順利通過。(Campagnolo 夾器是經由按壓變速拉桿上的按鈕釋放)

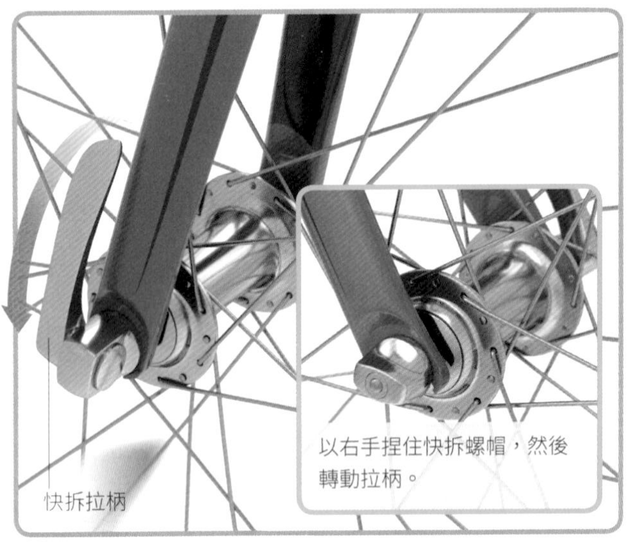

2 如有配置，找到花轂上的快拆拉柄。拉下拉柄並漸進轉開，但不要將另一側的螺帽完全轉下。如果是螺栓設計，請使用扳手將兩側螺栓轉下。

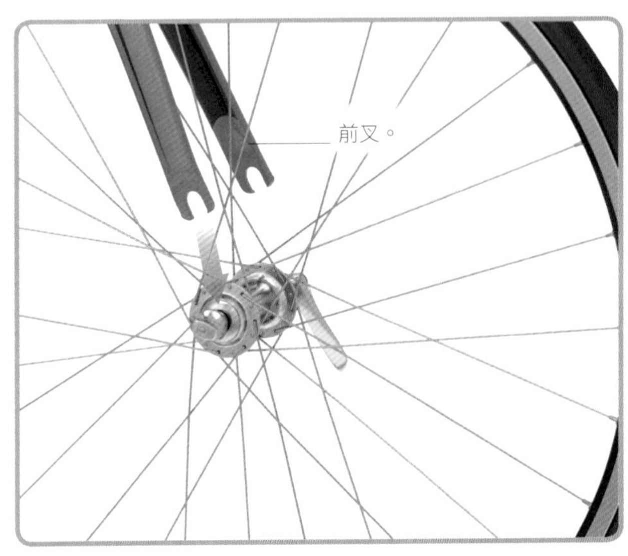

3 將車架抬高，把車輪推離前叉。此時如果車輪未脫落，將快拆拉柄或螺栓進一步轉鬆，但不要完全轉下。

工具與裝備
- 維修腳架
- 油
- 扳手組(舊型單車)

施工訣竅:如需將兩輪都從車上卸下,請先拆前輪。這樣能防止鏈條脫落或後變速器撞擊地面。

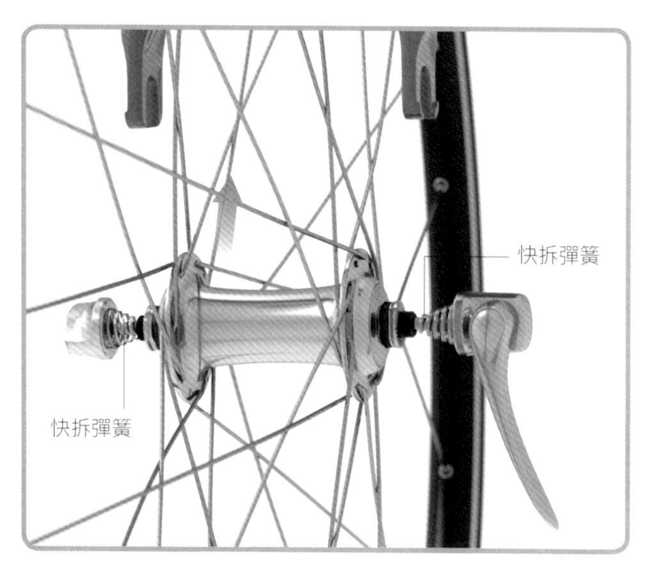

4 安裝前輪時,確認彈簧位在快拆輪軸的兩端,拉柄位在單車左側。將前叉端卡進前輪。

5 將車輪放在地上,利用車身重量使之直立。捏住快拆螺帽,將快拆機構轉緊。舊型單車以扳手將螺栓轉緊。

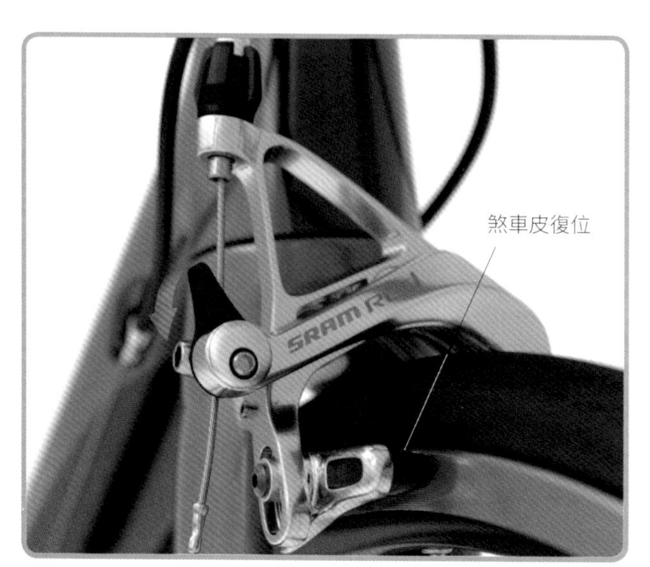

6 **關閉夾器快拆撥片**(或是按下在 Campagnolo 煞車拉桿上的按鈕)。確認煞車皮位在相對輪框的正確位置。

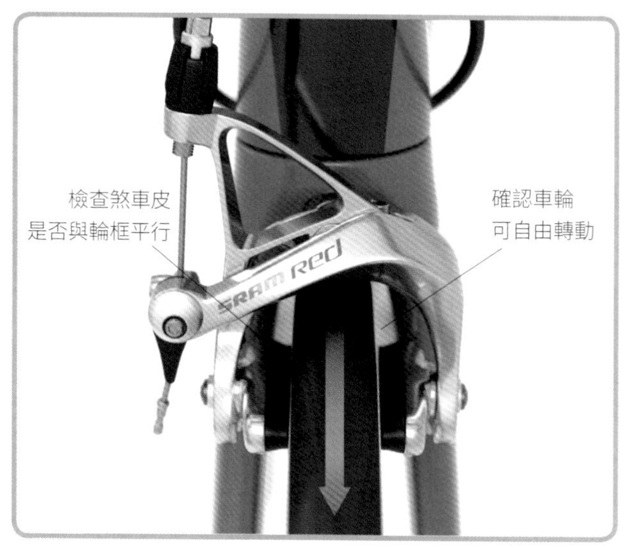

7 **站在單車前方,**將車輪放置於兩膝中央,檢查車輪是否位在兩側煞車皮中央。如位置偏移,請再次拆下前輪,重複步驟 3-7。

拆卸與安裝車輪

配置飛輪的後輪

拆卸與安裝後輪，牽涉到將鏈條從後花轂脫離與接合的過程。在配備有飛輪與後變速器的單車上操作必須格外小心，因為至這些都是傳動系統的關鍵零件。這是只需花費幾分鐘的簡單操作，尤其對具有快拆機構的後輪更是如此。

前置準備

- 若拉柄上有鏽蝕，請先噴油潤滑
- 將鏈條變速到前面最大齒盤
- 將鏈條變速到後面最小齒片
- 以維修腳架支撐車架

1 鬆開後輪，一手在非傳動端（左側）捏住快拆螺帽。另一手撥開快拆拉柄 180 度，打開迫緊機構。

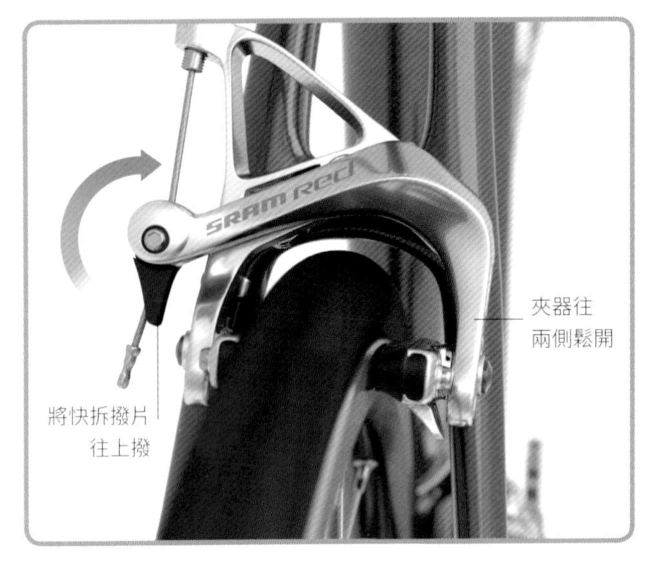

2 先找到後煞夾器上或是位在煞車把的快拆撥片或按鈕 ，往上撥以便釋放夾器。夾器會在釋放後展開，使後輪有足夠的空間通過兩側煞車皮。

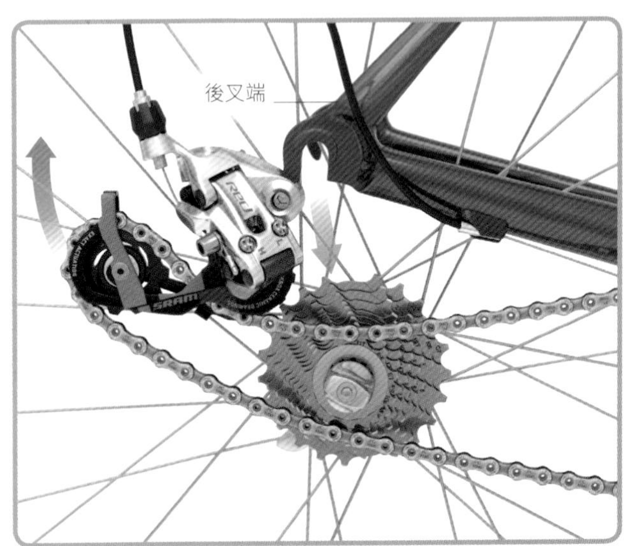

3 一手抓住後變速器往後上方拉。後輪應該會自然地從後叉端脫落。若非如此，將快拆拉柄多轉開一圈，重複上述動作直到後輪脫落。

工具與裝備

- 油
- 維修腳架

施工訣竅：某些快拆系統因安全考量具有鎖定機構。迫緊的兩側由中空軸心連接。

將所需的扳手常備在補胎工具組中，以備騎乘途中不時之需。

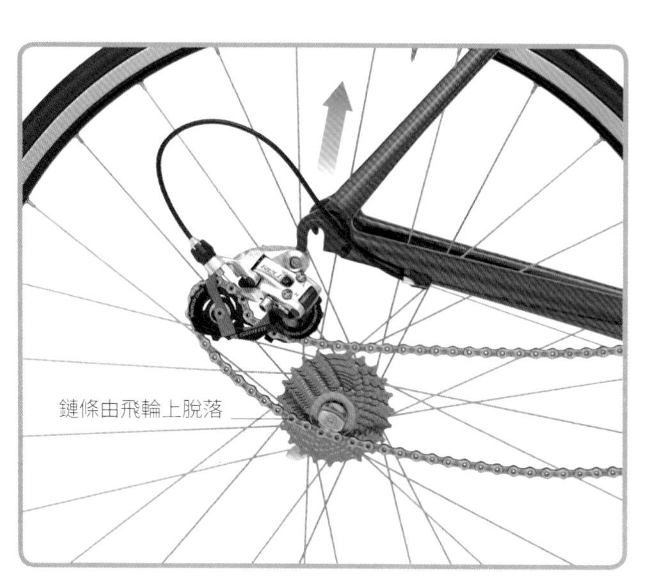

4 抓住座墊或上管將車身提起，讓後輪稍微往前移動。小心地將飛輪脫離鏈條。如果鏈條仍然卡在飛輪上，就用手拉開。

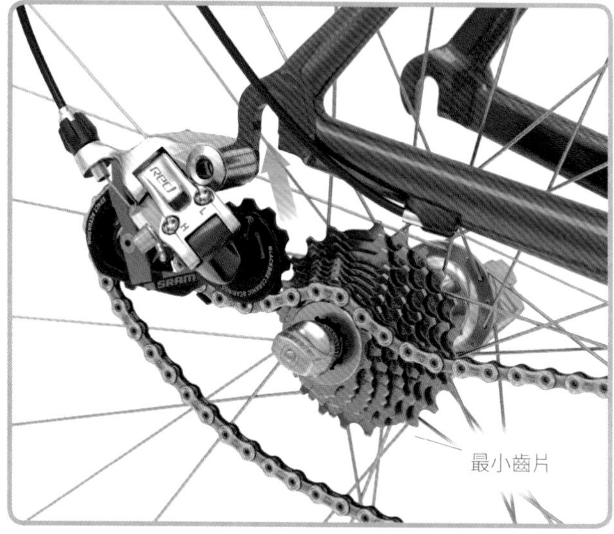

5 安裝後輪時，請先確認已變速至最小齒片位置。將後輪放入其位置，鏈條落在最小齒片上，然後降下車身。

6 將後輪往後上方提起，輪軸放至後叉端的卡槽中。請確認後輪對正車身中心線。

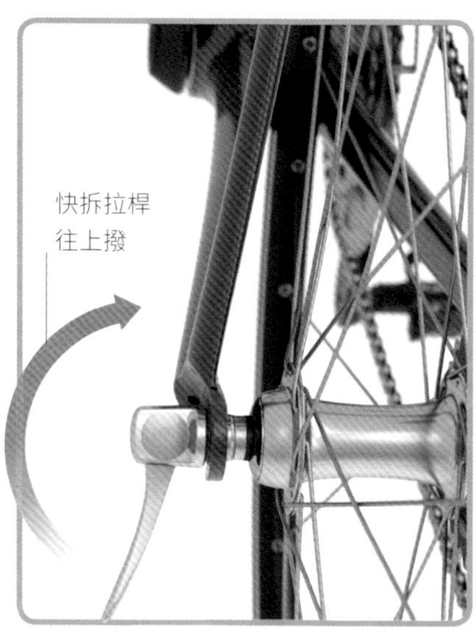

7 閉合快拆拉柄迫緊後輪。其迫緊壓力與前輪相同 – 穩固卻不過緊。

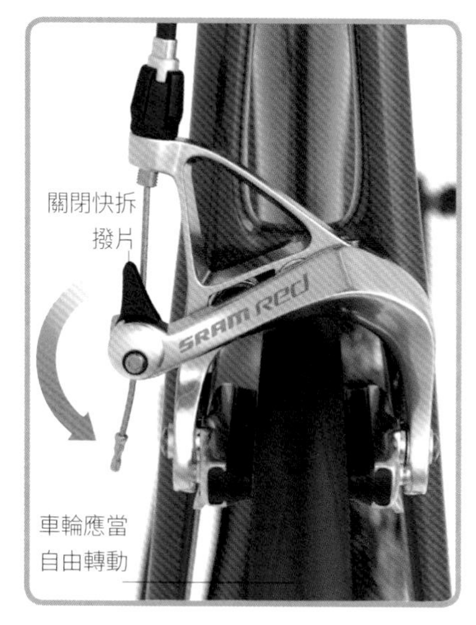

8 關閉夾器上煞車快拆撥片或是煞車把上的按鈕。轉動後輪檢查是否與煞車皮平行。

拆卸與安裝車輪

配置變速花轂的後輪

變速花轂常見於通勤或是載貨單車，有些登山車亦有此配置。將配置花轂變速的後輪從車架拆下之前，必須先將花轂與變速線分離。

前置準備

- 清理變速花轂周圍的塵土
- 記錄每個墊圈位置
- 確認變速線保持良好狀態
- 以維修腳架支撐車架

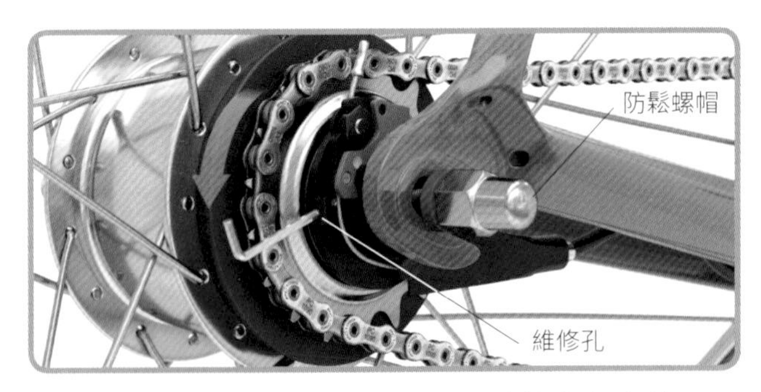

1 先變速到第一檔。找到花轂上纜線載盤上的「維修孔」，插入內六角扳手。轉動載盤放鬆變速線張力。

2 以內六角扳手 (Allen key) 固定載盤位置，以另一手將纜線固定卡子從載盤卡槽中移除。如果卡得過緊，請用箝子進行操作。

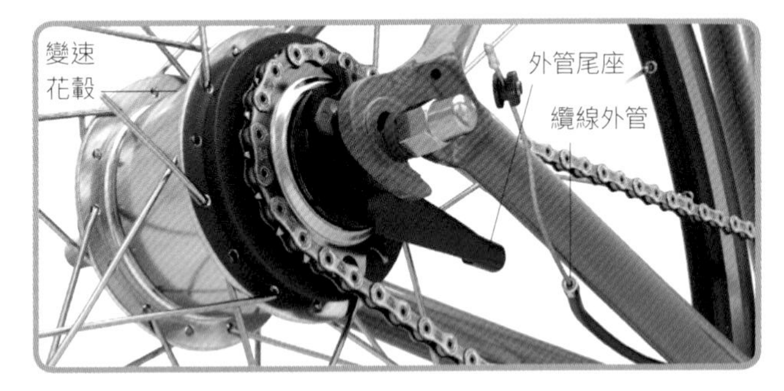

3 將纜線移到花轂前方，把外管從外管尾套中拉開。移動纜線遠離後輪。

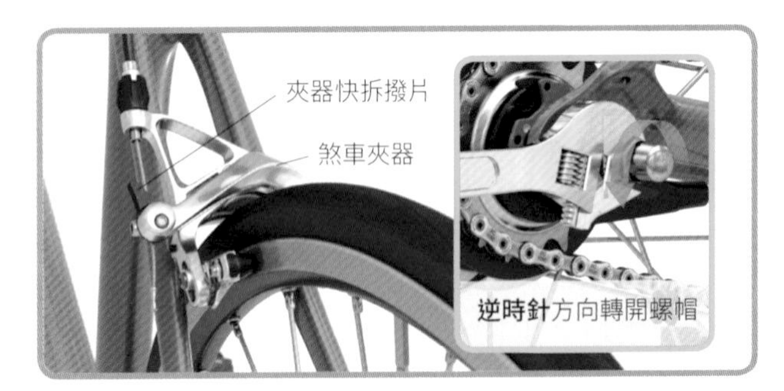

4 取決於不同型號煞車 (參閱 112-117 頁)，打開後煞夾器。利用扳手轉開後輪防鬆螺帽，但是先不要完全卸下後輪。

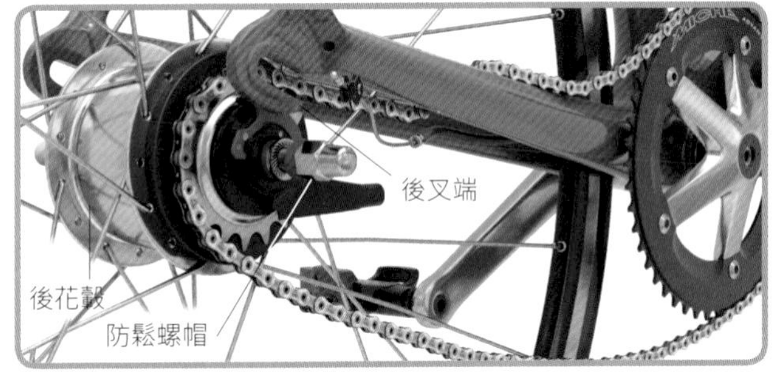

5 小心將後輪從叉端移除，把鏈條從後花轂取下。將鏈條掛在車架上。一手抓持後輪，另一手提起車架使之脫離。

工具與裝備

- 抹布
- 乾淨油料
- 維修腳架
- 內六角工具組或活動扳手
- 箝子

施工訣竅：旋緊後輪防鬆螺帽時，請使用能帶上路的工具。因為在騎乘時，如有需要就能進行調整。

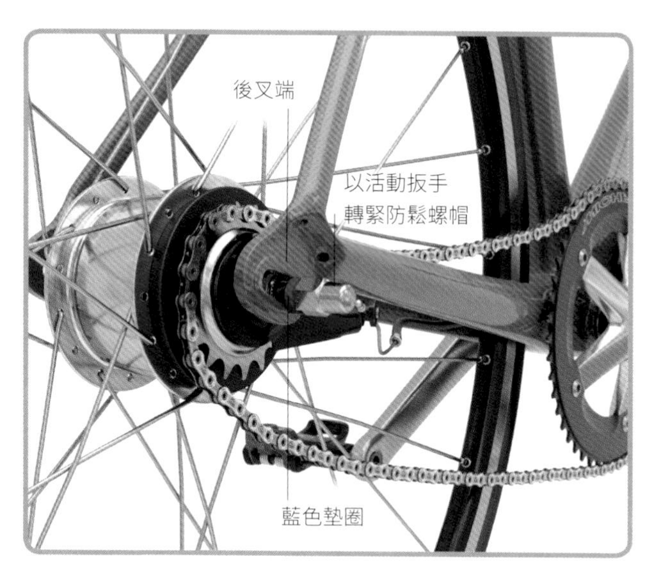

6 安裝時，將後輪軸導入後叉端的凹槽中，確認藍色墊圈位在車架外側。將鏈條放置在花轂上，先稍微轉緊防鬆螺帽。

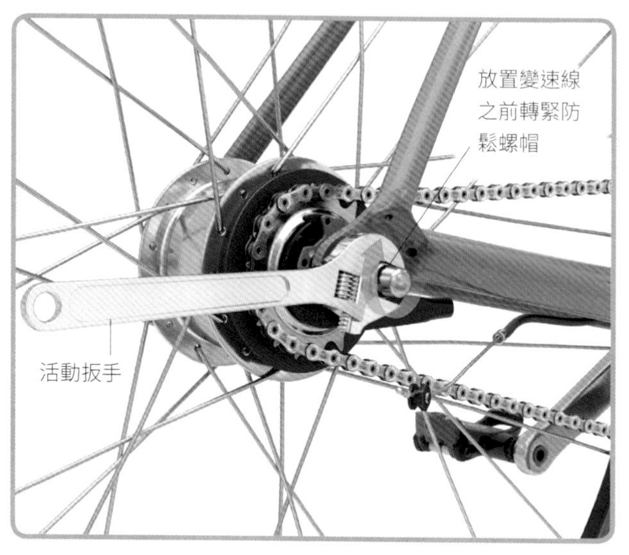

7 對正後輪位置，使之轉動時與車架中心線保持一致，這個位置會使鏈條完全與齒片接合。以活動扳手旋緊防鬆螺帽，轉至最緊。

8 將外管插入外管尾套以重新安置變速線。往外管方向轉動載盤，將纜線卡子放入載盤上的卡槽 (反向操作步驟 1-3)。

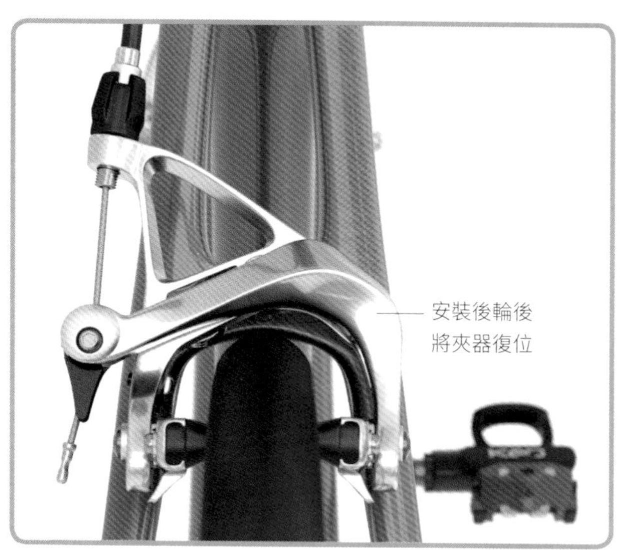

9 確認後輪居中轉動，依不同型號煞車，將煞車快拆機構閉合。測試變速使否正常，變速可能需要稍微調整 (參閱 152-153 頁)。

更換外胎

楔行外胎

破胎是因為氣體從內胎中洩漏，可能是因為被「夾破」(內胎被輪框與地面夾擠) 或是尖物穿刺。如果胎頂磨耗或胎壁出現裂紋，也必須更換外胎。

前置準備

- 將車輪由車架卸下 (參閱 78-83 頁)
- 拆卸舊外胎 (參閱 48-49 頁)
- 展開新外胎成形
- 檢查內胎狀態是否良好，氣嘴是否彎曲
- 檢查輪框襯帶狀態是否良好，若非如此，請更換
- 確認外胎寬度與尺寸與輪框相容

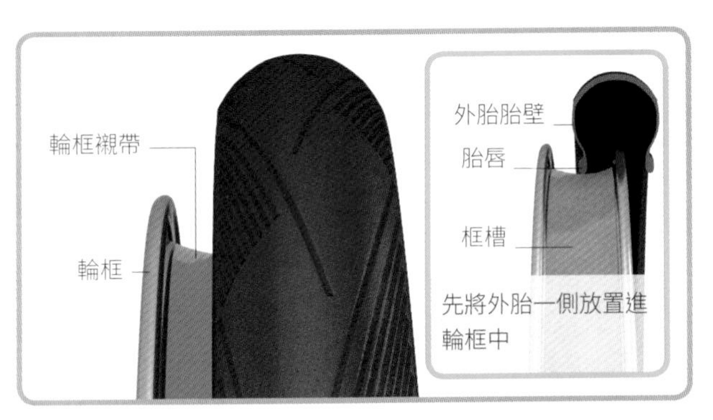

1 外胎其中一面先放入輪框中，順著輪框邊緣雙手操作，將胎唇壓進輪框一側。若覺得太緊，請使用挖胎棒將胎唇勾入輪框。

2 外胎放置在框槽後，將胎唇推向框槽邊緣，產生安放內胎的空間。沿著外胎邊緣，將整個圓周都推到框槽邊緣。

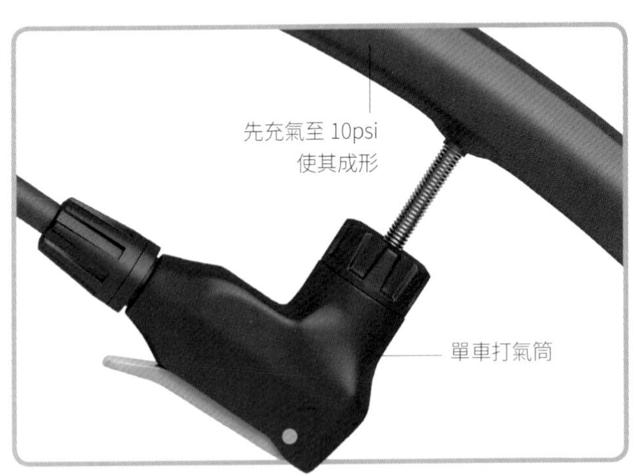

3 移除氣嘴蓋，卸下氣嘴定位螺環，稍微充氣使其成形。切勿過度充氣，否則將難以安裝進外胎中。

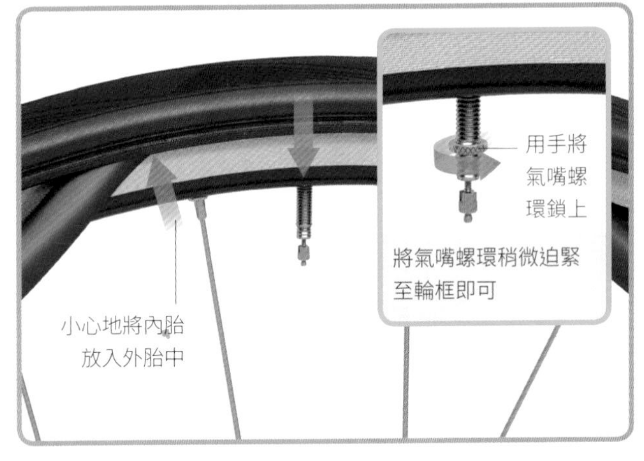

4 將內胎氣嘴穿過輪框上的氣嘴孔，確認氣嘴與輪框垂直。從氣嘴位置開始，逐漸將兩側內胎放入外胎中，鎖上氣嘴螺環。

工具與裝備

- 輪框襯帶
- 挖胎棒
- 單車打氣筒

施工訣竅：請試著在氣嘴對側完成將整個外胎置入輪框，如此可留下較大部分胎唇圓周，以便將其塞入輪框。

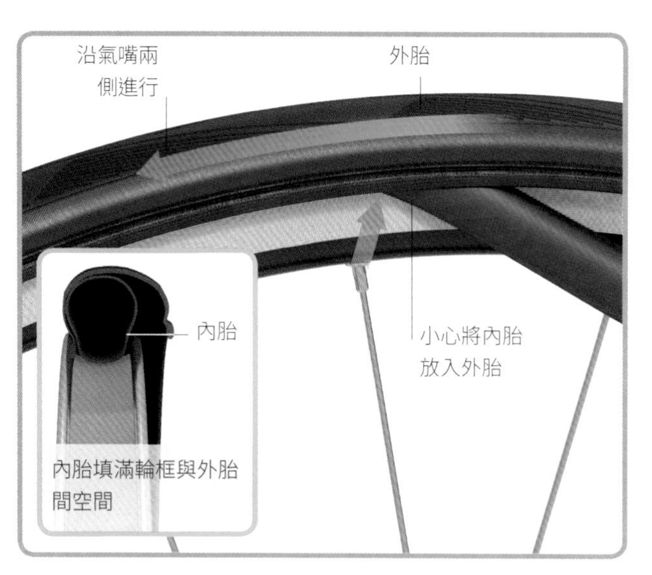

5 從氣嘴位置開始，往兩側將內胎放入外胎中，使其位在外胎與框槽之間。確認內胎無任何扭曲與擠壓。

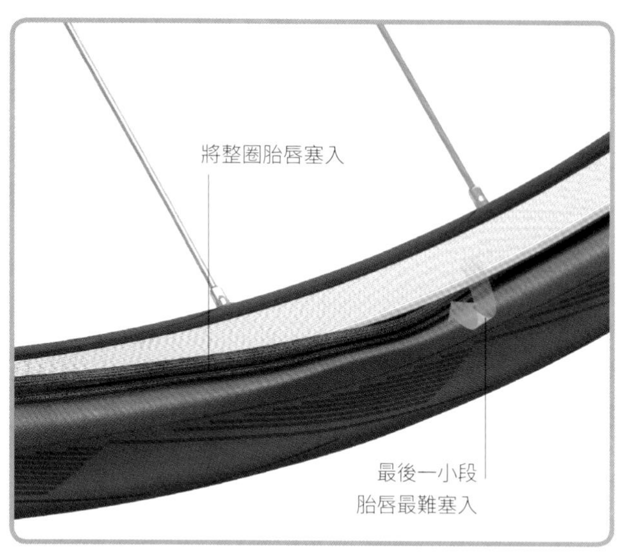

6 將另一側胎唇塞入輪框，確認內胎未受擠壓或扭曲。若外胎過緊難以徒手進行，請小心使用挖胎棒。將內胎充氣。

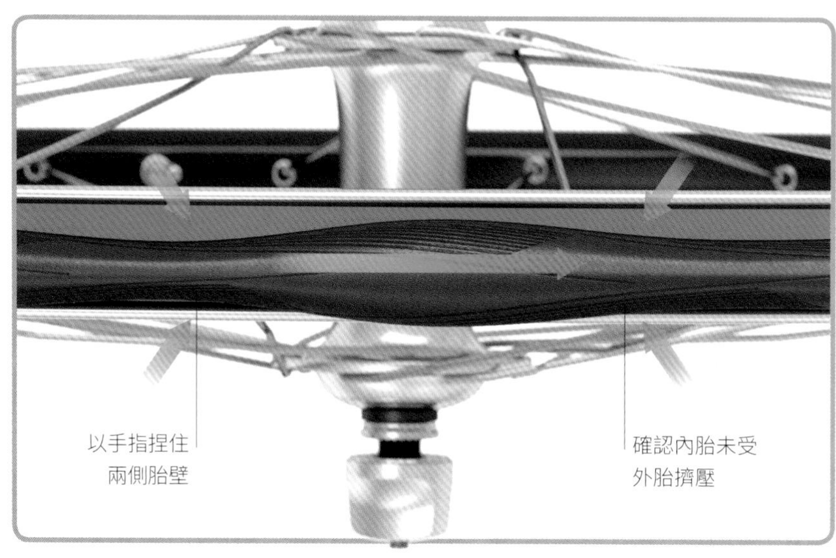

7 整個外胎塞入輪框後，捏住外胎兩側胎壁，使外胎底下襯帶露出，檢查內胎是否被胎唇與輪框擠壓 – 這可能導致內胎被「夾破」。若內胎的確被擠壓，請扭動該處外胎，使內胎脫離夾擠位置。

8 充氣至適當胎壓（外胎通常會標示建議胎壓）將車輪重新安裝至車架（參閱 78-83 頁）。

更換外胎

無內胎外胎

通常配置在登山車上的無內胎外胎，能更緊密貼合在輪框上，所以無需內胎，減低破胎風險。當外胎破裂時，外胎內的補胎液會在破口上快速填補乾燥，防止氣體洩漏。

前置準備

- 確認輪框與外胎與無內胎系統相容
- 展開新外胎使其成形
- 從車架卸下車輪（參閱 78-83 頁）
- 從車輪卸下外胎（參閱 48-49 頁）

1 若輪框相容於無內胎系統，請直接跳至步驟 5。若非如此，請先移除輪框襯帶，以酒精基底清潔劑清理框槽內任何殘膠與油汙。

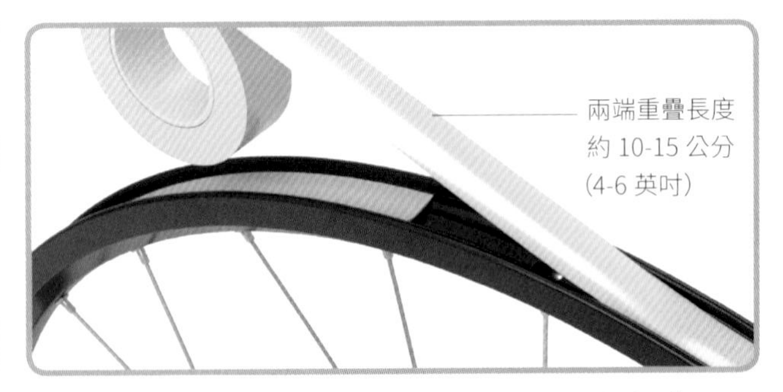

2 貼上無內胎系統專用膠帶，覆蓋鋼絲孔與氣嘴孔。在膠帶上施加平均張力，確認膠帶邊緣覆蓋至框槽邊緣，並且無皺折與氣泡。

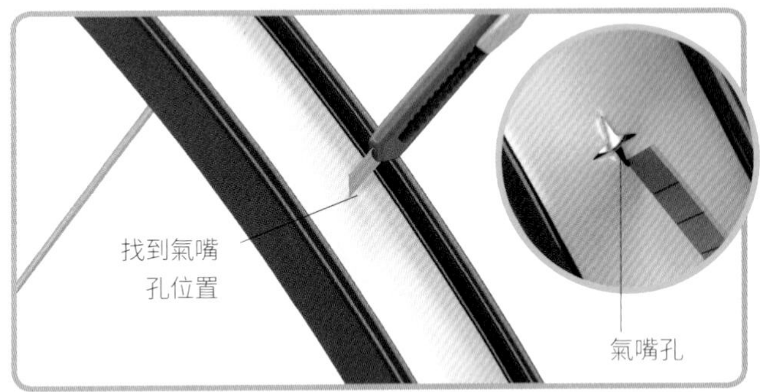

3 找到氣嘴孔，以美工刀或是鋒利物小心劃開膠帶，使氣嘴能順利穿過。切勿將開口劃得太大。

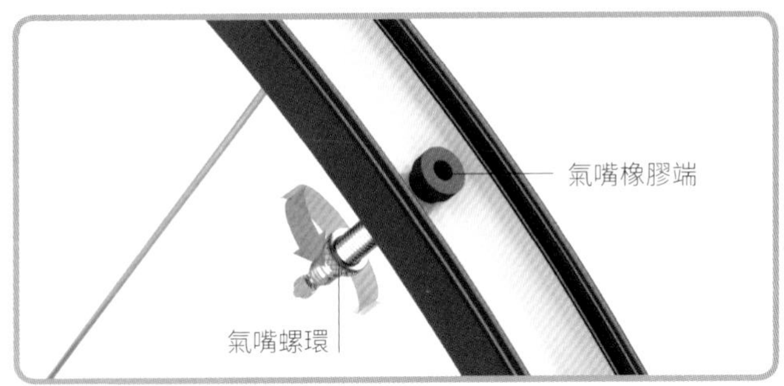

4 移除氣嘴螺環，將氣嘴穿過孔眼，橡膠端抵住輪框膠帶。從車輪內側裝上氣嘴螺環並迫緊至輪框上。

工具與裝備

- 抹布與酒精基底清潔劑
- 無內胎專用輪框膠帶
- 美工刀
- 單車打氣筒或空壓機
- 肥皂水
- 補胎液

施工訣竅：注入補胎液並充氣後，將車輪浸入肥皂水，等待 10-20 秒後，檢查何處冒泡。如有冒泡即代表外胎漏氣。

5 徒手將外胎放入輪框（使用挖胎棒可能損傷輪框膠帶）。安裝後，將輪胎充氣至 100psi，將車輪浸至溫的肥皂水中檢查是否漏氣。

6 為注入補胎液，請先由氣嘴將外胎徹底洩氣。然後用手指將小部分胎唇移出輪框。由此開口將補胎液注入外胎。

7 以手指將胎唇全部塞入輪框，轉動車輪使補胎液平均分佈其中。

8 以單車打氣筒或空壓機充氣至 90psi，將車輪以氣嘴位在 8 點鐘方向位置靜置。

型號差異

某些廠牌補胎液可由氣嘴以針筒直接注入。

- 依照步驟 1-5 指示安裝外胎，然後完全洩氣。
- 依照所提供的指示，在針筒中倒入建議量補胎液。
- 將針筒連接至已打開的氣嘴，然後注入補胎液。轉動車輪使補胎液平均分佈。
- 移除針筒，將外胎充氣（參閱步驟 8）。

輪組保養

拉緊鬆動鋼絲

過了一段時間，車上的鋼絲有可能變鬆，使車輪失去正確的形狀。藉由調整輪框兩側鋼絲張力，可達到「校正」或校直車輪效果。鋼絲張力也是車輪強度與完整性的關鍵。可藉由旋緊或轉鬆輪框上的銅頭調整鋼絲張力。

前置準備

- 以維修腳架支撐車架，使兩輪能自由轉動
- 確認手邊的鋼絲扳手規格正確

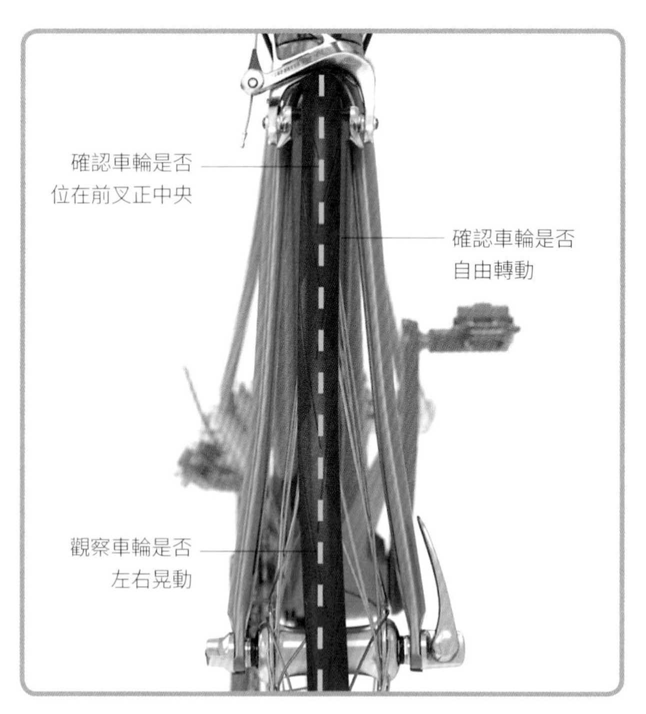

1 站在車輪前方，檢查其是否位在前叉中央。若有需要便加以調整（參閱 78-79 頁）。轉動車輪並由前方觀察，是否左右晃動。

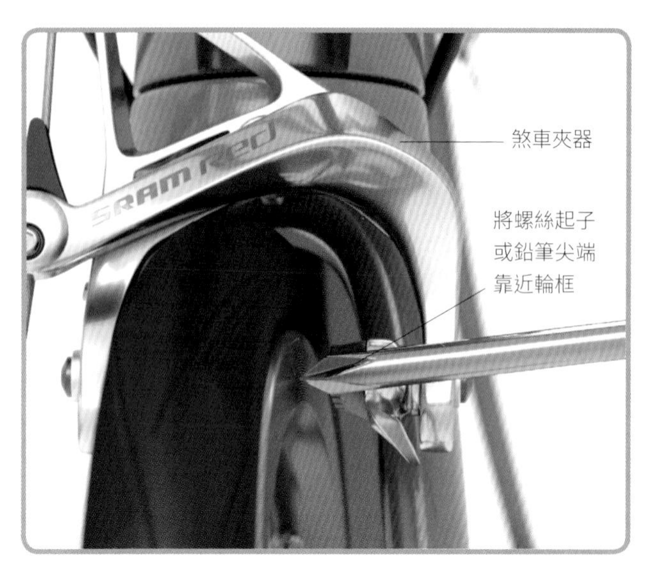

2 將螺絲起子或鉛筆抵住煞車夾器，然後轉動車輪。注意輪框接觸到輔助工具的位置，並用粉筆在輪框上做記號。在輪框另一側重複此動作。

3 按壓離粉筆記號最近的鋼絲，檢查張力是否異於其它鋼絲。兩側的鋼絲是拉住輪框的兩股相對力量，所以必須對兩側都進行調整。

工具與裝備

- 維修腳架
- 螺絲起子或鉛筆
- 鋼絲扳手
- 粉筆
- 橡皮筋
- 束帶
- 剪刀
- 潤滑油

施工訣竅：如果發現有些銅頭很難轉動，請不要硬轉，否則鋼絲可能被拉斷。在銅頭噴上潤滑油，稍等幾分鐘再試試看。若仍轉不動，重複再做。

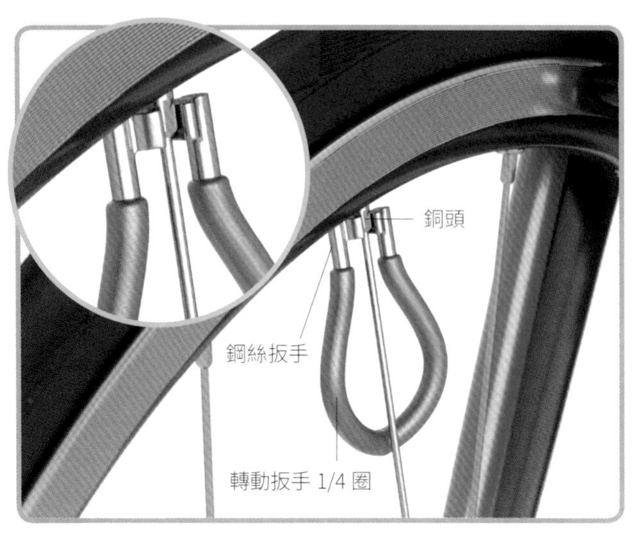

4 若車輪轉動時向一側偏擺，就順時針方向轉鬆該側鋼絲銅頭，並且以逆時針方向旋緊另一側銅頭以拉緊鋼絲。

5 使用螺絲起子或鉛筆，轉動車輪檢查是否還有擺動。一次進行 2-3 根螺絲調整以避免張力不平均。在整個車輪上進行，旋緊與轉鬆。

6 每次稍微轉動剛絲扳手即可。任何輕微調整都會影響整個輪組。

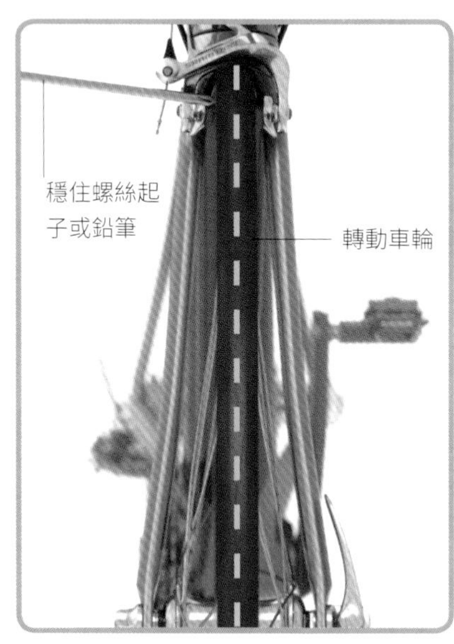

7 利用螺絲起子或鉛筆，檢查並確認車輪筆直轉動。如有需要就加以調整。

檢查車輪

在檢查車輪偏擺時，穩定地拿著螺絲起子或鉛筆是非常重要的關鍵。如果在車輪轉動時移動，將無法判斷車輪是否偏擺。如果操作上有困難，可以試試：

- 以橡皮筋將螺絲起子或鉛筆固定在夾器上。每次再度檢查車輪轉動時，需重新固定。
- 在夾器綁上束帶並拉緊。減掉多餘長度避免干擾輪框。同樣每次需要重新固定。

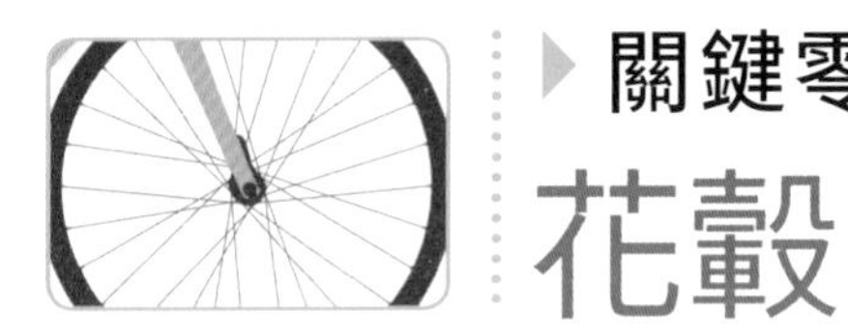

關鍵零件

花轂

花轂是車輪的中心零件，包含輪軸、外殼與轂耳。輪軸經由叉端連接至車架。外殼中又包含讓輪軸轉動的軸承。輪軸兩端轂耳上有鑽孔，為安裝鋼絲使用。花鼓上的鋼絲孔數量，必須對應輪框上的鋼絲孔數。

花轂一般有 28、32、36 三種孔數。越多孔數，輪組強度越高，但相對也越重。花轂可由鋼材、切削合金或碳纖製成。高階花轂採用卡式軸承與外加油封，具有更滑順的作動與更長的壽命。

零件細節

花轂讓車輪轉動。以輪軸與車架相連，並藉由鋼絲與輪框相接。

① 輪軸穿過花轂。兩側具有螺紋，裝上錐型或鎖定螺帽後固定其位置。

② 花轂外殼內的軸承使車輪自由轉動。可能是卡式密封或是內外環包夾滾珠結構。

③ 快拆機構穿過輪軸中心，可供徒手進行車輪拆卸。

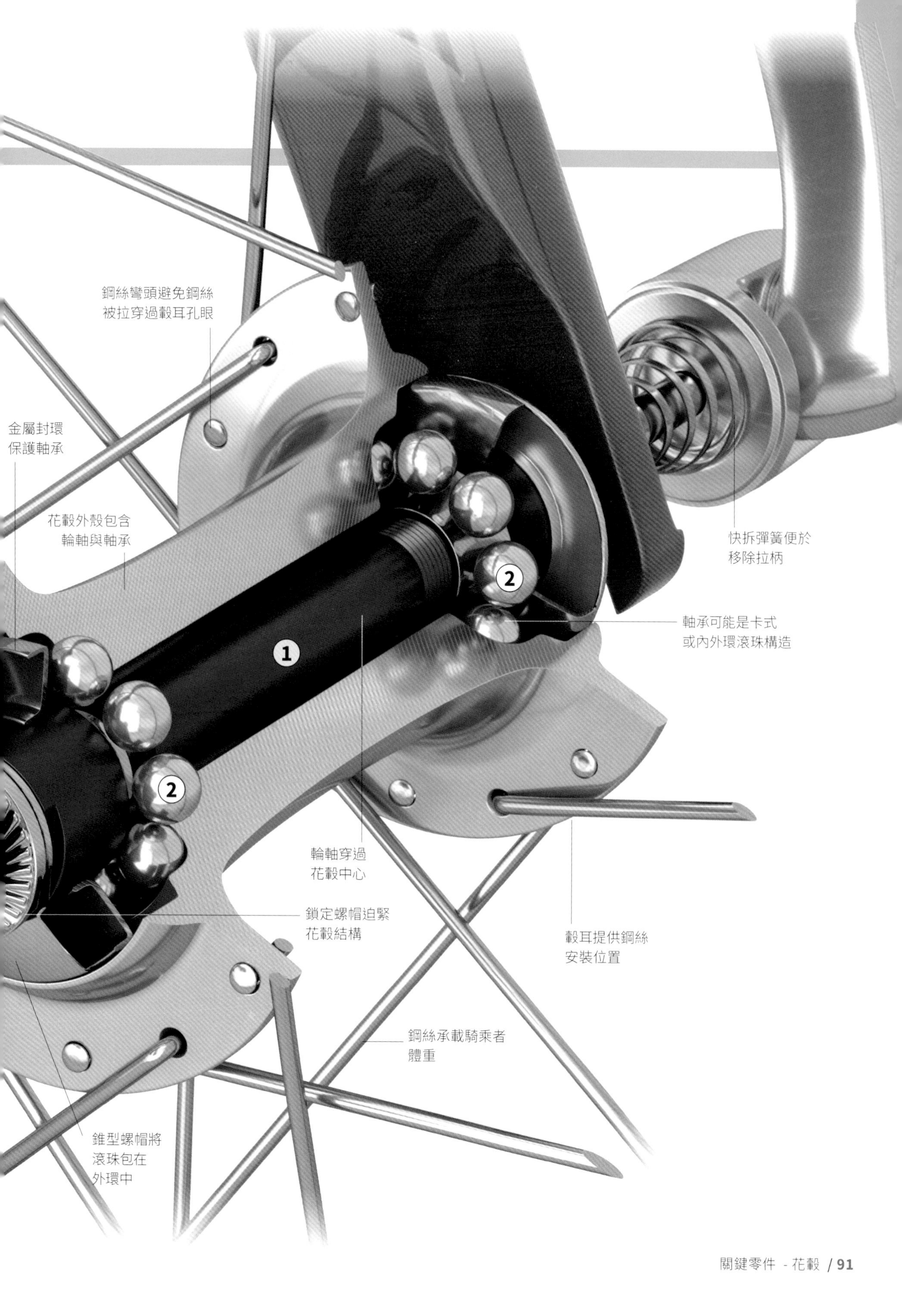
鋼絲彎頭避免鋼絲
被拉穿過轂耳孔眼
金屬封環
保護軸承
花轂外殼包含
輪軸與軸承
1
2
2
快拆彈簧便於
移除拉柄
軸承可能是卡式
或內外環滾珠構造
輪軸穿過
花轂中心
鎖定螺帽迫緊
花轂結構
轂耳提供鋼絲
安裝位置
鋼絲承載騎乘者
體重
錐型螺帽將
滾珠包在
外環中

輪組軸承保養

壓入式卡式軸承

車輪軸承通常包含在卡式結構中，需要特殊工具進行更換。不過軸承可自行保養，需要定期進行以避免磨耗，並增加使用壽命。卡式軸承的保養就是清理與再潤滑。壓入式花轂僅以前叉從兩側迫緊，所以在前輪卸下時應會脫開。

當騎乘時感到不順暢，或是發出摩擦異音時，就是該進行軸承保養的時機。

前置準備

- 準備乾淨的一小片平面放置拆卸下的部件
- 以維修腳架支撐單車

1 撥開快拆拉柄或轉鬆防鬆螺帽，將前輪由車身拆下（參閱 78-83 頁）。放鬆煞車夾器，將前輪卸下。

2 前輪拆離前叉後，打開壓入式軸承蓋。如軸承蓋卡住，請用一字螺絲起子小心撬開。（某些軸承蓋需以內六角扳手開啟－請以內六角扳手旋開，而非撬開。）

3 移開軸承蓋可見內部卡式軸承防塵蓋。重新安裝之前，請先進行清理。

工具與裝備

- 維修腳架
- 一字螺絲起子
- 內六角工具組
- 去油劑與抹布
- 扁頭工具
- 油槍

施工訣竅：若不確定軸承是否需要進行保養，請將耳朵貼在座墊上，然後轉動車輪。因為任何由花鼓傳來的異音都會被車架放大。

4 使用扁頭工具，如一字螺絲起子，將防塵蓋挑開，顯露內部滾珠。請注意不要損傷防塵蓋邊緣，因為這可能降低其功能。

零件細節

一般的壓入式花轂兩側都有卡式軸承，以壓力擠入。

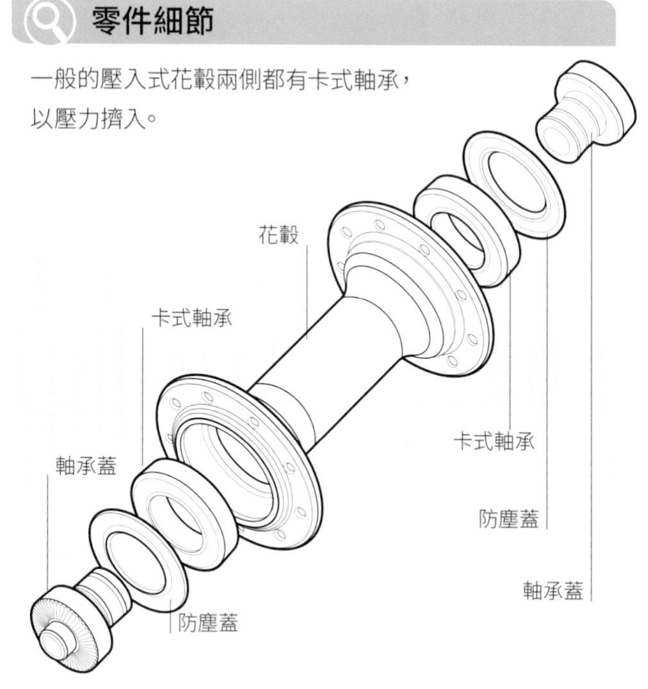

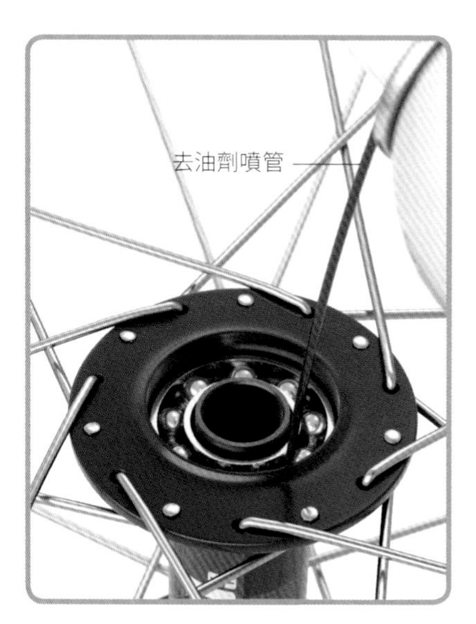

5 以去油劑沖洗時滾動滾珠。以抹布清潔舊潤滑油與塵土。

6 乾燥後，以新潤滑油包覆滾珠。重新安裝防塵蓋。

7 蓋上軸承蓋，在花轂另一側進行步驟 2-6。將車輪裝上車架，檢查轉動是否順暢。

輪組軸承保養

杯-錐式軸承

發出異音或轉動滯慢的車輪，又或是輪軸產生間隙，這都是軸承磨耗的跡象。每年固定更換軸承可增加花轂與車輪的使用壽命。市面上有許多品牌軸承，都以類似的方式安裝。

前置檢查

- 查閱使用說明書，檢查車輪使用哪種花轂
- 使用正確規格的扳手
- 取得正確規格的滾珠
- 鬆開前煞車夾器（參閱 112-117 頁）

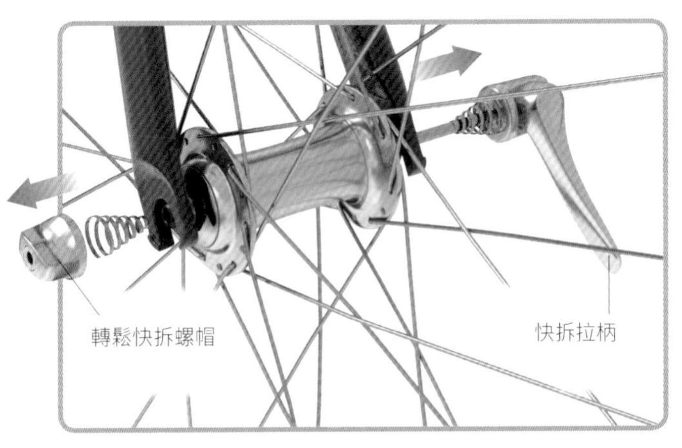

1 打開快拆機構（參閱 78-79 頁）或用扳手轉鬆防鬆螺帽將前輪卸下。將前輪放置在平面。

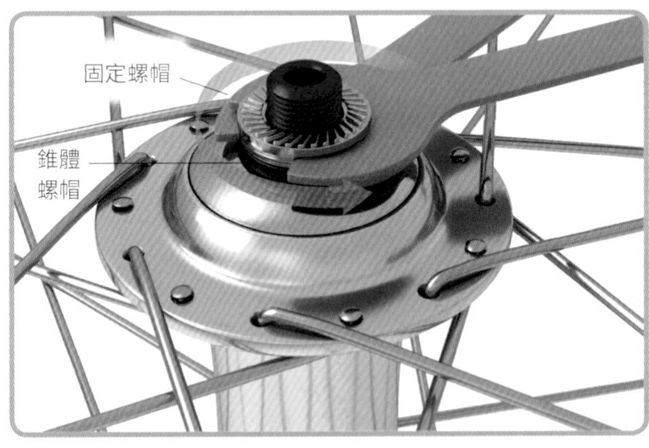

2 以一支扳手固定錐體，另一支扳手將固定螺帽轉鬆。移除固定螺帽與任何墊圈，並記錄下排列順序。

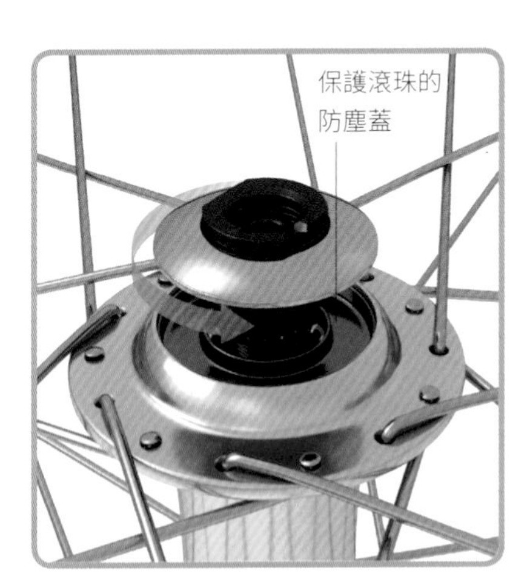

3 移除固定螺帽後，將錐體螺帽完全旋出，露出保護滾珠的軸承防塵蓋。

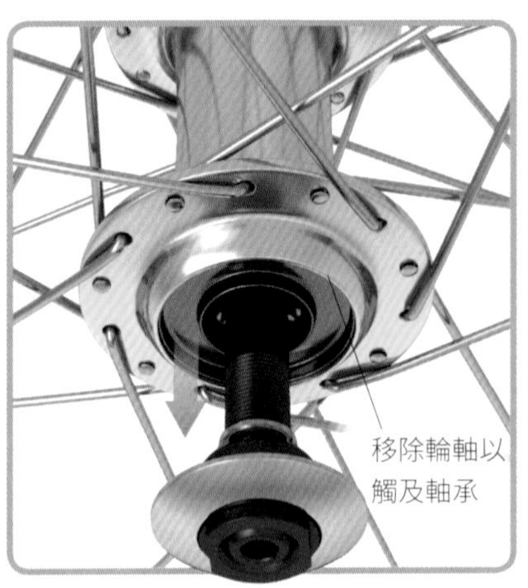

4 將輪軸另一側的錐體留在原處不動，將輪軸整個從花轂中抽出。

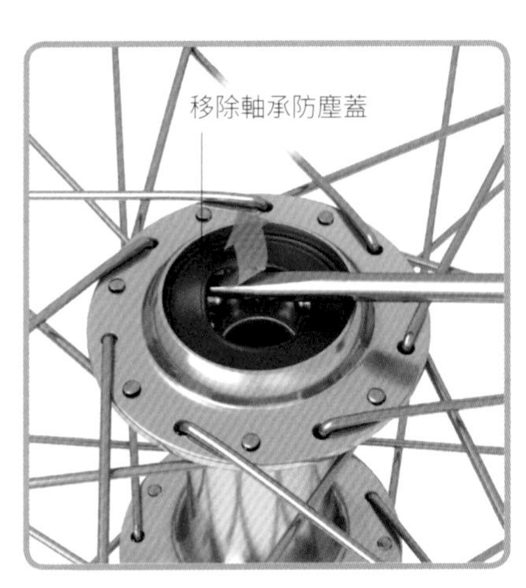

5 檢查防塵蓋使否可以挑起以便接觸滾珠。如可順利進行，小心的以一字螺絲起子移除防塵蓋。

工具與裝備

- 錐體扳手
- 一字螺絲起子
- 磁鐵
- 去油劑
- 乾淨抹布
- 潤滑油
- 鑷子

零件細節

車輪軸承不論何種廠牌，都有這些類似的零件。

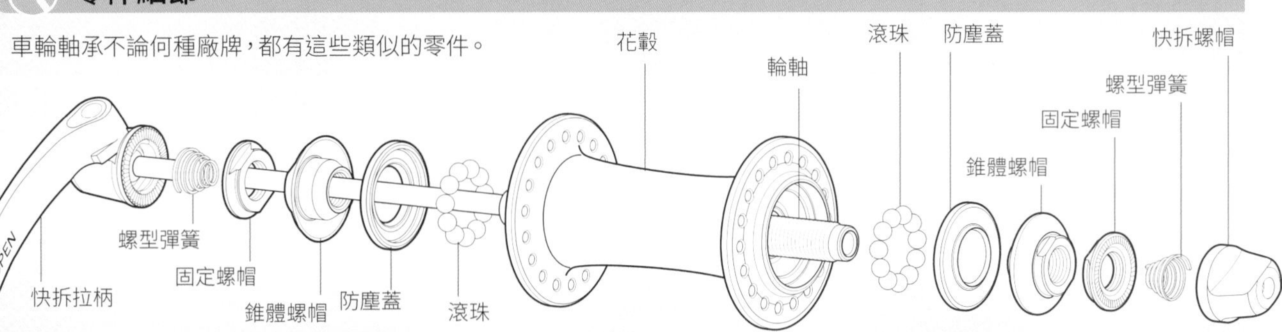

6 如果軸承防塵蓋無法移除，就用磁鐵將滾珠吸出。確定滾珠數量後放至小盒中。在花轂另一側的軸承重複此步驟。

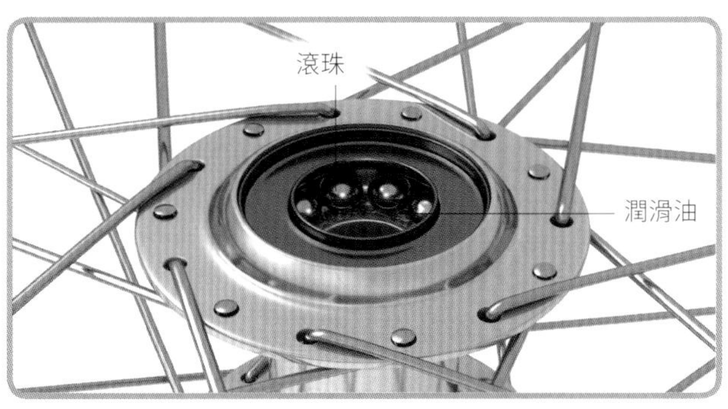

7 在軸承內面上油，以鑷子將滾珠放回原位 – 放入與取出時相同數目滾珠。將車輪翻面，在輪軸另一側重複此步驟。

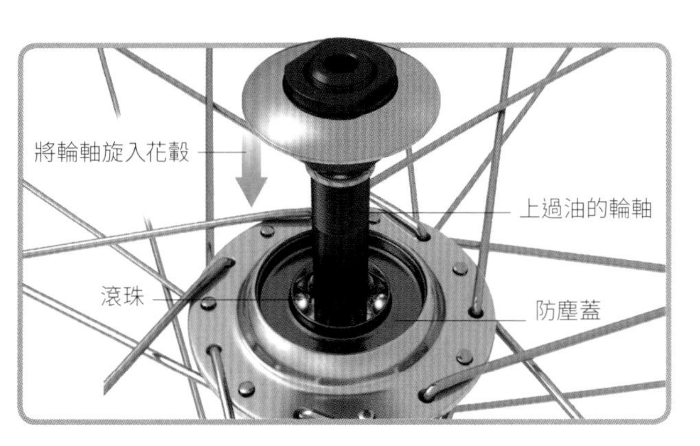

8 將輪軸鎖入花轂，並以正確順序放置墊圈 – 注意切勿推擠任何滾珠造成移位。安裝錐體螺帽，以手指將其旋緊。

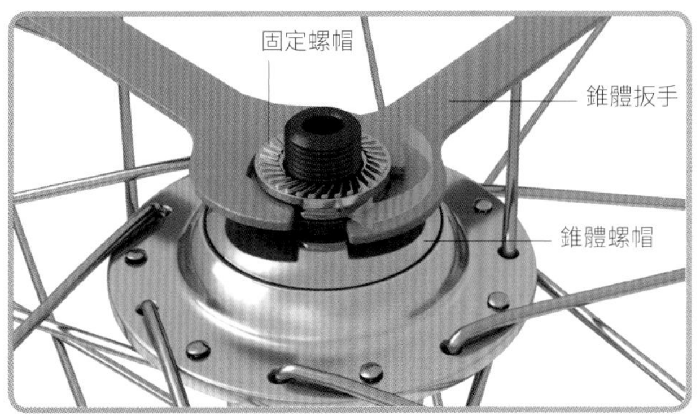

9 利用兩支扳手，反向操作步驟 2，將固定螺帽抵住錐體螺帽旋緊。請勿再度旋緊錐體螺帽 – 這將使車輪無法自由轉動並且壓破滾珠。

第 5 篇 煞車系統

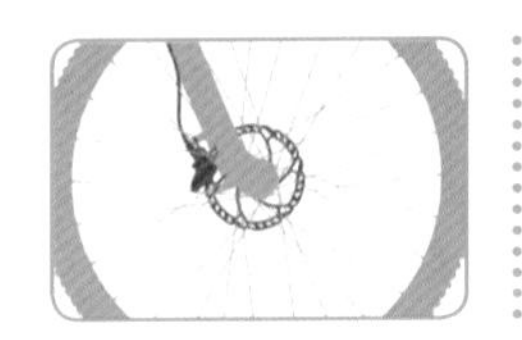

選用指南

煞車系統

煞車系統在運作方式上都相當類似，當騎乘者壓下煞車，單車即會因煞車塊和輪框表面摩擦而慢下來。煞車摩擦點壓力作用於輪框(雙軸夾器、懸臂式煞車、V夾)或是花轂(碟煞系統)；他們的運作方式在本質上都相當相似，各有其優缺點。

種類	適用性	運作模式
雙軸式煞車 為使用最廣泛的拉線式煞車系統，並已被使用超過 45 年；此種煞車的可靠性廣為人知，重量也較碟煞系統輕許多。	■ 公路騎乘：從競賽、長距離騎乘、訓練都適用 ■ 輕量化公路車 ■ 用於溫暖、乾燥的環境 ■ 外胎寬度較細－登山車並不適用	■ 煞車線拉緊時拉動煞車臂，迫使煞車塊與輪框表面接觸。 ■ 現代雙軸夾器較傳統單軸設計制動力更強。
碟煞 起初多為登山車使用，近代公路車界也漸漸投入碟煞系統的懷抱；較高階的系統多為液壓式，傳統拉線式則為入門款。	■ 登山、公路車都適用。在雨天、泥濘、負重使用下有良好表現。 ■ 公路越野車或碎石路面。 ■ 用於冬季或極端天氣。	■ 置於輪組花轂部分，有單作動邊或雙作動邊之分。 ■ 在作動時將煞車塊(來令片)頂向碟盤。
V夾 多為跨界車、事務車、協力車或較舊型的登山車使用，V夾或拉線式煞車提供良好的制動力；同時一些公路或計時車也會使用一些特殊版本的V夾系統。	■ 此夾器在眾多車種上都可以看到，包含通勤、事務、登山、協力車等等。 ■ 它的煞車夾器相當長，因此提供了良好的槓桿與制動力，同時在手感方面的表現也相當不錯。	■ 內置的強力彈簧的長力臂置於前叉上，並將煞車制動力施加於輪框上。 ■ 煞車時，煞車外管推動一側煞車臂，而置於外胎上方的內線拉動另一側。
中拉或懸臂式煞車夾器 自行車使用此系統已接近 100 年。它們有機械運作簡潔、重量輕、能容納大輪徑外胎的特點，是許多公路越野騎乘者的最愛。	■ 儘管碟煞系統已日益普遍，功能也日漸成熟，此種煞車依然在公路越野車界保有相當的份量。 ■ 旅行車多用此種煞車，因能配合較寬的輪徑。	■ 兩種煞車皆使用相同原理：向上拉提一條跨接兩側夾臂之纜線使夾臂作動。 ■ 由車把上的煞車拉桿操作。

舉例來說：碟煞擁有相當強大的制動力，但在重量方面卻不如雙軸承夾器系統般輕巧。同樣的，V夾也有相當優越的煞車效果，不過在高速騎乘時突然急煞會有較大的傾覆可能。某些煞車系統，像是液壓碟煞系統在保養方面則需更費心思。

關鍵零件	安裝位置	調整方式
■ 由夾器本體、煞車塊、煞車微調、快拆組成。 ■ 從車把上的煞車把手進行控制。	■ 前輪煞車通常置於前叉架橋上，而後煞則置於後上叉橋接處。 ■ 將夾器後方的螺絲柱鎖上平頭螺栓即可緊密安裝於車架上。	■ 煞車塊之開合行程可隨著煞車微調的旋轉做細微調整。 ■ 雙軸煞車的左右開合平衡可用夾器本身的定位螺栓微調。 ■ 可以用正心墊片來調整煞車塊的角度。
■ 安裝在輪組花轂上的碟盤。 ■ 用來摩擦碟盤的卡鉗。 ■ 連結煞車把手的管線或液壓管材。	■ 碟煞的碟盤置於輪組花轂的其中一側。 ■ 卡鉗本身固定在前叉一腳的末端，靠近前輪的位置；後側煞車則設計於接近後下叉底端位置。	■ 正常使用下碟煞屬於不太需要調整的系統；夾器中的活塞會自動將來令片定位在接近碟盤的位置。 ■ 機械式碟煞系統在長時間使用過後可能需要進行手動微調，把來令片調整得靠近碟盤一些。
■ 煞車臂本身置於前叉的正面上方以及後上叉位置。 ■ 平把煞車把手可用來拉動煞車線。 ■ 煞車臂上方的快拆（於V夾彎管旁）。	■ V夾系統前煞車會放置於前叉的上方，後煞車位在後上叉上端。 ■「低風阻式」V夾則傾向緊密貼合前叉的設計，後煞車藏於五通BB後方處。	■ 煞車臂的左右平衡可以運用安裝座旁的微調螺絲做出適合的調整。 ■ 煞車線上方的快拆撥桿一但鬆開，其中一邊煞車夾器的張力會完全消失。
■ 此種煞車的雙臂安裝於前叉的安裝座上；另包含線軛和吊線。 ■ 中拉式煞車的線材交叉於外胎上方的固定錨中。	■ 此種煞車僅能安裝於固定的有牙安裝座上，位置位於前叉上方兩旁和後上叉兩側。 ■ 中拉式煞車用螺栓固定於前叉架橋上以及後上叉橋接處。	■ 煞車臂固定螺栓（中拉式煞車）或煞車吊線轉軸處為調整煞車的必要位置。 ■ 某些中拉式煞車將平頭螺絲置於煞車臂上以利微調的動作。

關鍵零件

框式煞車系統

此種煞車使用橡膠製煞車塊摩擦輪框兩側表面供車輛減速，煞車線在壓下煞車把手的瞬間連動收緊，夾器本身也因壓力連帶做動；煞車手把放開後夾器中的強力彈簧將會回彈，使裝置回到原位。

現代公路車大多數採用「雙軸夾器」的設計，制動力較傳統單軸強大許多。吊煞及V夾則使用兩邊單獨的煞車臂，它相較C夾制動力更強，也適用於較寬的外胎，因此大多使用在登山車、公路越野車以及長途旅行車上。

張力調節器可用於
微調煞車線的鬆緊程度

輪框上的磨擦面

零件細節

框式煞車可以是圍繞單軸或雙軸的雙煞車臂系統，其也可安裝在前叉叉腳的位置。

1. 將煞車塊壓向輪框即可減速。大多數煞車塊為橡膠類材質所制成，但某些輪框則必須配合特殊材質的煞車塊。
2. 煞車夾器固定於整個系統的中心位置，以利力臂與槓桿的運作。現代的煞車系統通常為雙軸設計。
3. 夾器的煞車臂將煞車塊貼向輪框的煞車面；而不同的夾器設計會因車種的不同而有所更動。
4. (公路車系列的) 單軸與雙軸煞車夾器系統使用單顆螺栓固定於車架上，然而吊煞及V夾的煞車臂則需兩個 (每個煞車臂各一個螺栓)。

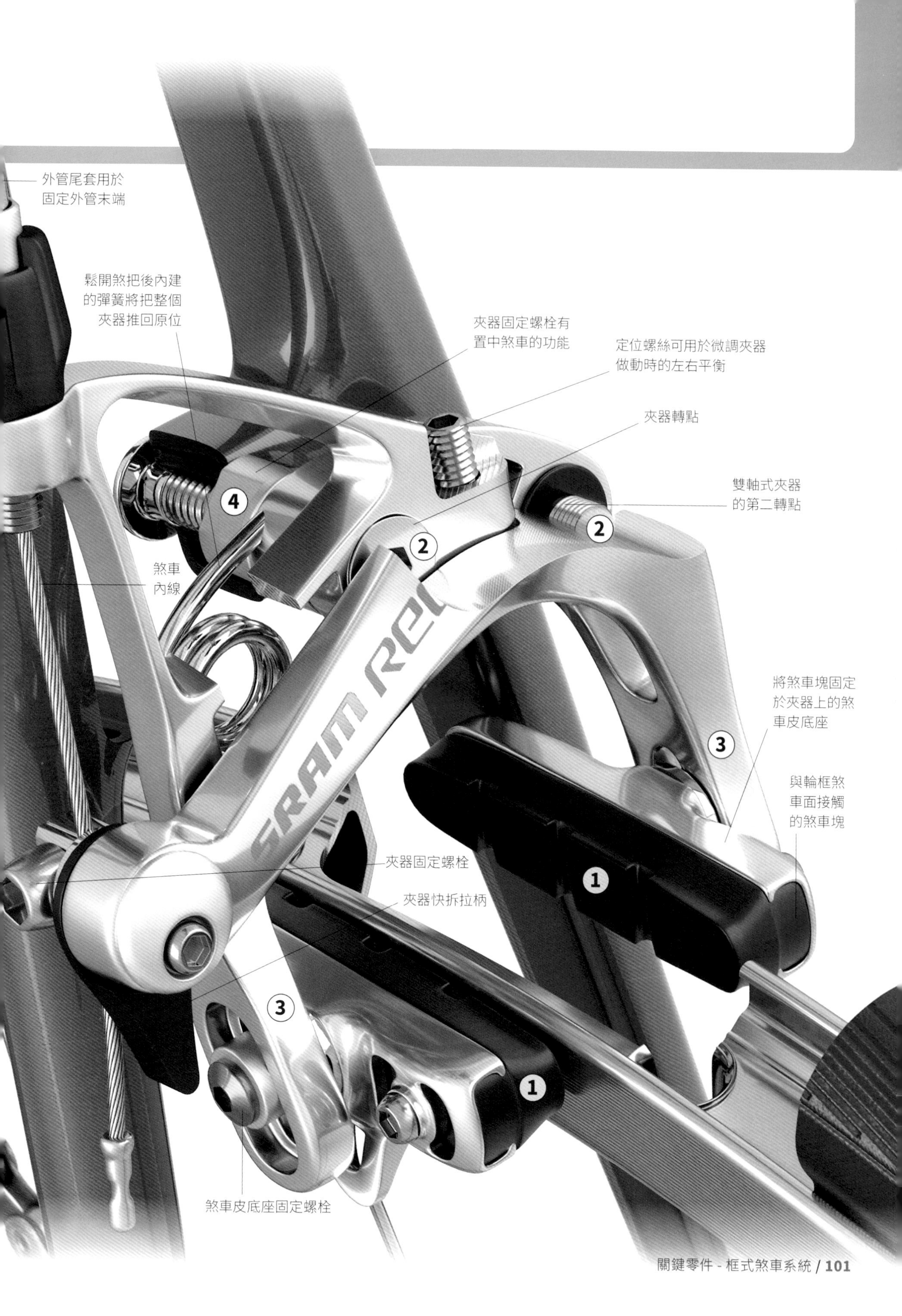
外管尾套用於
固定外管末端
鬆開煞把後內建
的彈簧將把整個
夾器推回原位
夾器固定螺栓有
置中煞車的功能
定位螺絲可用於微調夾器
做動時的左右平衡
夾器轉點
雙軸式夾器
的第二轉點
煞車
內線
將煞車塊固定
於夾器上的煞
車皮底座
與輪框煞
車面接觸
的煞車塊
夾器固定螺栓
夾器快拆拉柄
煞車皮底座固定螺栓
SRAM Red
1
2
3
4

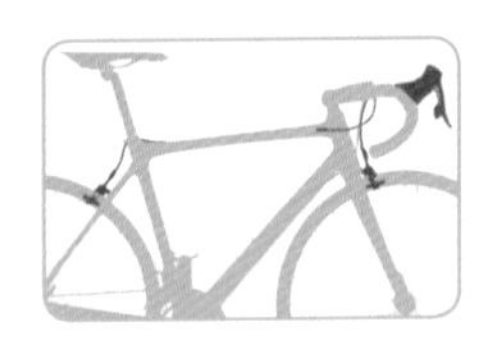

安裝煞車線
彎把系列

煞車線材會隨使用時間逐漸磨損、拉伸，並影響制動力表現；在正常安裝情況下車把轉向應順暢並不被過短的煞車線所限制，同時拉動煞車後手感也需流暢且無空隙感。

前置準備

- 先檢閱使用手冊以取得管線固定螺栓的正確扭力值
- 檢查現存之管線設定是否有錯誤裁剪的問題
- 參考現存管線的走線方式，且裁剪出正確管線的長度

1 使用剪線鉗剪下現有緊鄰線尾套一側的內線，之後便可輕鬆將剩餘部分移除。

2 將夾器快拆上扳鬆開，接著使用內六角扳手將夾器固定螺栓順時鐘方向旋鬆，完成後管線即可準備抽離的步驟。

3 移除手把帶到所有煞車管線完整暴露的程度，並用工作刀切下固定煞車外管的電工膠帶。

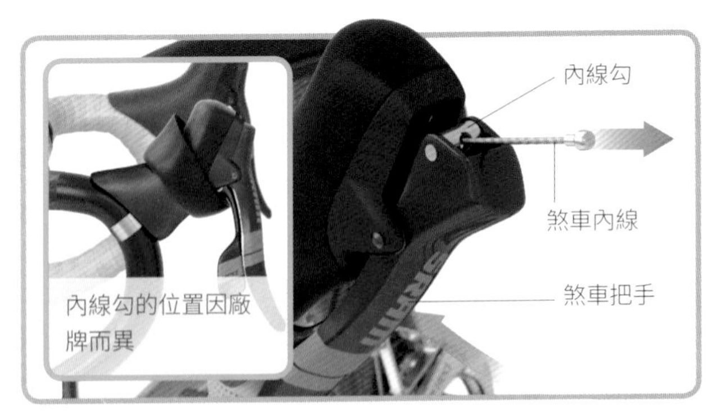

4 輕壓煞車把手以暴露內線勾，並在同時使用鉗子夾住並拉出內線。有時必須拉起煞把罩才能使管線完全外露。

5 此時將內線從後輪往前方煞變把逐漸抽離自行車，並記下各外管的原安裝位置。

工具與裝備

- 剪線鉗
- 內六角扳手組
- 鉗子與工作刀
- 煞車外管
- 電工膠帶
- 手把帶

施工訣竅：將內線走入外管之前，先將內線使用潤滑油脂潤滑，可使線材在使用上更順暢、更耐用。將潤滑劑塗抹於拇指與食指尖端，再將內線輕輕帶過指尖即可。

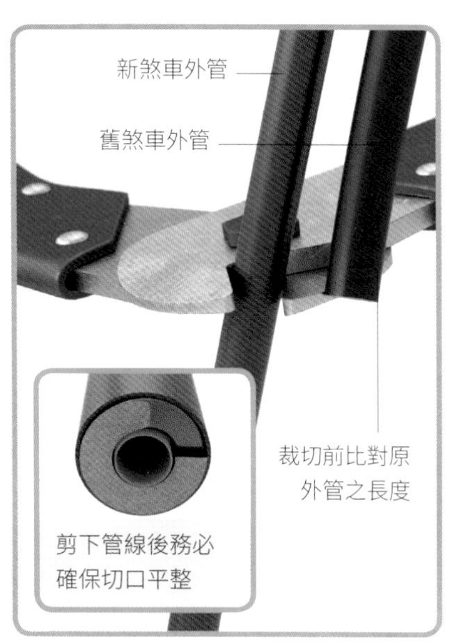

6 裁剪新外管長度前可參考舊外管的長度，比對之後再進行切割，切割之後務必保持切口的平整，因此裁切角度必須與線材垂直。

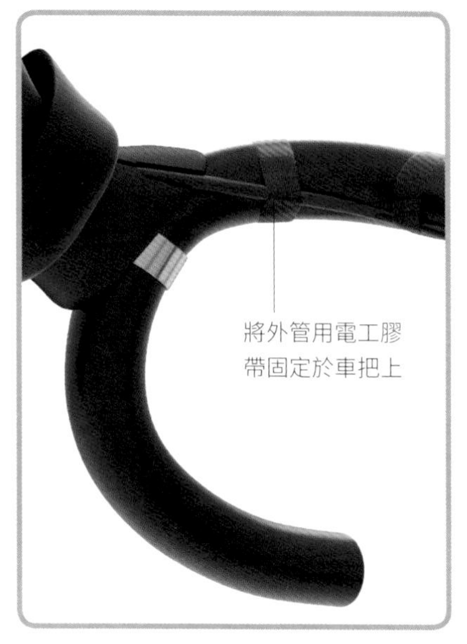

7 安裝新外管時遵照舊管線的走線方式，完成後再重新用手把帶覆蓋之。

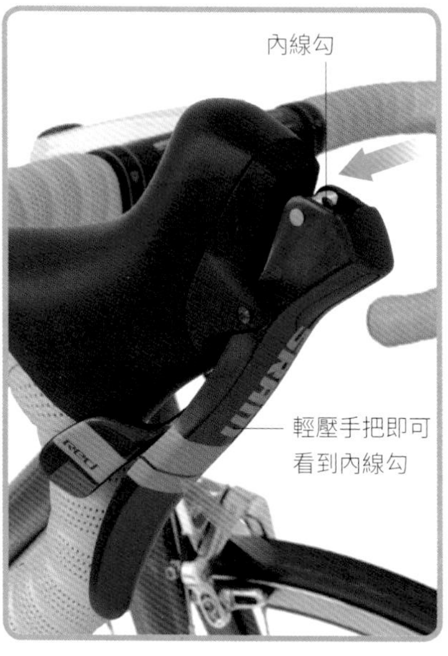

8 穿過內線勾後將內線順勢帶入新安裝好的外管內。

9 繼續把內線送入新外管內；外管尾套也務必檢查是否置於正確位置。煞車如有卡死的狀況時注意不可用蠻力處理。同時也應確保龍頭處預留的外管夠長，否則會有龍頭無法正常轉向的問題。

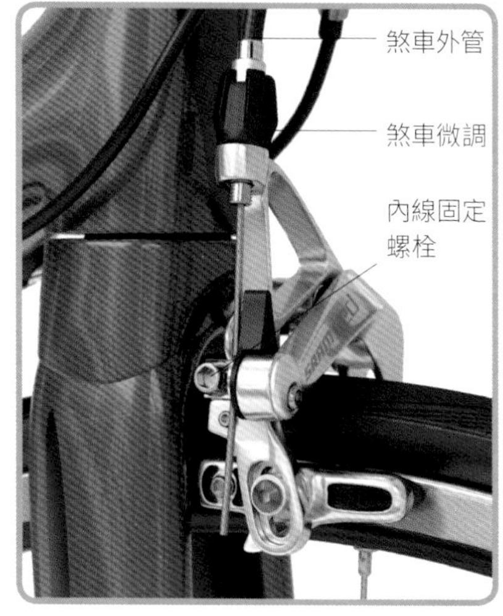

10 根據煞車類型裁切多餘的煞車線，接下來便可開始細微調整的步驟。

安裝煞車線

平把系列

在安裝新煞車管線的過程中，因為線材較容易拆卸，平把相較於彎把在處理方面簡單多了（參閱 102-103 頁）。登山車的線材較容易磨耗或損壞，因此需要經常性的汰換。

前置準備

- 準備適合的線材
- 將自行車架上維修腳架或其它能保持車體穩定的立架上
- 先找一個可以逐個平放新管線的空間，確保使用時無張力或彎折
- 順便檢查煞車塊使用情況

1 將煞車線與夾器分離，各型煞車皆有不同的方式處理（參閱 112-117 頁），緊接著將線尾套裁下。

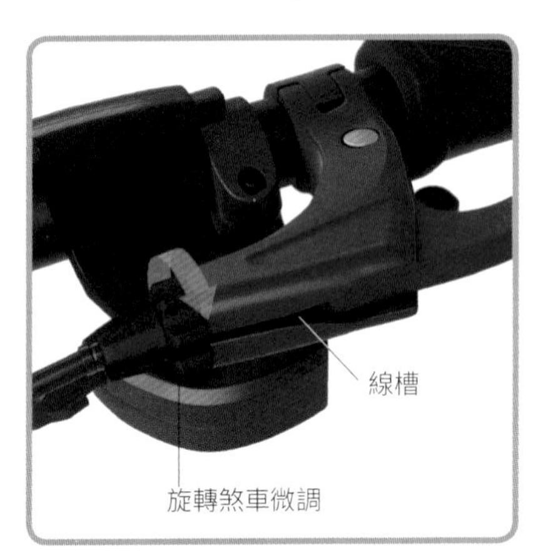

2 如圖示箭頭方向旋轉煞車微調，煞車微調的缺口與線槽的缺口平行後，即可將煞車內線取出。

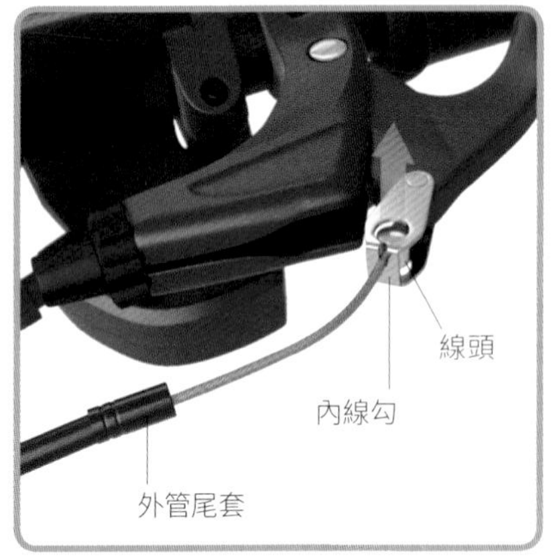

3 壓下煞車把手帶出內線勾，再把內線從線槽取出，最後再向上將線頭水平拉起即完成動作。

4 拆除內外管線之前先記下原走線位置；從煞車把手開始將內線從外管中抽出後，逐一移除固定外管的扣環。如果扣環需要重複使用的話務必保管好。

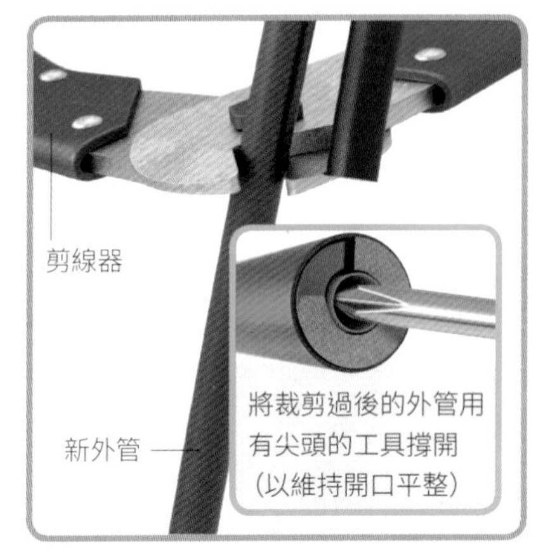

5 裁切新管線時可參考舊外管的長度，並在完成後套上線尾套。

工具與裝備

- 維修腳架
- 外管尾套
- 水管鉗 (鯉魚鉗)
- 剪線鉗
- 束帶
- 內六角扳手組
- 尖頭工具
- 線尾套

施工訣竅：購買新內線前務必確認原煞車線種類，內線頭為主要區別之處；柱狀線頭多數用在登山車上，而公路車則是使用菇狀頭 (pear nipples)。若不確定用哪種內線，記下自己的車款請車店員工協助即可。

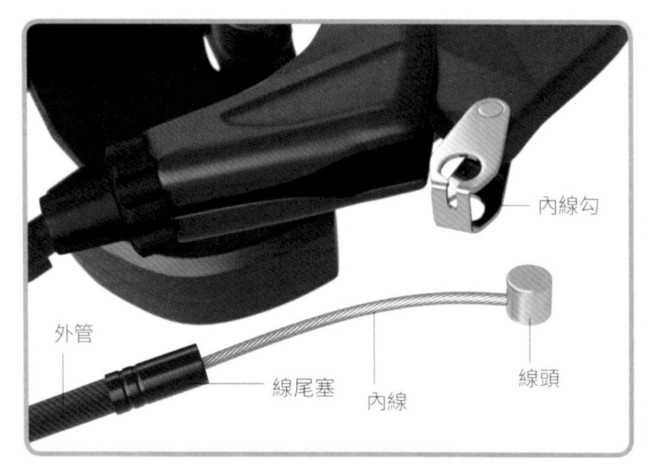

6 壓下煞車把手並把線頭扣上內線勾，並反向操作步驟 3。鬆開把手後內線頭應回到正常位置，接著將內線導入新的外管。

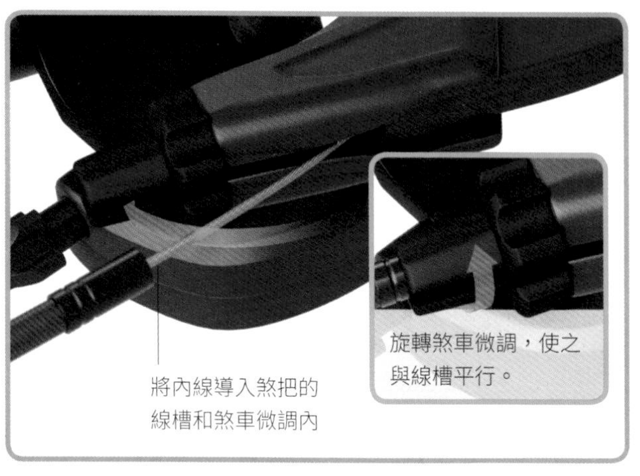

7 內線導入線槽和煞車微調，再將外管壓入煞車微調內並將之選轉以鎖固內外管線。

8 從車把開始把管線往煞車夾器方向帶，走新煞車線到車架上時，跟著之前舊線的位置即可。在過程中順勢將車架上的管線扣環扣回。

9 走線至煞車夾器處，將內線穿過 V 夾彎管、橡膠管 (毛毛蟲) 後反向操作第一步驟。後將內線穿過線夾並迫緊。夾器調整方式請參閱 112-117 頁。

油壓煞車保養

更換液壓碟煞管材

大多數液壓煞車系統在購買時已由原廠調校完成，屬於可直接使用的狀態。但如果遇到油管破損導致漏油的情況，則有必要更換或裁減油管的長度。

前置準備

- 將自行車牢牢固定於維修腳架上
- 完整清潔煞車夾器和煞車手把
- 備齊並確認所需之零件的規格，如油管、煞車油、碟煞換油放氣工具
- 施工前將所有需用到的油管工具與新零件整理好，並安置一處，以避免搞混或用時手忙腳亂（參考步驟 4-6）
- 墊上塑膠罩並戴起護目鏡與手套

1 參考原管線的長度，此時可將新油管從煞車把手處沿著舊管線一路安裝至卡鉗位置，接著使用油管鉗裁切所需（如同舊管線）的長度。

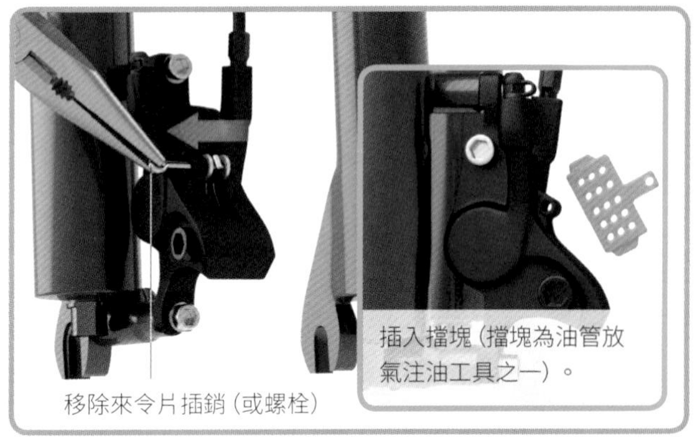

2 移除煞車塊（參閱 120-121 頁）以保護其不被煞車油污染，接著將擋塊插入卡鉗活塞之間，來防止系統在重新注油時意外作動。

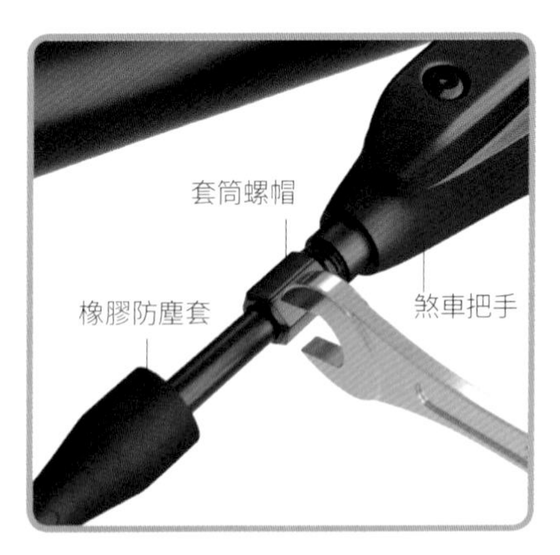

3 滑開兩邊碟煞手把的橡膠防塵套，接著使用開口扳手把套筒螺帽鬆開。

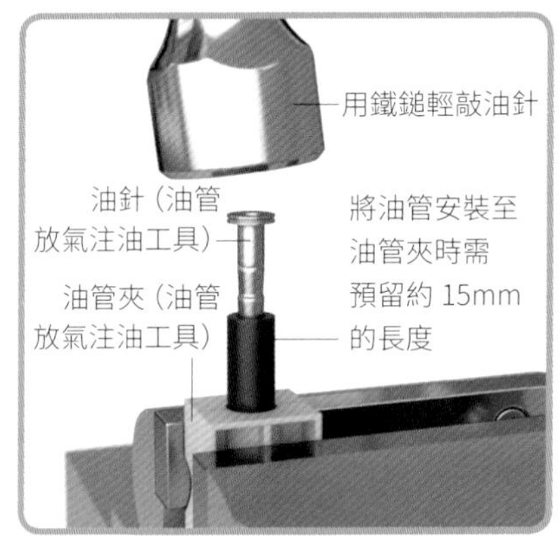

4 將新油管的兩側都裝上油管夾，並用大型虎鉗固定，接著使用鐵鎚將油針輕輕敲入。

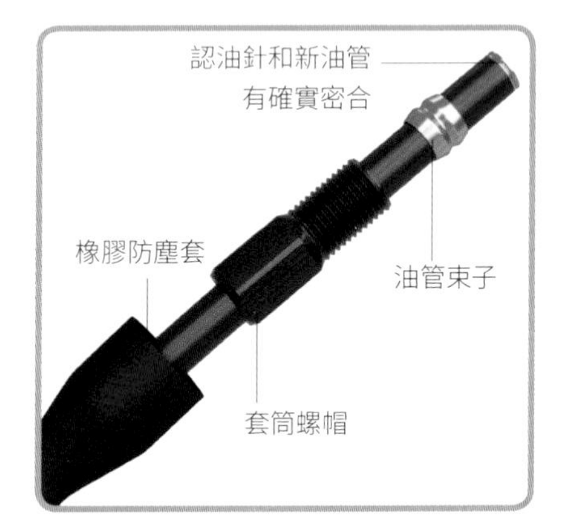

5 由此順序逐一安裝以下零件至煞車把手一端的新油管口：橡膠防塵套、套筒螺帽、油管束子。

工具與裝備

- 維修腳架
- 大型虎鉗
- 油管切割器
- 塑膠罩（袋）
- 碟煞煞車油
- 清潔工具
- 鐵鎚
- 內六角扳手組
- 護目鏡及手套
- 碟煞換油放氣工具
- 油管工具

注意！市售的一些碟煞系統使用「汽機車用碟煞油(DOT)」，此類油品具有腐蝕性，因此施工時務必配戴護目鏡與手套，並使用塑膠罩（袋）來保護車架，並盡快將灑溢出來的油品擦拭乾淨。

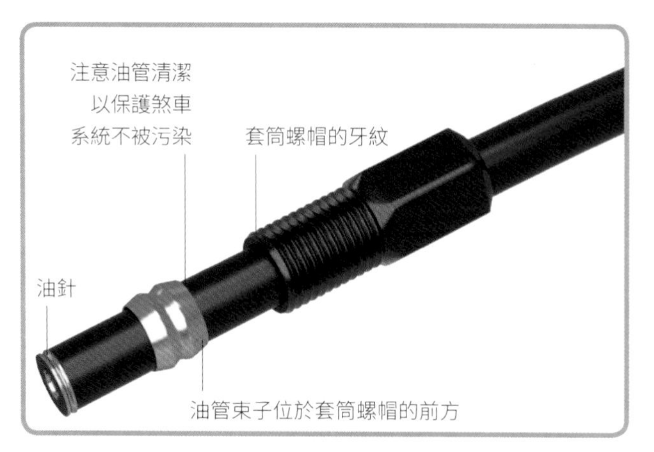

6 將新油管的另一側也依照步驟 5 依序完成安裝，並靜置於一旁乾淨表面來防止零件掉落或遺失。

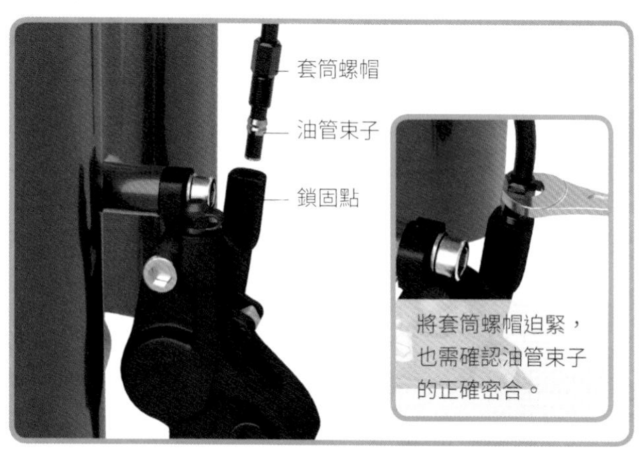

將套筒螺帽迫緊，也需確認油管束子的正確密合。

7 將新油管緊緊推入至碟煞卡鉗上的鎖固點，並確保油管束子與套筒螺帽有正確密合；接下來使用開口扳手將套筒螺帽迫緊於卡鉗中。

8 依照原固定位置依序把新油管裝回車架上，也同檢查油管是否有因過長或過短影響車把的轉動。

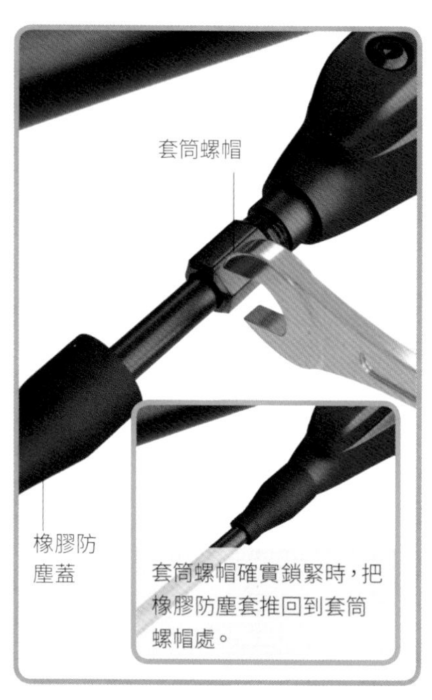

套筒螺帽確實鎖緊時，把橡膠防塵套推回到套筒螺帽處。

9 確實將新油管末端推入碟煞把手內，接著如同步驟 7 一樣，用開口扳手將套筒螺帽迫緊。

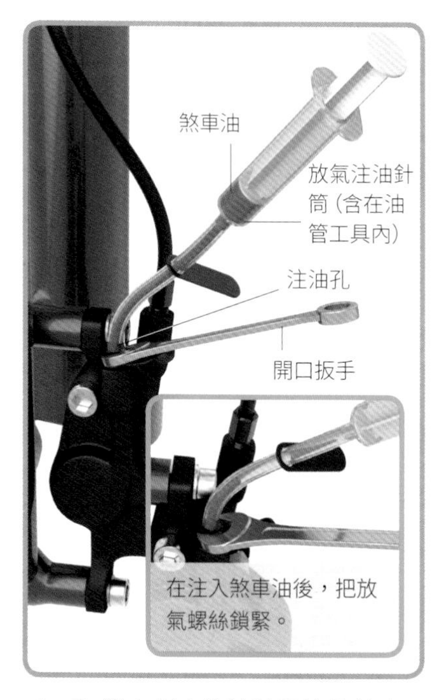

在注入煞車油後，把放氣螺絲鎖緊。

10 從卡鉗上的注油孔注入煞車油，煞車油滿後開始放氣的步驟（參閱108-109頁）。

油壓煞車保養

油壓碟煞的放氣與注油步驟

通常在保養、組裝、安裝新油管，或長期使用導致的濕氣滲入後，油壓碟煞需要進行「放氣」的步驟來根除系統內的氣泡；而系統內的氣泡會使按壓煞車時出現鬆軟的手感，也在一定程度上影響到煞車系統整體的制動力。

前置準備

- 尋覓一組適用於你自行車的放氣（注油）工具與原廠推薦的煞車油（參閱 36-37 頁）
- 施工時固定自行車於維修腳架上，並將地板蓋起以防止煞車油意外溢出
- 拆卸輪組（參閱 78-81 頁）
- 移除來令片後裝上擋塊（參閱 120-121 頁）
- 預先準備抹布並戴上護目鏡與手套

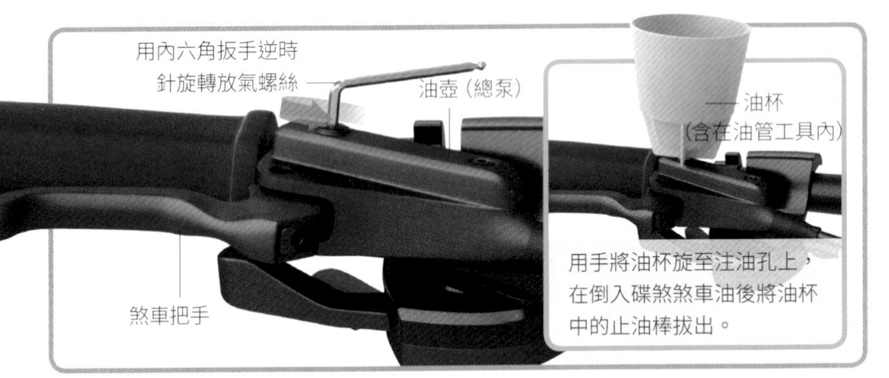

1 轉鬆煞車把手上的鎖固螺栓，致使油壺呈水平（不同廠牌型號或有不同角度）狀態。接著轉下油壺放氣孔上的放氣螺絲，完成後隨即將油杯輕輕轉上。如系統特別註明使用 DOT 油品時需特別注意其腐蝕的特性，在施工時須帶上手套及護目鏡。在油杯中倒入些許煞車油即完成此步驟。

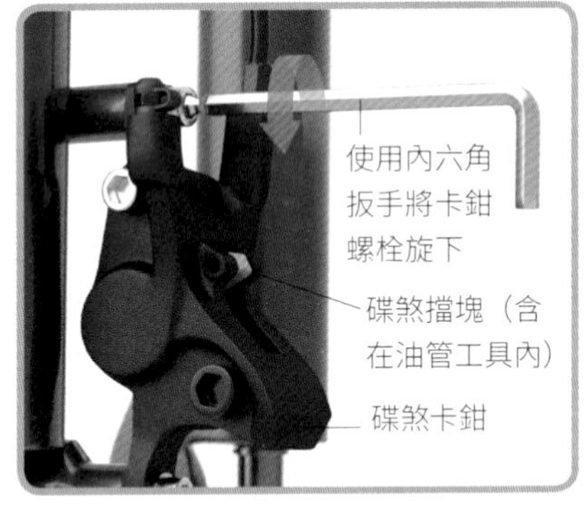

2 轉下卡鉗螺栓，碟煞卡鉗即會吊掛在油管上並自然下垂。

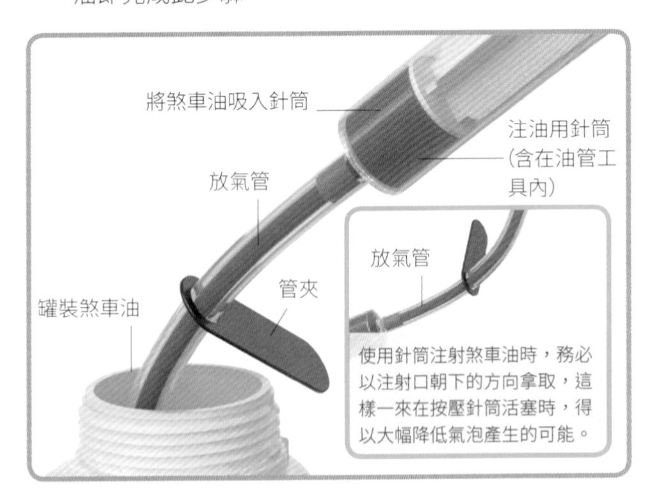

3 將放氣管插到針管的注射口上後，拉起活塞吸起煞車油，針筒填滿後以正立拿取的方式（針口朝上）排出多餘的氣體。

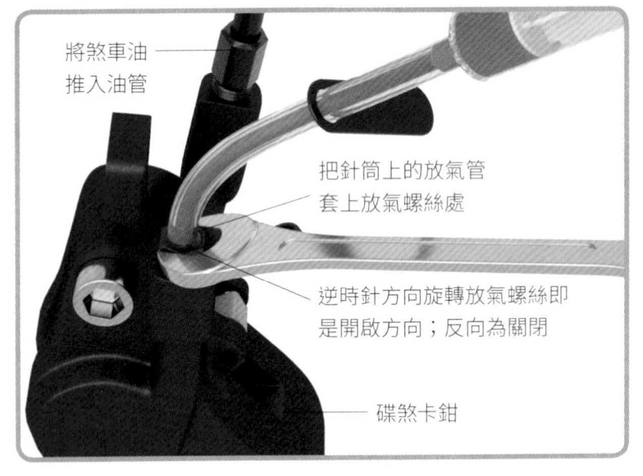

4 此時先將針筒上的放氣管與放氣螺絲相結合後，再使用開口扳手開啟放氣螺絲。接著於碟煞卡鉗處開始注入煞車油，一直至注入煞車把手上的油杯；最後鎖上放氣螺絲。

工具與裝備

- 煞車油
- 塑膠罩（袋）
- 內六角扳手組
- 碟煞放氣換油工具
- 護目鏡與手套
- 開口扳手組
- 維修腳架
- 抹布
- 可調式束帶

注意！市售的一些碟煞系統使用「汽機車用碟煞油(DOT)」，此類油品是具有腐蝕性的，因此施工時務必配戴護目鏡與手套，並使用塑膠罩（袋）來保護車架，並盡快將灑溢出來的油品擦拭乾淨。

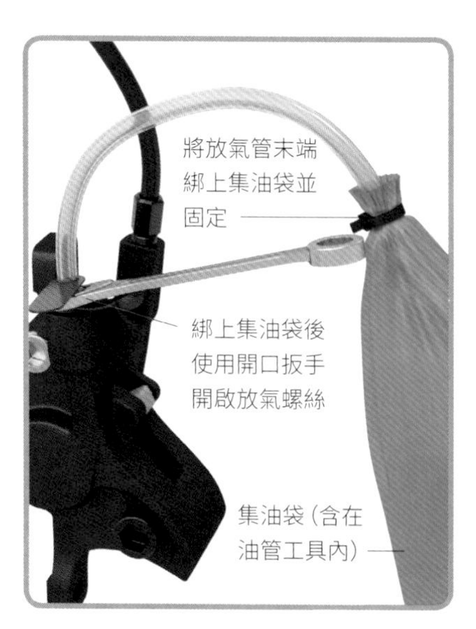

5 注入碟煞油後拔除針筒，且用集油袋取代原先注射器的位置，接著從油杯處倒入煞車油，使其約半滿的高度即可。

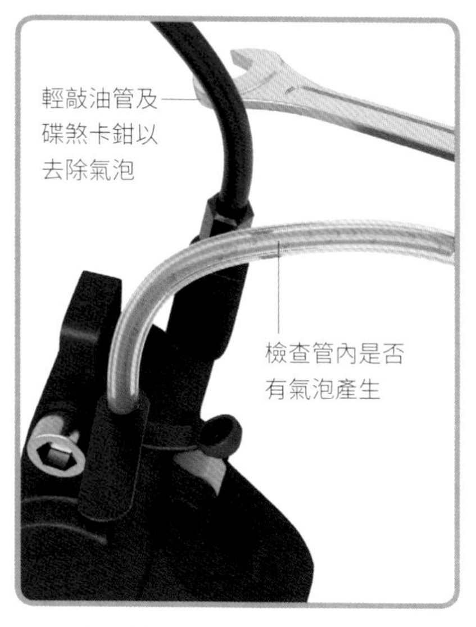

6 按壓煞車把手以迫使系統將油品從碟煞本體內排入集油袋中，經檢查後如無氣泡即可鎖起放氣螺絲。

7 輕壓手把數次，如果手感紮實，則此煞車系統已成功安裝並完成放氣。

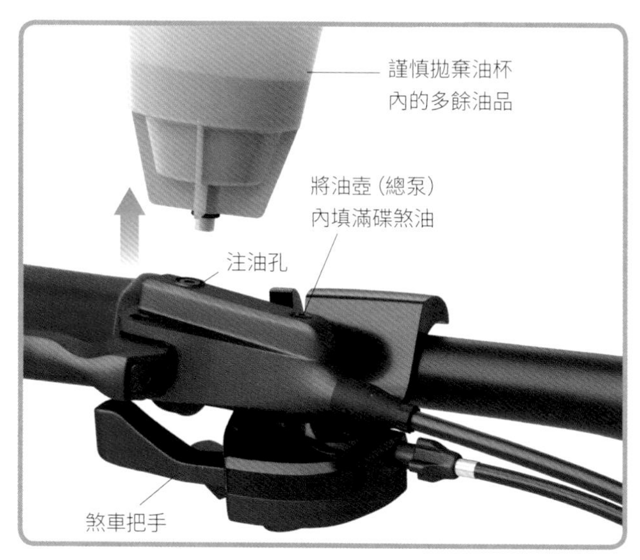

8 將油杯內的止油棒插入後即可將其全部抽離，在油壺（總泵）內注滿碟煞油後即可將放氣螺絲鎖回。接下來將煞車把手調整回正常使用位置，卡鉗也可重新裝回。

9 如碟煞的手感在放氣後仍鬆軟，此時可按壓煞車把手後使用束帶將之固定於當下的位置，並將車頭抬起至隔日，並再次重複步驟 1-8。

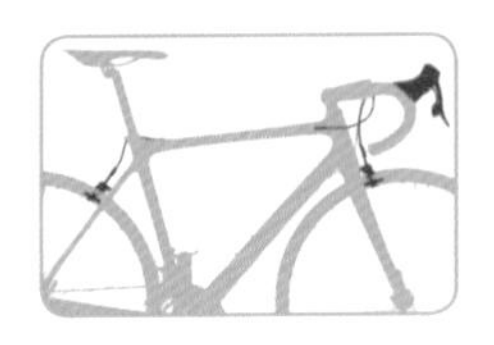

機械式煞車保養

更換煞車塊

濕冷的天氣對煞車系統來說是相當嚴苛的考驗；砂石與雨水結合後而產生附著在煞車塊上的黏著物，會逐漸加快煞車塊的磨耗速度，而煞車塊磨至煞車皮底座時，會有煞車失靈的危險或對輪組造成損壞。當你壓下煞車時聽到尖銳刺耳的聲音時，代表煞車已經磨損到一定程度了。

前置準備

- 將自行車牢牢固定於維修腳架上
- 卸除輪組（參閱 78-83 頁）
- 如輪框上的「警示點」被磨損到無法看見時，就必須更換輪組了
- 使用金屬除鏽潤滑劑，潤滑煞車皮定位螺絲，以方便將之取下

雙軸式煞車

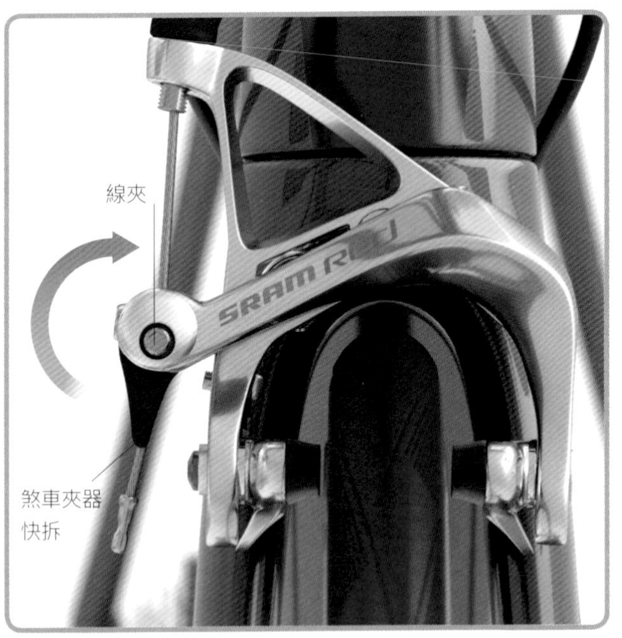

1 將快拆上扳至夾器開啟位置。如煞車夾器沒有快拆的話，可以直接將線夾用內六角扳手或開口扳手旋開。

2 使用內六角扳手將煞車皮定位螺栓旋鬆，在除去舊的煞車皮後將新煞車皮安裝定位（煞車皮上有標示左右），換上新螺栓後轉緊。

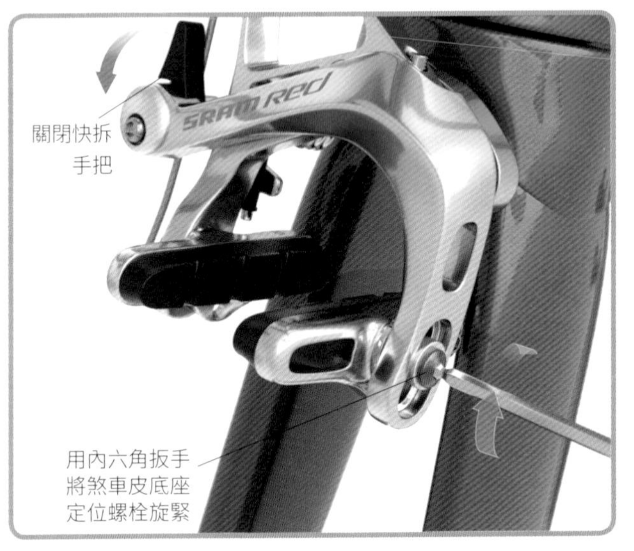

3 裝回輪組（參閱 78-83 頁）。手動調整煞車塊之上下位置，使其在制動時準確與輪框的邊緣接觸，接著固定住當前煞車塊的位置，將之（煞車塊底座固定螺栓）鎖固。

工具與裝備

- 維修腳架
- 金屬防鏽保養油
- 開口扳手
- 內六角扳手組

施工訣竅： 煞車塊本身有左右之分，產品上印有代表左右之「L」以及「R」的字樣供安裝時能方便辨別；同時在煞車塊或煞車塊底座也會刻上明顯的「TOP」標示以防止組裝時上下顛倒。另外也需注意雨天騎乘後的清潔，以防止磨損速度加快。譯註：使用碳纖維輪組更應經常擦拭煞車塊以保護輪框煞車面，同時也可防止煞車時出現刺耳噪音。

V夾與中拉式懸臂煞車

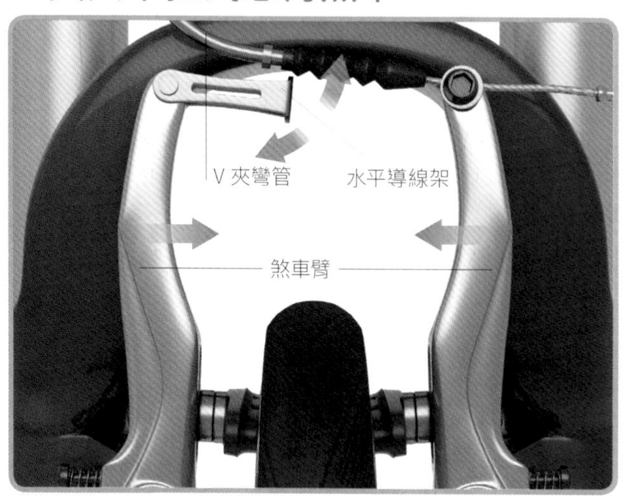

1 擠壓V夾煞車臂，並將V夾彎管與水平導線架分離。中拉懸臂式夾器的煞車鈎線能和左側單獨分離（參閱114-115頁）。

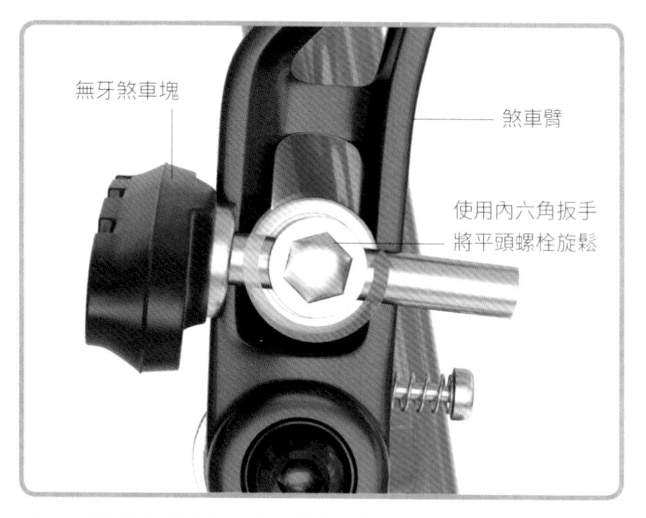

2 如果你要更換的煞車塊為「無牙」版本，直接將煞車臂上的平頭螺栓旋鬆，煞車塊即可取出並作更換。接著將煞車塊對齊，並微微扭緊平頭螺栓。

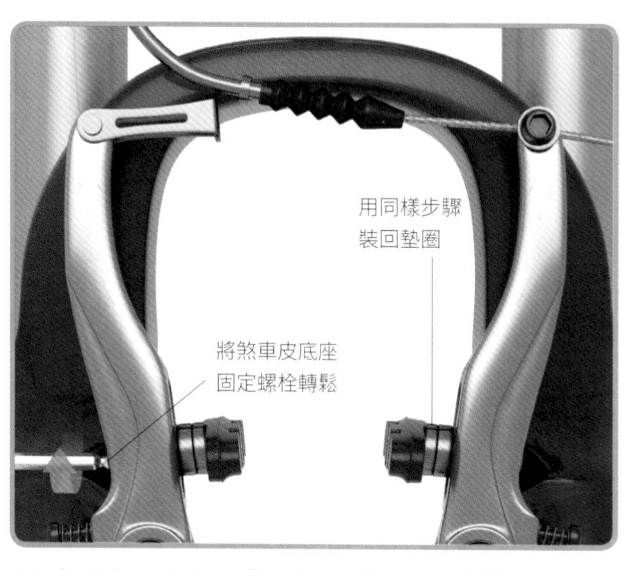

3 如果你更換的是「有牙」的版本，鬆開煞車皮底座的固定螺栓，再移除煞車塊與墊圈即可。接著將新煞車塊的螺柱穿過煞車臂並迫緊。

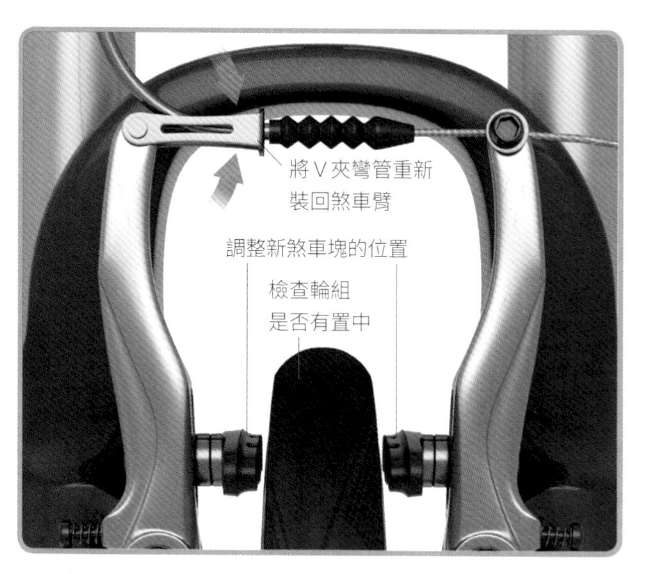

4 如有需要更換輪組 和重新連結煞車夾器，把V夾彎重新架回煞車臂上，接著調整並檢查煞車塊的位置是否置中，確保輪框煞車面與煞車塊之間有足夠的空間，經檢查無觸碰後即可將螺絲鎖固。

調整機械式煞車系統

V夾系統

V夾大多用於登山車或跨界車，因其可容納胎寬較寬的外胎。這種系統就和其它煞車一樣會隨長期使用，有煞車塊移位或手感較不扎實的問題，煞車力道也會隨之變弱。

多虧其快拆系統以及簡單的設計，使得V夾系統為所有煞車系統中最為容易安裝及調整。煞車塊位置調整僅需基本的工具即可在幾分鐘內完成。

1 確認輪組置中(於維修腳架上旋轉輪框，並觀察左右距離前叉的位置是否平均)，接著確認快拆無過度迫緊的情況。(譯註：有個更容易的方法：鬆開快拆後連同輪組和車架向地面輕敲後或可完成落地置中的動作。)

前置準備

- 檢查煞車塊上的磨損指示標誌
- 如需更換需要則找尋適合的替代品
- 將自行車架於維修腳架上以利施工的進行，同時觀察輪組是否能正常轉動

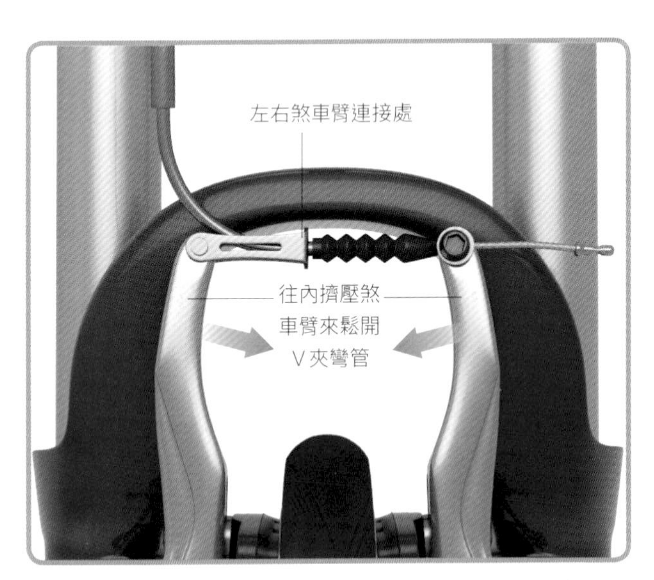

2 單手往內輕壓煞車臂讓煞車塊和輪框煞車面貼合在一起，使左右煞車臂連接處鬆脫後，即可輕鬆鬆開煞車臂。

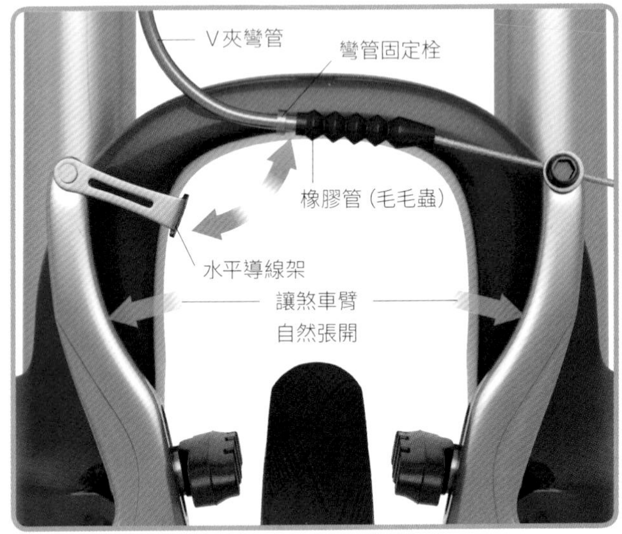

3 V夾彎管上的彎管固定栓和水平導線座分離後煞車臂會自然張開，且與輪組會有一定的空間；利用此空間更換煞車塊。

工具與裝備

- 自行車維修腳架
- 內六角扳手組
- 十字起子

施工訣竅：調整任一邊定位螺絲，同時也會對另一側造成影響，因此需避免時常旋緊其中一側彈簧，避免造成煞車線過度拉伸。請參考下列流程進行調整。

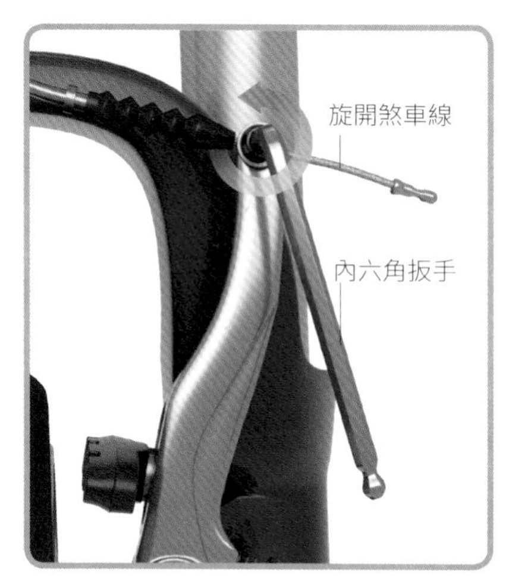

4 用內六角扳手鬆開線夾，讓煞車線能自由滑動。

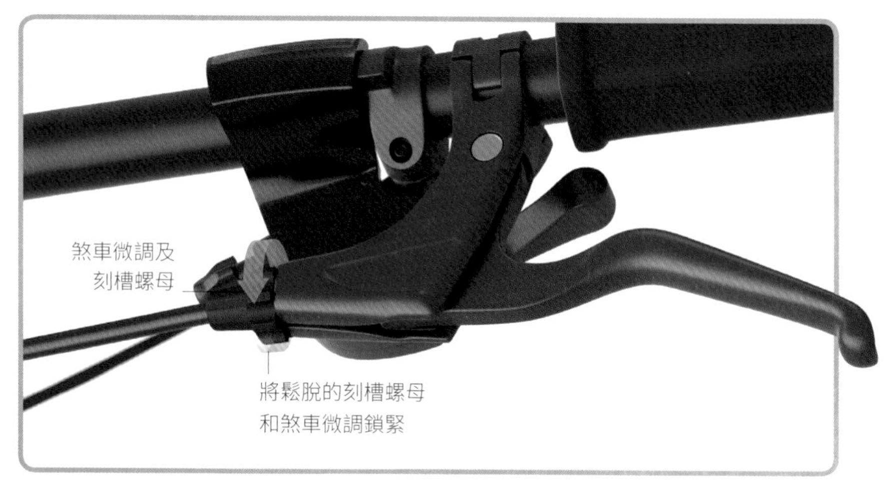

5 旋鬆（二至三圈）煞車把手一端的煞車微調。把手那一端轉鬆出現間隙後，於夾器端將約五公分的煞車線拉過線夾後，用手指抓住暫時固定。

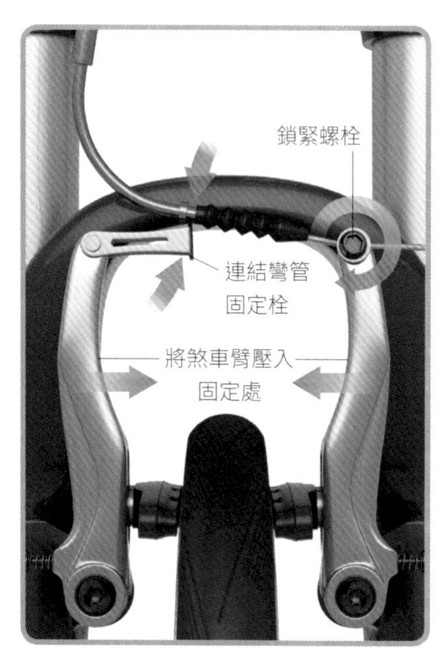

6 重新連接煞車臂，並將煞車塊推向輪框的方向，接著將煞車線拉緊並將線夾鎖固。

7 壓煞車把手 10-12 次確認煞車線完全鎖固，此時轉動輪組以確保無任何一處有摩擦到輪組的情形。

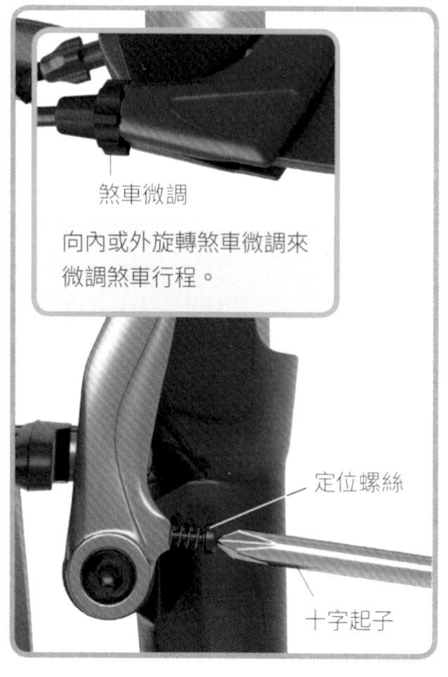

8 檢查兩側煞車塊距離輪組煞車邊，是否都同樣保持約 1.5mm 距離，並調整定位螺絲。

調整機械式煞車系統

中拉懸臂式煞車夾器

專為登山車設計的煞車系統，煞車臂面朝外的特點使得夾器能容納較寬的外胎甚至巧克力胎。當壓下煞車手把後，煞車塊的作動軌跡為向下與內的弧形。煞車塊和輪框煞車面接觸的準確度對於煞車表現極其重要。

前置準備

- 取下輪胎後有更好的調整視野（參閱 78-83 頁）
- 檢查輪胎是否置中
- 清除煞車塊上的泥沙或橡膠殘留物
- 如有明顯磨耗則必須尋找新的煞車塊

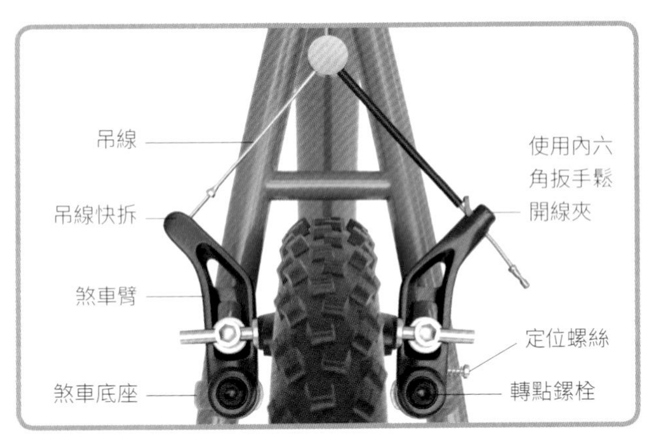

1 首先將煞車臂往內壓，接著即可將吊線從左快拆處分離；再來將右煞車臂的線夾栓旋鬆，放開煞車線，煞車臂將呈自然、鬆弛的狀態。

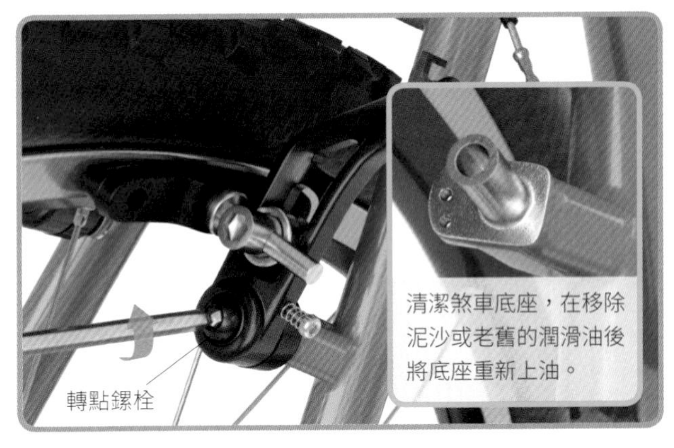

2 用內六角扳手取下轉點鏍栓，即可從煞車底座取下煞車臂；取下後記下煞車臂後方彈簧張力固定針插入底座的孔洞位置。

3 重新將煞車臂安裝回煞車底座，並確認原彈簧張力固定針安裝回煞車底座旁的正確孔洞後，將轉點螺栓確實鎖固；安裝完成後也需再次檢查煞車臂擺動的順暢度是否正常。

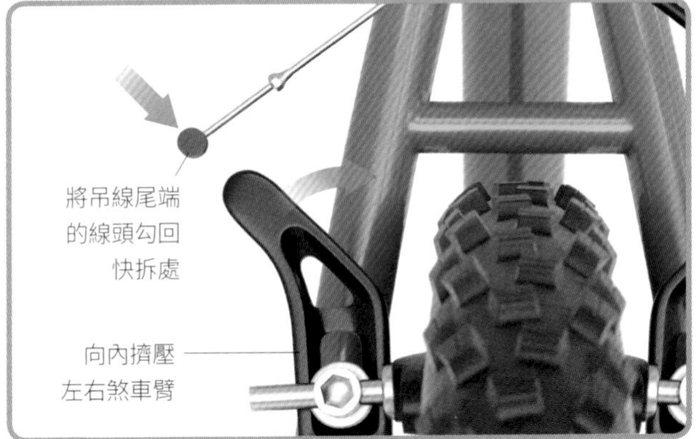

4 兩側煞車臂向內擠壓後，用力一隻手將吊線線頭掛回左側煞車臂快拆上，確實壓入線頭以確保結構安全性。

工具與裝備

- 抹布
- 潤滑油
- 內六角扳手組
- 一字起子

施工訣竅：重新安裝煞車前，先查看輪組是否已安裝於叉端上的正確位置，並迫緊所有固定螺栓與快拆。再者，也同時觀察煞車塊與煞車面接觸的位置，如接觸面過低會使煞車塊形成不平整的磨擦面，因此無法進行對正調整。

5 如同上一步驟，使用一手向內擠壓兩側煞車臂，並用另一手將煞車線送過右側煞車臂的線夾，完成此步驟後將線夾旋緊。

6 旋轉微調螺絲即可使兩側煞車臂的運作行程平均，以取得左右相同的煞車力道；煞車臂本身也需與輪框煞車面成平行。

7 旋鬆平頭螺栓能調整煞車塊接觸面位置，使之水平於煞車面，並帶來扎實的手感。滿意後即迫緊螺栓。

8 逆時鐘選轉煞車手把上的煞車微調至多三圈，直到煞車塊放鬆時與輪框煞車面的間隙之間的距離約 2-3mm。

9 把煞車塊與夾器的位置進行最後的微調；輪組須置中，煞車塊需對齊。

調整機械式煞車系統

雙軸式煞車

雙軸式煞車在設計上是由兩個些微不同運作角度的煞車臂所組成，煞車塊也會隨使用而磨耗或移位，為了使夾器能持續維持相當的制止力，時常微調也是相當重要的。有時可能也必須重新定位煞車塊的位置以及煞車線的張力，以消去煞車鬆弛的手感。

前置準備

- 把自行車固定於維修腳架上
- 刷掉卡鉗螺栓頭上的鏽
- 除去煞車塊堆積的泥沙、橡膠殘餘物
- 如煞車塊已嚴重磨損請找尋合適的替代品

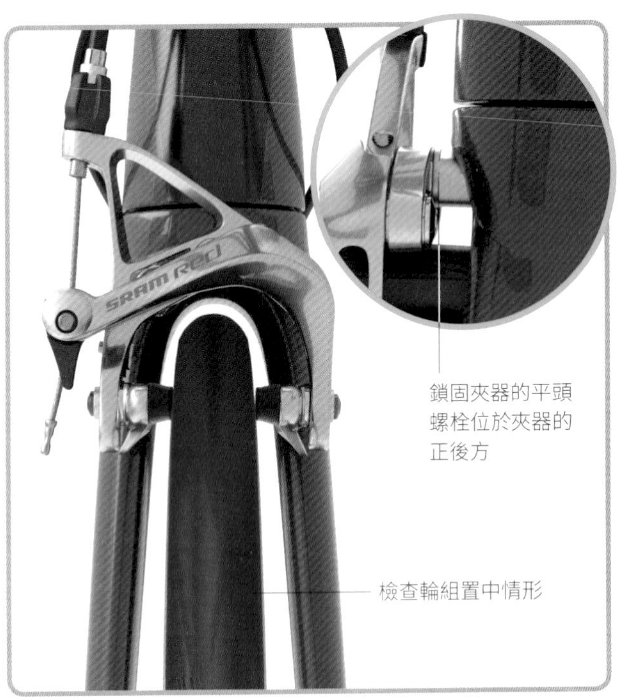

1 觀察輪組是否有完全置中，而輪胎的正中心也應與夾器後方的平頭螺栓平行，如有誤差務必請先進行調整（參閱 78-83 頁）。

2 將夾器快拆打開以鬆開煞車線，如果這時煞車線依然連接著，鬆開線夾即可；此時左右臂會迅速向外張開遠離輪框。

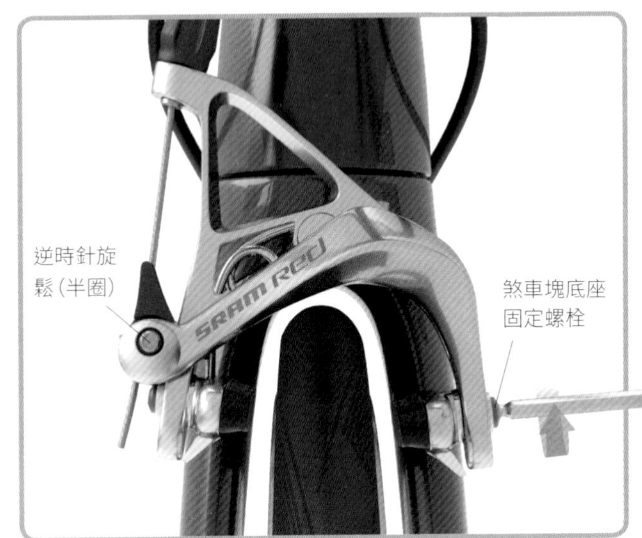

3 鬆開兩側的煞車塊，接著將煞車塊的頂部對準輪框煞車面正上方，煞車塊下緣對正煞車面的下方。最後鎖緊煞車塊固定螺栓。

工具與裝備

- 維修腳架
- 刷子與抹布
- 內六角扳手組
- 花轂扳手

施工訣竅：刺耳、尖銳的煞車聲是因為煞車塊與輪組之間的振動引起，可以使用所謂「前束 (Toe-in)」的技巧去處理這種噪音。也就是讓煞車塊的前端首先接觸輪框。先將煞車塊底座的固定螺栓旋鬆，並把墊圈推向煞車塊的後方，直到煞車塊的表面與輪框平行。

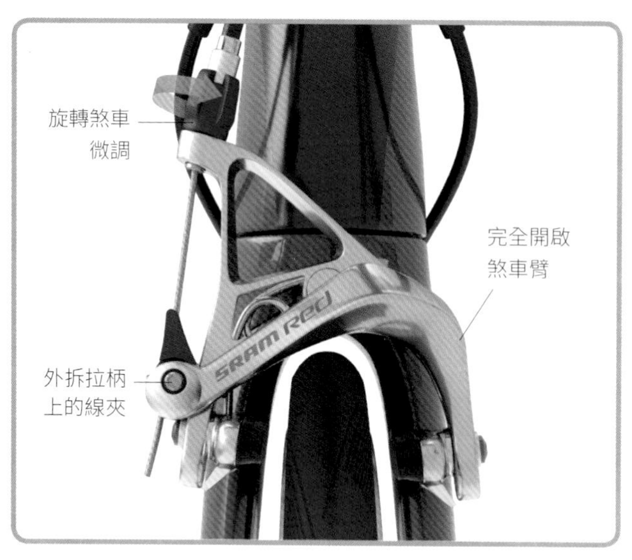

4 順時針旋轉煞車微調約 3-4 圈，再來把快拆後方的線夾用內六角扳手鬆開。之後煞車線即可自由滑動與調整。

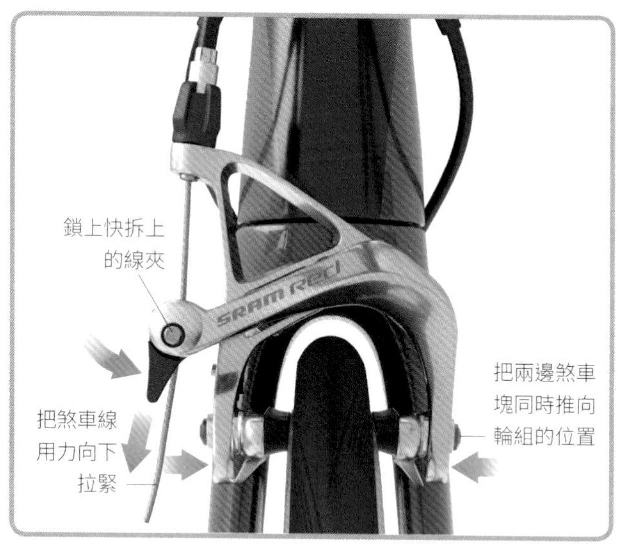

5 用單手將兩邊煞車塊朝中間輪組方向壓，另一隻手將煞車線向下拉。再重新鎖上快拆上的線夾。最後用力壓煞車手把，確認煞車線已扎實安裝完成。

6 檢查煞車塊的置中情形，如未達理想狀態可先使用花轂扳手將夾器後方的螺栓放鬆（參考步驟 1）。接著將內六角扳手插入平頭螺栓（夾器的正後方）再調整之，最後將螺栓鎖固。

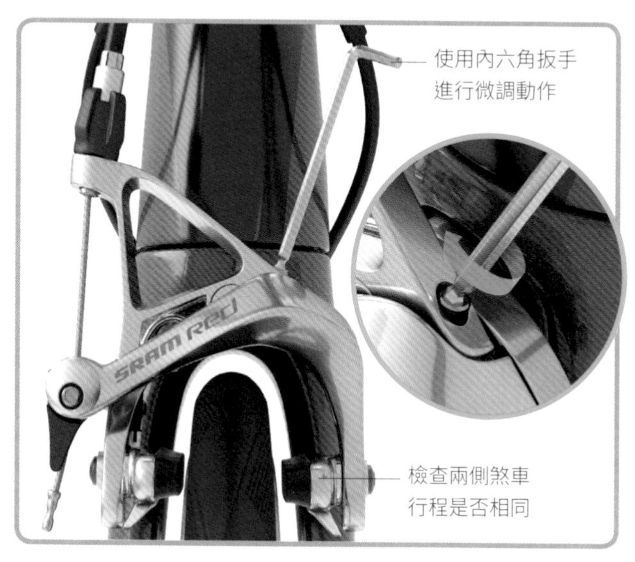

7 有些夾器備有微調螺絲供細微的置中作業；此時以所需的方向旋轉微調螺絲，即可達到讓煞車塊置中的目的。

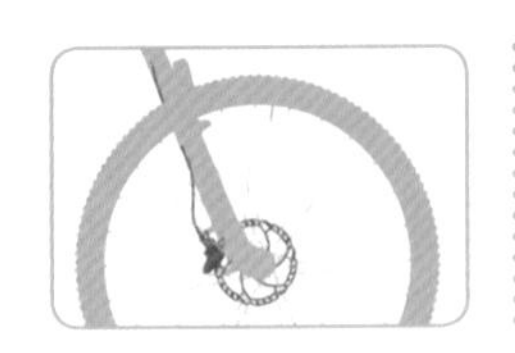

關鍵零件

油壓碟煞

碟煞系統是由夾器中的來令片以及與輪組花轂連接的碟盤所構成。碟煞也有分傳統拉線式系統與油壓系統。

油壓煞車是由密閉油管裡的礦物油或 DOT 液體來提供整個系統所需的壓力；煞車把手內含油壺，當騎乘者按下煞車手把後，油壺中的礦物油因為受到擠壓，會一路把壓力傳遞至碟煞夾器，最後夾器受力使來令片與碟盤摩擦，因而產生摩擦力使車輛減速。另外在拉線式系統中則是使用卡鉗上的活塞來動作。碟盤安裝於花轂上。

零件細節

碟煞系統置於輪組花轂上，兩種碟煞系統的來令片皆位在裝於前叉或車架上的卡鉗中。

① 騎乘者壓下煞車後，活塞壓下來令片的受力方式是由兩種方式提供：液壓油或機械式碟煞的煞車線張力。

② 來令片和夾器在未作動時，由卡鉗中的彈簧撐開，使之與碟盤保持適當的距離，避免不必要的摩擦。卡鉗中的活塞驅動來令片頂向碟盤。

③ 碟盤固定在花轂上，在卡鉗之中隨輪組一同旋轉，按下煞車手把後便停下。

④ 碟煞系統卡鉗包含活塞組及來令片；液壓系統屬於密閉的油路，以保持液壓的壓力。

用於更換油
料的洩油閥
液壓油以油管
傳遞至卡鉗
迫緊螺栓用於連接
油管和煞車卡鉗
煞車油
渠道
4
1
2
復位彈簧在每次運作後
使來令片離開碟盤復位
固定栓將來令片
固定於卡鉗內
活塞室內含活塞
固定螺栓讓夾器能
緊緊安裝於前叉上
3
煞車連接座位於
前叉前方連接卡鉗

機械式碟煞保養

碟煞系統

來令片隨使用時間損耗，在冬季的低溫與泥濘摧殘下更是如此。當出現刺耳的煞車聲時，就表示更換來令片的時候到了，此時持續使用將傷害碟盤；當來令片剩下約 1.5mm 厚度時就有汰換的必要了。

前置準備

- 將自行車置於維修腳架上
- 移除輪組（參閱 78-83 頁）
- 移除舊碟盤
- 戴上乾淨手套來處理新碟盤
- 將新碟盤進行完整擦拭

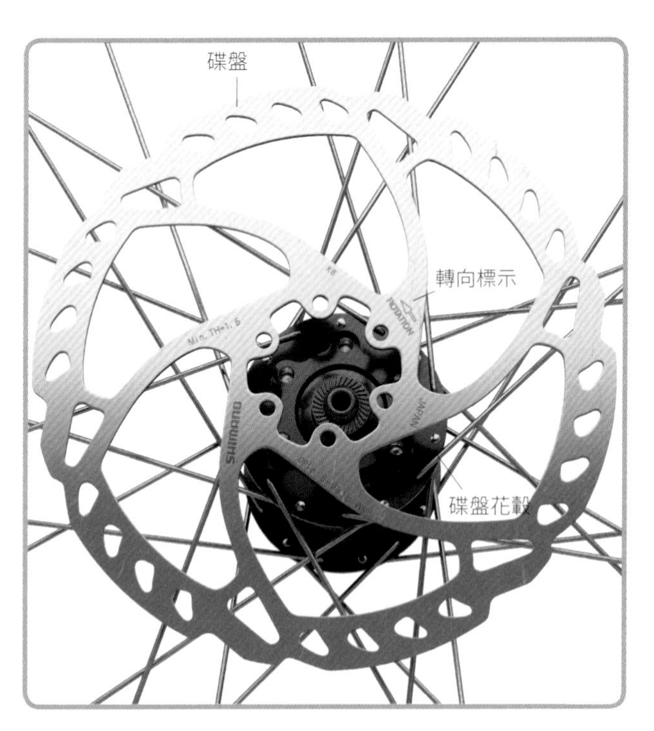

1 找到刻在碟盤上的轉向標示，並把碟盤置於花轂上，依照廠商的使用說明進行安裝。

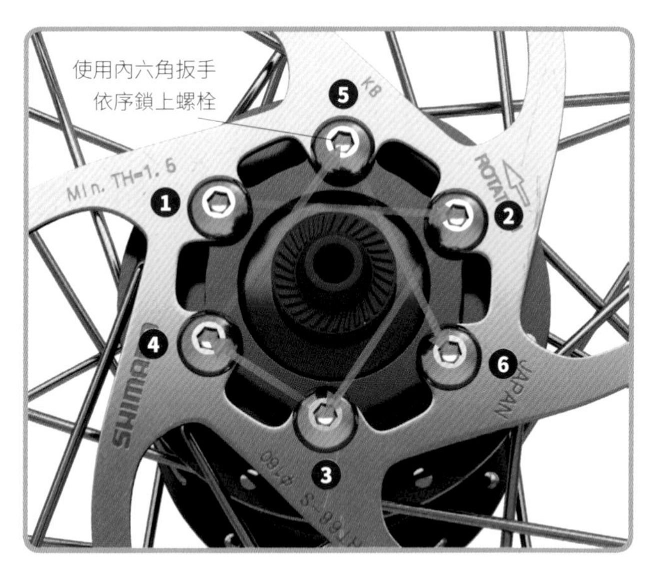

2 請先確認建議扭力值後，用逐一迫緊的方式鎖上螺栓。注意使用上圖所示星狀分佈的箭頭順序施工，以避免碟盤變形。

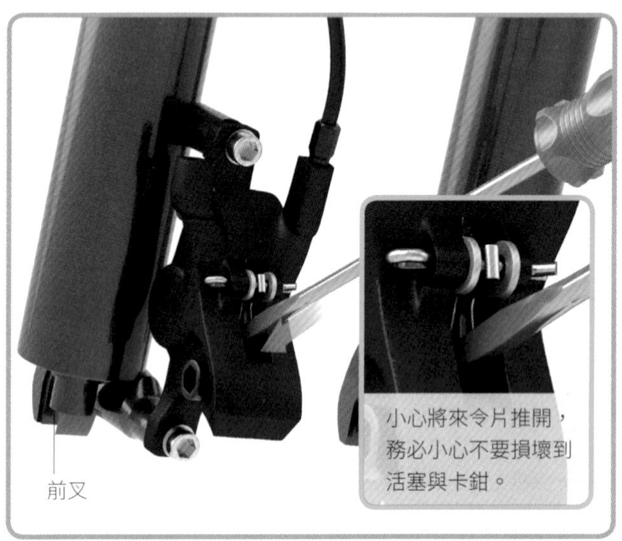

3 使用大尺寸一字起、挖胎棒或專門的撐開器撐開來令片使活塞復位。再移除舊來令片後即可挪出足夠空間來安置新的、較厚的來令片。

工具與裝備

- 維修腳架
- 一字起子、挖胎棒、來令片撐開器
- 除油劑或碟盤清潔劑與抹布
- 抹布與手套
- 內六角扳手組
- 尖嘴鉗

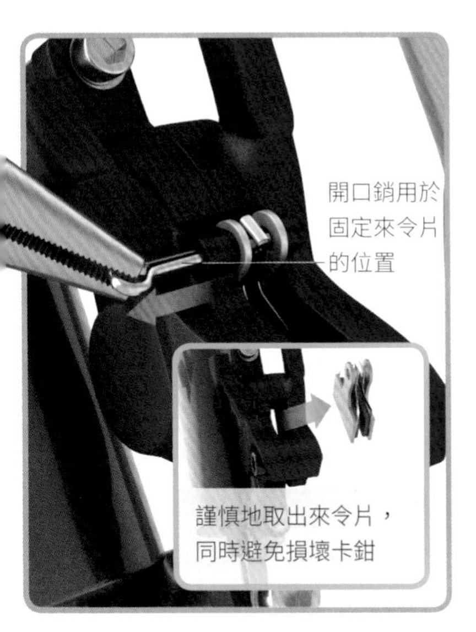

4 移除來令片固定器一可能是以螺栓或開口銷的形式。並小心取出來令片。

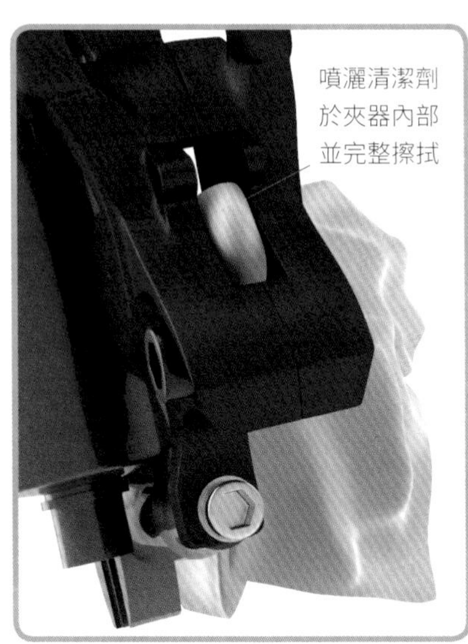

5 使用清潔劑、碟盤清潔液與抹布完整清潔卡鉗內部，仔細清掉塵土、油漬、煞車殘留物。

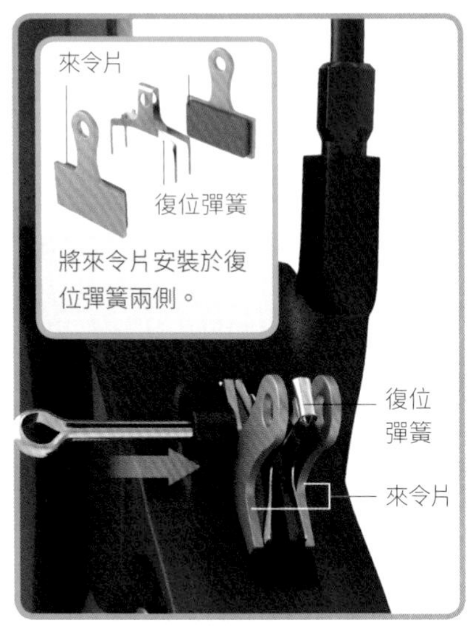

6 先將來令片與復位彈簧結合後，再一併塞入卡鉗內，最後裝上開口銷固定。

7 裝上輪組後確認來令片和碟盤之間保持適當距離，並在旋轉時無任何摩擦。

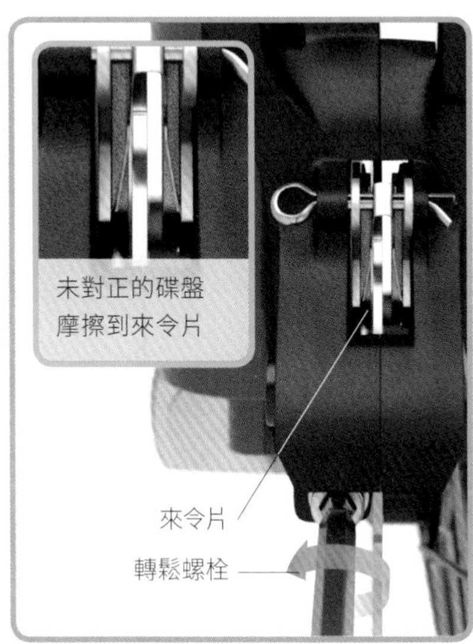

8 如果有摩擦情況，將固定螺栓放鬆即可調整卡鉗的位置，使輪組可順暢轉動。

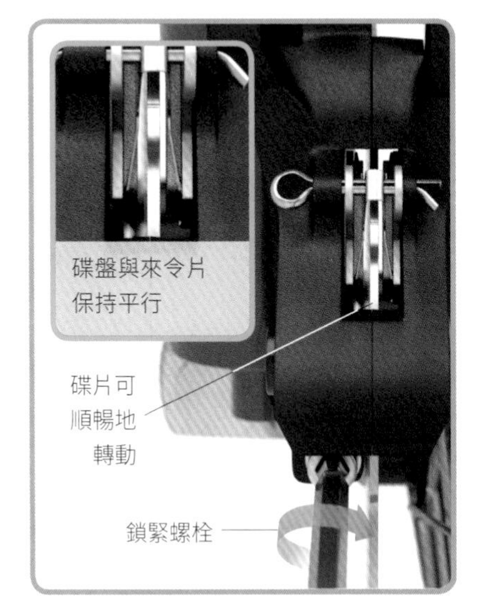

9 校準後即鎖緊螺栓，並擠壓數次煞車手把做最後的定位動作。

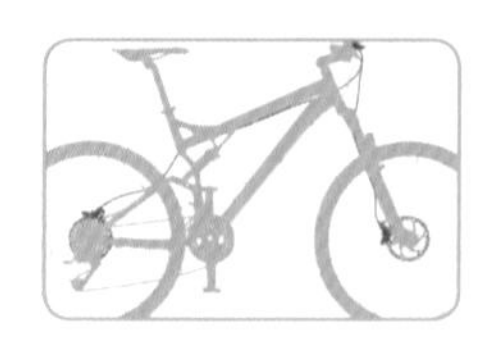

關鍵零件
鼓煞

用於城市車、淑女車居多，雖重量較其它煞車系統重，但卻有極佳的耐用度。鼓煞置於特殊設計的花轂中，在壓下煞車把手後煞車線會帶動花轂外的煞車臂，帶動花轂內煞車塊磨擦煞車襯以達到煞車效果。因整個機械結構都被保護在一個密閉的空間裡，因此所提供的制動力不會被外在氣候與環境因素影響，磨耗速度也相當慢。

本書展示的 Sturmey Archer XL-FD 和多數鼓煞一樣有較簡易的機械結構，卻較不容易調整保養，但如需調整管線張力則相對簡單（參閱 124-125 頁）。

鼓煞運作原理

隨著煞車線拉起鼓煞煞車臂後，內側煞車塊會隨著煞車臂的帶動被推向煞車襯，煞把鬆開後又回到原位。

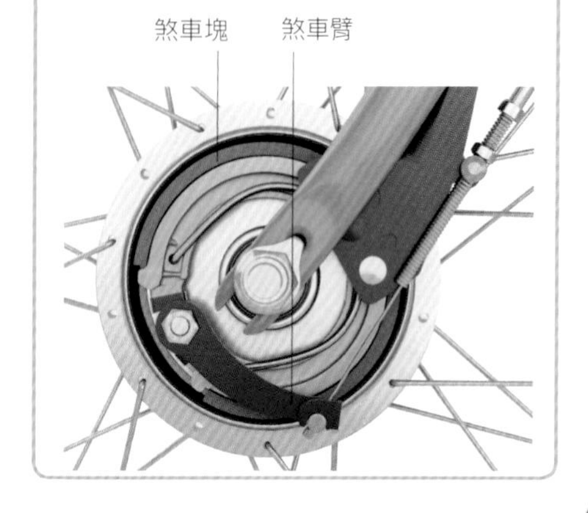

零件細節

鼓煞需特製的花轂、前叉或車架才可相容於鼓煞的扭力臂，因此只有少數車種能安裝此系統。

1. 煞車塊由極耐用的金屬合成物製成，所以磨耗非常緩慢。一旦磨損到一定的程度後無法單獨更換，只能替換整個鼓煞單元。
2. 煞車襯是煞車塊運作時接觸的表面。磨耗緩慢，卻無法更換。
3. 花轂煞車臂由煞車線拉起後帶動煞車塊。當調整煞車線的張力時，煞車臂會被往內推。
4. 可使用煞車微調進行煞車線細微調整，而線材皆會隨時間被拉伸（參閱 124-125 頁）。

較大的轂耳提供較好的剛性

鋼絲將輪框編在轂耳上

前叉剛性需足以支撐鼓煞的煞車力道

外殼包覆著整個內部結構

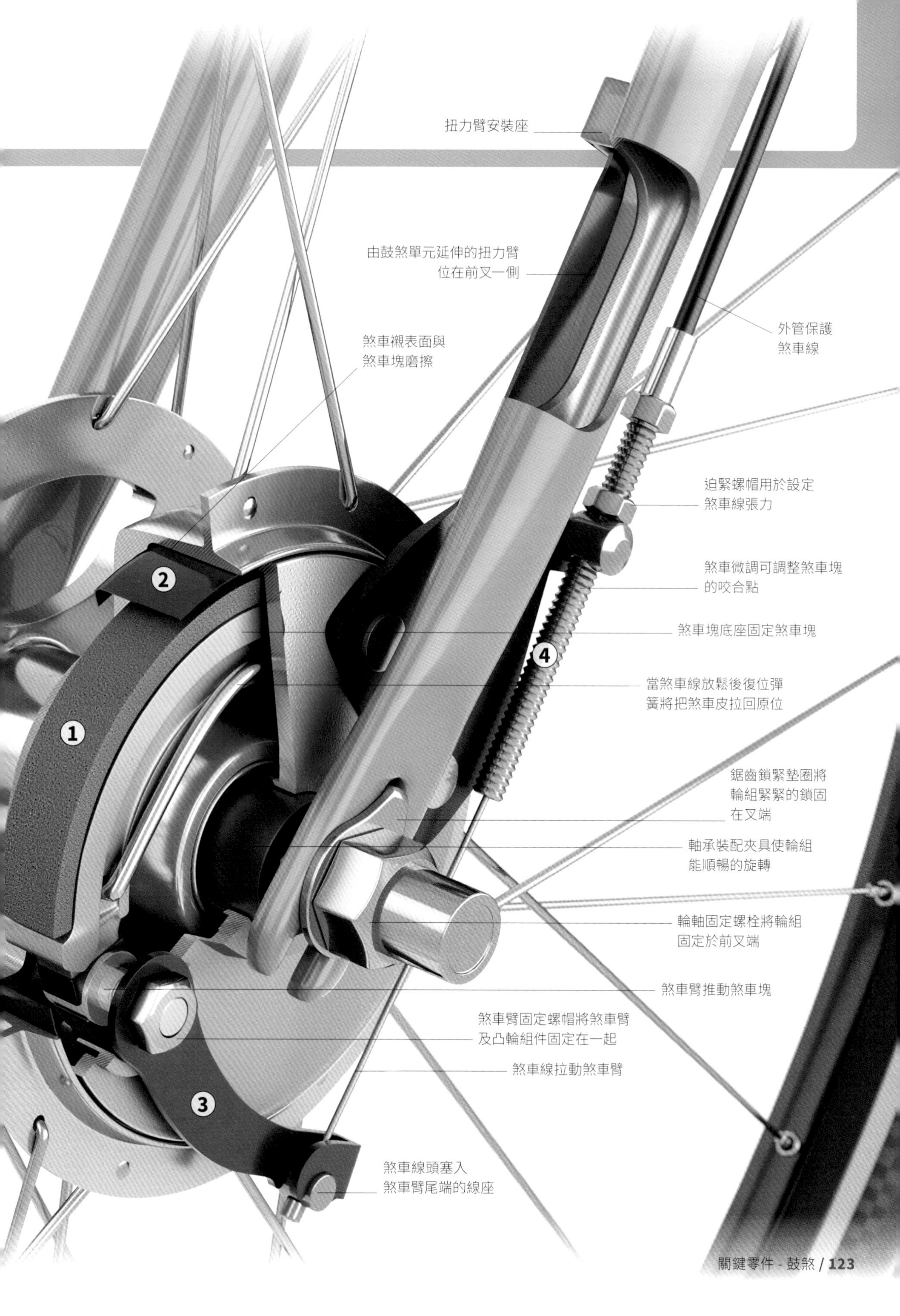
扭力臂安裝座
由鼓煞單元延伸的扭力臂
位在前叉一側
外管保護
煞車線
煞車襯表面與
煞車塊磨擦
迫緊螺帽用於設定
煞車線張力
煞車微調可調整煞車塊
的咬合點
煞車塊底座固定煞車塊
當煞車線放鬆後復位彈
簧將把煞車皮拉回原位
鋸齒鎖緊墊圈將
輪組緊緊的鎖固
在叉端
軸承裝配夾具使輪組
能順暢的旋轉
輪軸固定螺栓將輪組
固定於前叉端
煞車臂推動煞車塊
煞車臂固定螺帽將煞車臂
及凸輪組件固定在一起
煞車線拉動煞車臂
煞車線頭塞入
煞車臂尾端的線座
1
2
3
4

安裝與調整煞車線

鼓煞車線

鼓煞通常用於通勤自行車或城市車，而且大多數時候是完全不需要保養的。內部煞車塊磨損到一定程度後只能汰換掉整組煞車。不過在調整方面，此種系統則較直覺化。

前置準備

- 將自行車架於維修腳架上
- 查看現有煞車外管走線方式
- 反向操作步驟 1~5 移除舊煞車線

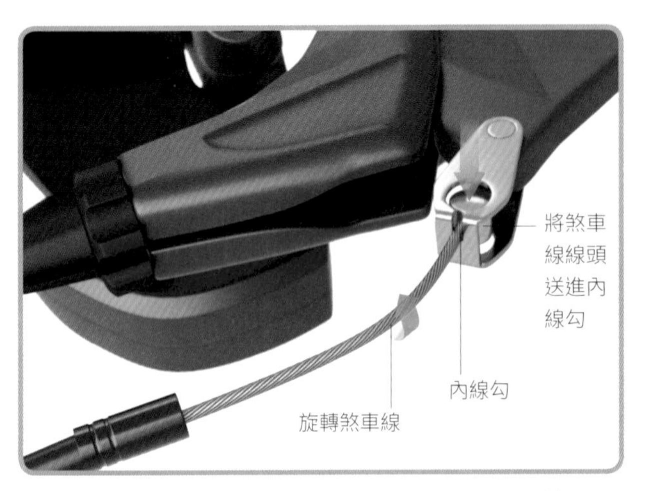

1 壓下煞車手把使手把末端的內線勾露出，接著再將煞車線頭置入內線勾後逆時鐘方向旋轉以固定。

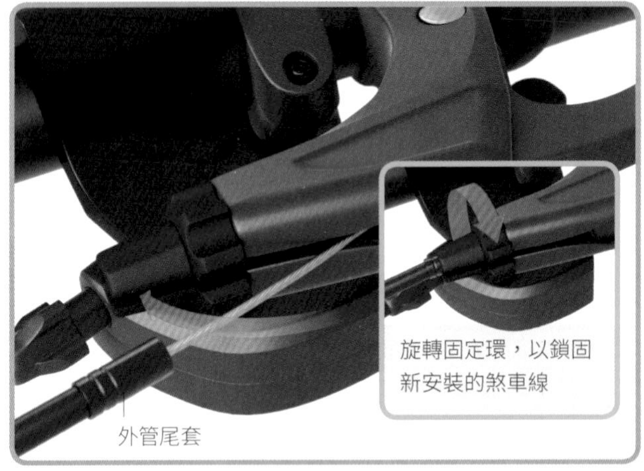

2 把內線送入線槽及煞車微調，並把外管尾套固定於固定環旁，完成後並將之旋轉使其鎖定。

3 參考原走線方式，並將管線從煞車手把往前、後花轂方向安裝，之後再固定在車架上。最後也需確認煞車線預留長度是否足以讓車把正常旋轉。

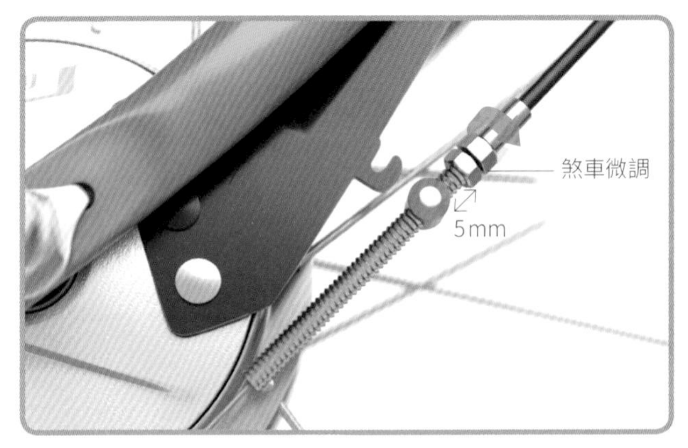

4 調整煞車微調至迫緊螺帽下方預留 5mm 之空間（此為之後微調之用）。

工具與裝備

- 自行車維修腳架
- 剪線鉗

施工訣竅：某些鼓煞系統需使用特規雙頭煞車線：煞車手把一側為柱狀頭，而煞車臂一側為梨狀頭。如要移除此種煞車線，則必須將其中一端剪裁才可繼續接下來動作。

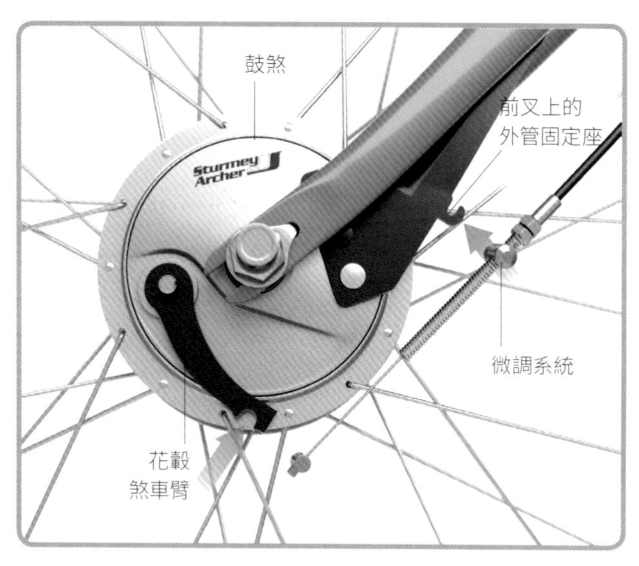

5 將微調系統架於前叉或後下叉外管固定座上，再把煞車臂往前叉方向推去，即可將線尾安裝於煞車臂上。

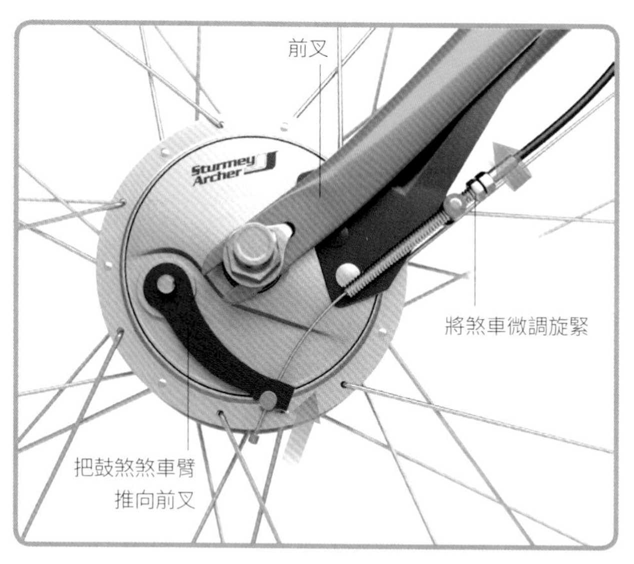

6 再次將鼓煞煞車臂推向前叉，並鎖緊煞車微調將煞車線的鬆弛度消除；鎖固至鼓煞能將轉動輪組停止為止。

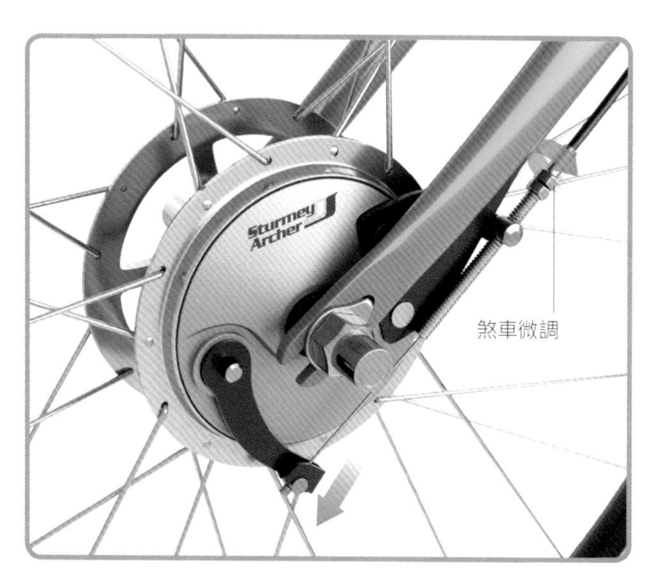

7 放開煞車臂並同時將煞車微調旋鬆，直到能徒手轉動輪組為止。按下煞車把手確認煞車能將轉動中的輪組停止。

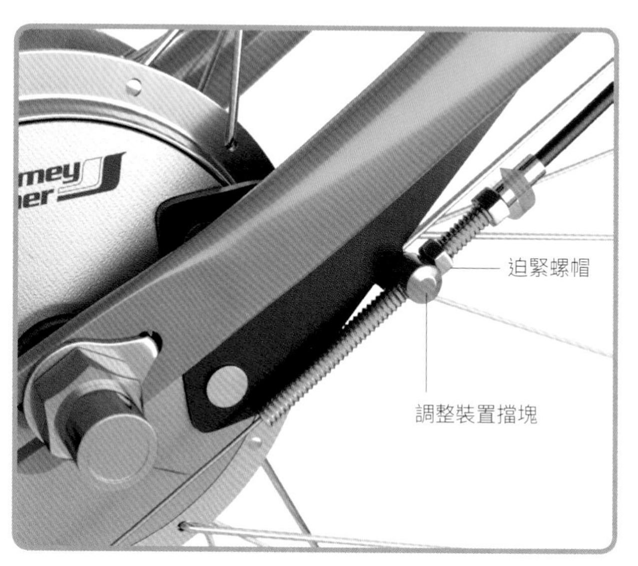

8 按壓煞車把手約 10-12 次以移除任何煞車線的鬆弛程度。當你對咬合點滿意後，將迫緊螺帽鎖至調整裝置擋塊處，以固定線材的張力。

第 6 篇 傳動系統

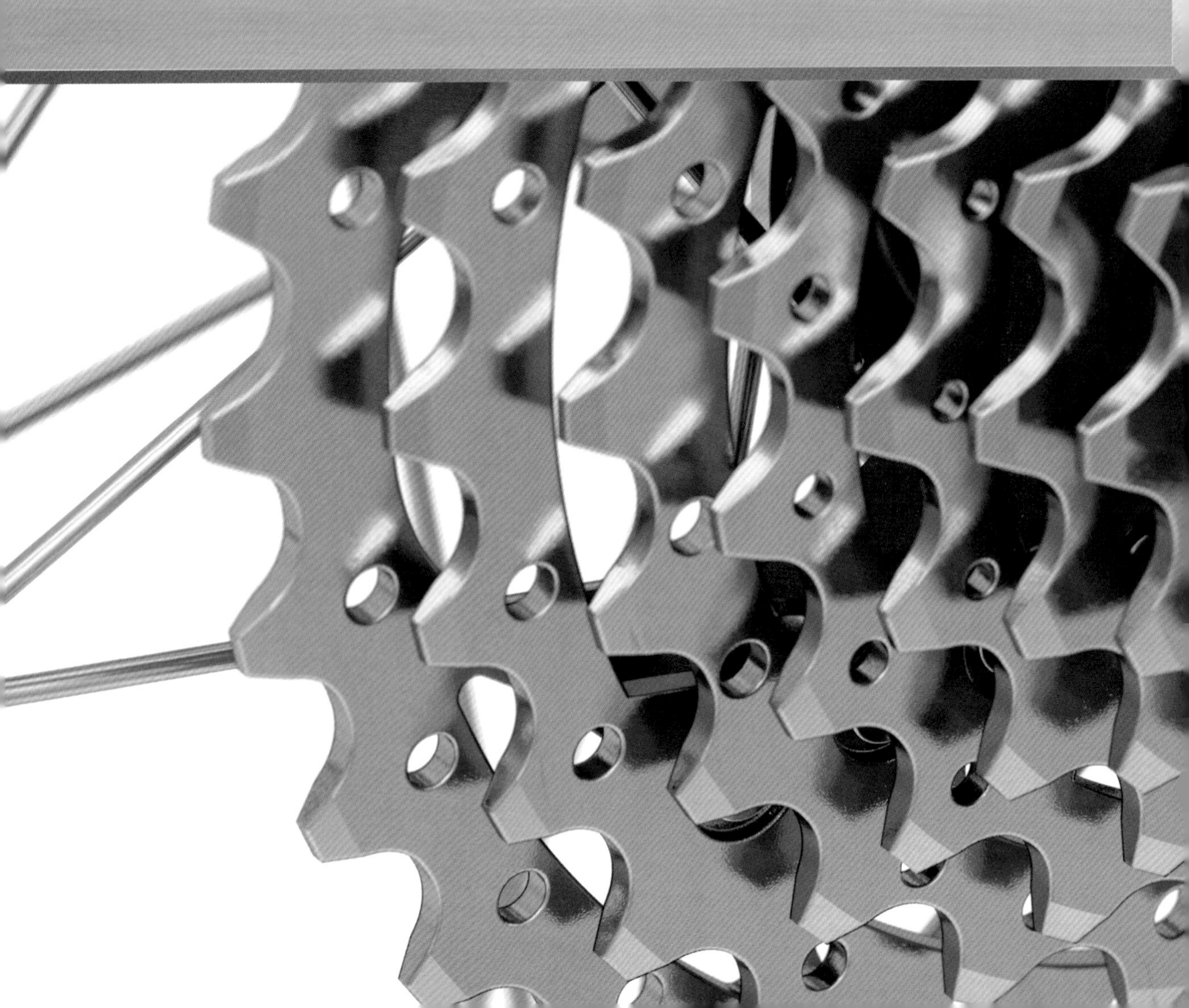

SRAM

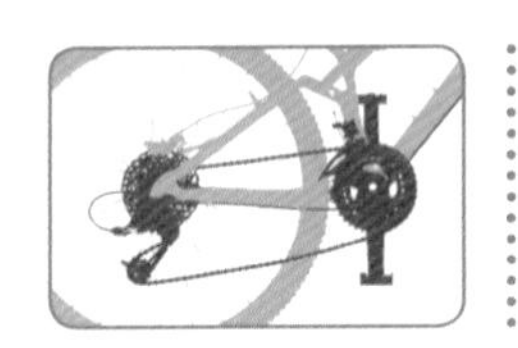

選用指南

傳動系統

在奮力踩踏時，變換不同的檔位能讓緩慢爬坡與快速下坡都變得更加輕鬆。市面上有許多傳動系統都能實現檔位變換。後變速器看似脆弱，但實際上卻出乎意料地有效率，並且可靠耐用，是多數公路車或事務車的標準配置。

類型	適用性	運作模式
變速花轂 到今日逐漸被按鈕操控的電子變速機構所取代。花轂變速是後變速器之外的可靠選擇，只需要最低限度的保養。	■ 無需常保養的事務車、旅行車、摺疊車與通勤車（比如公共租賃單車）。	■ 花轂變速是由車把上單一變速手把牽動纜線，帶動行星齒輪系統中的「太陽齒輪」進行變速。
變速器 在變速器系統中，變速手把以纜線連接變速器。其能改變鏈條在飛輪齒片間（後變速器）或曲柄組齒盤間（前變速器）的位置。	■ 所有型態的公路騎乘，從競賽到旅行用途與事務車。	■ 在後變速器中，纜線從變速拉柄牽動機械結構，變換鏈條位於飛輪上的位置。具有兩個導輪維持鏈條張力。 ■ 前變速器以導籠引導鏈條在齒盤上移動。
固定齒輪 固定後輪（譯註：曲柄往前與往後的踩踏皆與後輪連動）是單速系統的起源。無棘輪配置，即一種在停止踩踏時仍使後輪保持轉動之機構。	■ 旅行車、一般城市車，或是訓練踩踏技巧之用途。	■ 單一齒片固定於後花轂，與車輪時時連動。某些種類後輪配置「雙面花轂」，其一側為固定齒輪，另一側則具有棘輪機構。
電子變速 在電子變速系統中，檔位變換是由按鈕進行操作，而非機械拉柄。 車把上的按鈕以電線連接至電池，變速器藉小型電子馬達驅動。	■ 競賽或是市民等級的競技使用（電子變速逐漸普及到多種騎乘型態使用）。 ■ 不建議在旅行車或城市車上使用，因為將會受到常須充電的限制。	■ 按鈕或撥片型開關整合在煞車拉柄上，或是設置在車把上，控制驅動前、後變速器上的小型馬達。 ■ 由單一電池供應整組有線系統電力。在無線系統，電力由每個單元各自電池提供。

變速器變換檔位的方式經歷了許多演變，從以前的煞 - 變合一變速手把，到現代以按鈕操作的電子變速系統。變速花轂提供除了後變速器外，另一種可靠且只需輕微保養的選擇。固定齒輪或單速車操作簡單，只需輕微保養，但無法在陡爬坡或極高速下坡時提供動力協助。

關鍵零件	規格變化	調整方式
■ 數個較小的齒輪環繞中央連接輪軸的「太陽齒輪」旋轉，整個齒輪組再由外圍的「環形齒輪」包覆。	■ 檔位從 3-14 檔不等，通常搭配前單齒盤使用。	■ 轉動花轂上的變速線微調調整纜線張力。
■ 後變速器具主體構型，以螺絲限制擺動範圍，纜線微調調整變速線張力。安裝在吊耳上。 ■ 前變速器只有主體，沒有其他部件。	■ 最新型的公路車後變速器可搭配更大齒片級距飛輪使用。搭配舊型撥桿式變把的後變速器只能對應較少齒片數量的飛輪。 ■ 前變速器配合前雙盤或三盤曲柄組使用。	■ 轉動後變速器螺絲以便設定擺動範圍以及其在最大齒片下方的位置。 ■ 轉動前變速器螺絲可將之定位，並設定擺動範圍。
■ 齒片就連在後花轂上。 ■ 某些花轂具有棘輪機構。	■ 固定齒輪的場地車與公路車齒比配置不同，場地車的齒比會更高些。	■ 藉由前、後移動後輪軸在後叉端水平鉤爪中的位置調整鏈條張力。
■ 電子變速仍採用傳統前、後變速器機構。 ■ 電線佈局在車身上連接至裝置。 ■ 電池需要充電。	■ 電子變速可應用在 10 速與 11 速傳動系統。 ■ 頂級廠牌電子變速應用在職業競賽中，但現在已經普及至中價位公路車。	■ 經過合格的技師安裝後，前、後變速器在每次變速後皆能進行自動調整。 ■ 每季需充電一次，無線系統則需要更高的充電頻率。

關鍵零件

手動變速手把

踩踏時可利用變速手把改變檔位。右邊變速手把控制後變速器，左邊變速手把控制前變速器。公路車的變速手把整合在煞車拉柄所在的煞把罩中。登山車與混合型變速手把以夾器固定在車把上。

有主要兩種型式：板機型與轉把型。板機型變速手把與轉把型的不同在於可選擇在不同位置安裝，讓使用者可依個人偏好設定車把上的裝置分佈。Shimano 曾出產過煞 - 變合一把，稱為 STI。

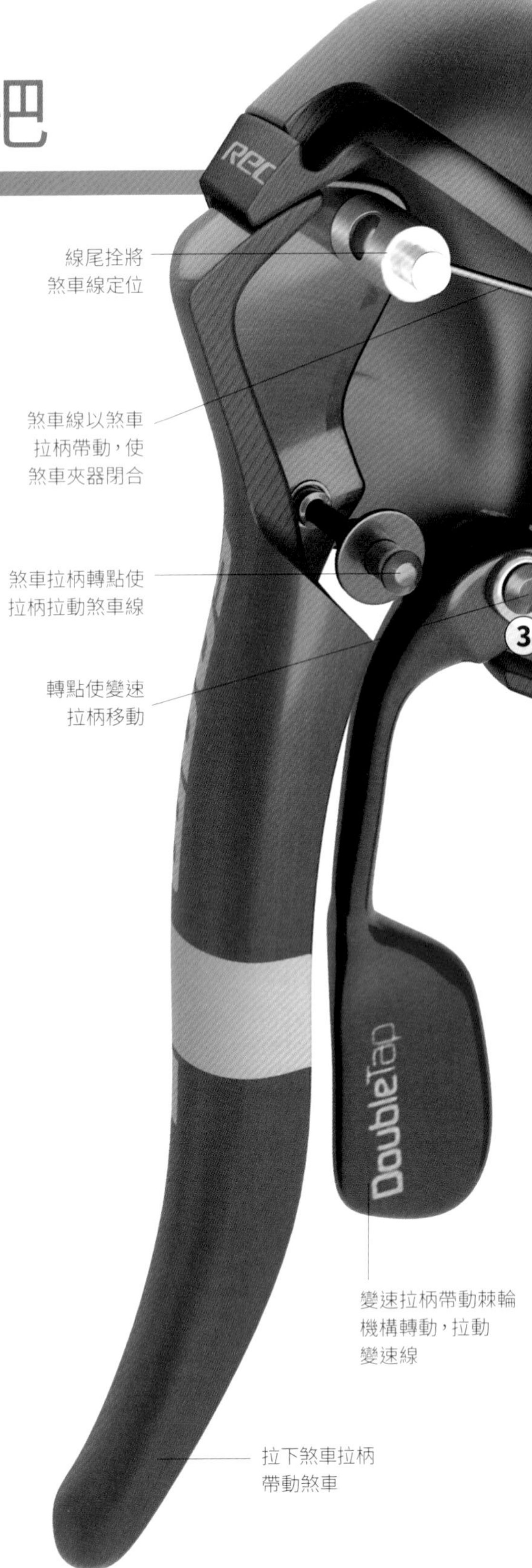

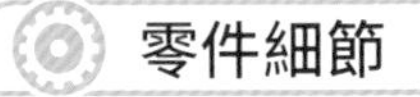

零件細節

變速手把以棘輪機構定位，按壓板機型或轉動轉把型變速手把驅動。

1. 棘輪以預設的固定旋轉量轉動，牽動變速線使變速器移動，進而把鏈條拉至新的位置。
2. 變速線尾端鎖在變速機構的鎖槽中。變速線必須完全固定在鎖槽內以產生張力。
3. 拉柄上的轉點產生拉柄所需力矩，使其能拉動張緊 (tensioned) 的變速線。
4. 拉柄本體與包含變速手把內部機構的煞把罩，將其定位並防止磨耗與損傷。

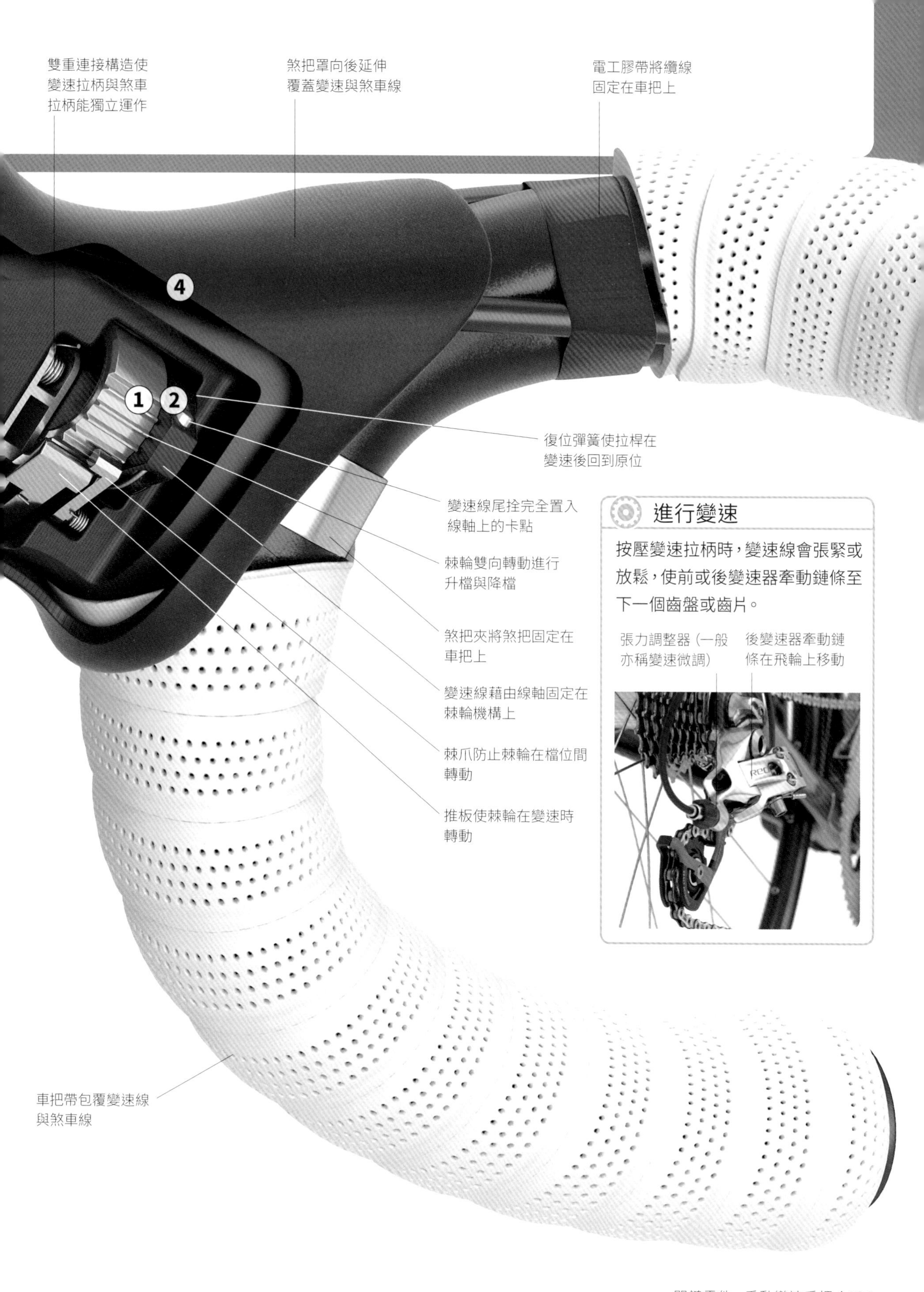

進行變速

按壓變速拉柄時，變速線會張緊或放鬆，使前或後變速器牽動鏈條至下一個齒盤或齒片。

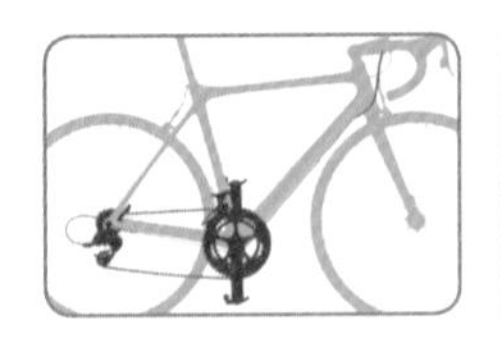

安裝變速線

外走線變速線

經過長時間使用與張力作用下，變速線會被拉伸。外走線布局的變速線，在變速外管內可能會生鏽，因此產生阻力妨礙變速。處理方法就是更換新的變速線及外管。

前置準備

- 以維修腳架支撐單車
- 展開新變速線與外管
- 找到欲更換變速線所對應的變速拉柄

1 為降低鏈條張力，以變速拉柄先變速至最小齒片。這也會確保重新安裝變速線後，能正確地與變速機構接合。

2 以內六角扳手轉開後變速器上的線夾，剪掉變速線尾套。藉此將變速線脫離變速器，並由內管抽出。

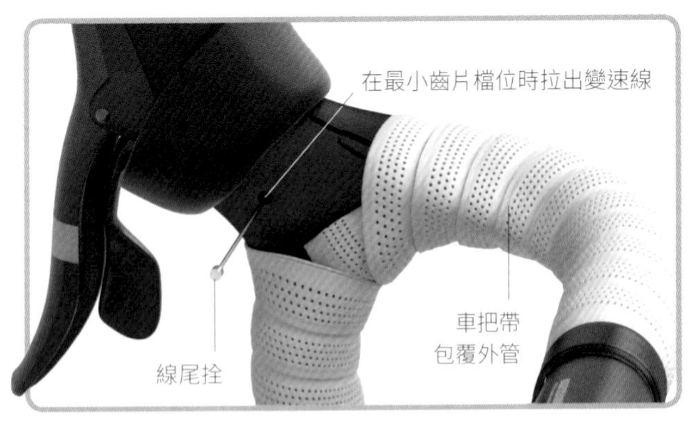

3 翻開煞把罩，按壓變速拉柄。稍微推動變速外管使變速線從變速線出口露出，然後將變速線從變速機構中整個拉出。

4 從車尾開始至車頭，從車架上移除所有變速外管。（車把所包覆的外管通常可多次使用，因為較少暴露於損耗因子中。）

工具與裝備

- 維修腳架
- 變速線
- 變速線外管
- 內六角工具組
- 纜線剪
- 纜線微調
- 油

施工訣竅：Shimano 的變速線尾栓比 Campagnolo 稍大一點。因此變速線並不相容於不同的系統，請先確認取得正確的變速線。

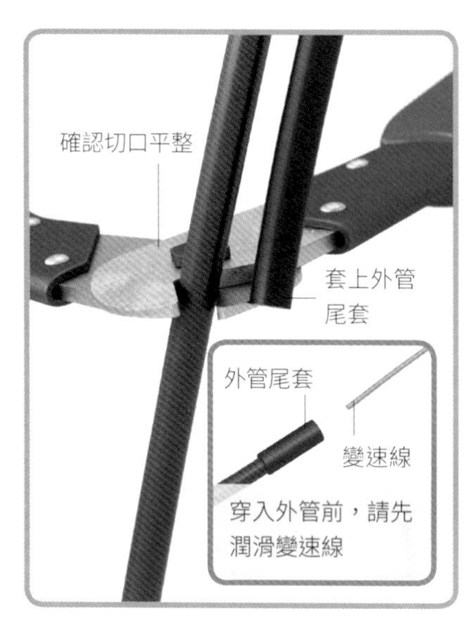

5 裁切新外管至舊外管同樣長度，尾端套上外管尾套。潤滑新變速線。

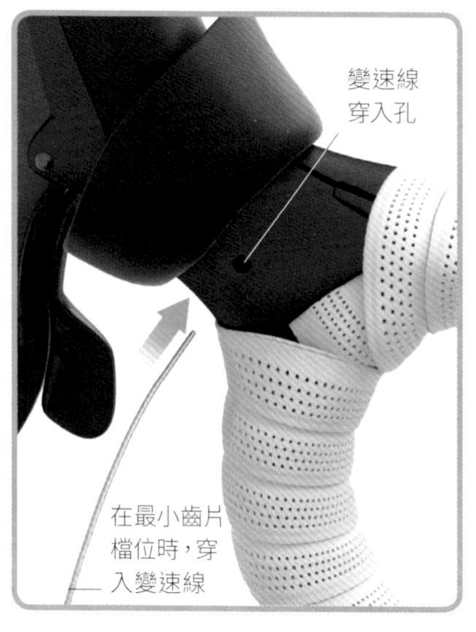

6 小心地將變速線穿入變速手把與外管中，將線尾拴固定。測試所有檔位變速。

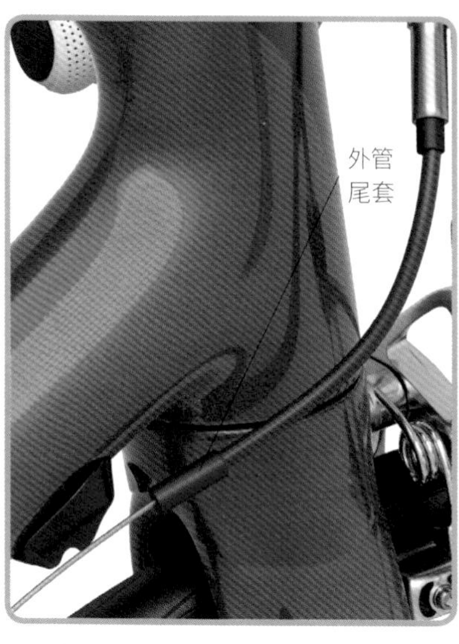

7 變速線小心穿過車把上的外管，然後進入暴露於車身外的第一段外管。

8 將變速線穿過每一段外管，每段外管尾端套上外管尾套，然後固定在外管座上。變速線沿著車身經過五通導槽向後延伸。安裝剩餘外管段落，固定至後三角外管座上。

9 將變速線穿過線夾，拉緊後旋緊線夾螺栓。按壓變速拉柄使變速線定位。

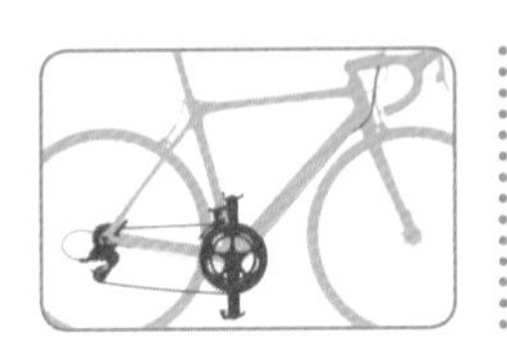

安裝變速線

內走線變速線

變速出現遲滯感，或變速拉柄緩慢復位，表示變速線已經鏽蝕需要更換新品。以下指示是更換後變速線，但同樣適用於前變速線。

前置準備

- 以維修腳架支撐單車
- 展開新變速線，消除其上張力
- 掀開欲更換變速線一側的變把罩

1 先變速至最小齒片與最小齒盤，然後在線夾前端俐落地剪斷變速線。使用內六角扳手鬆開線夾螺栓，移除變速線。

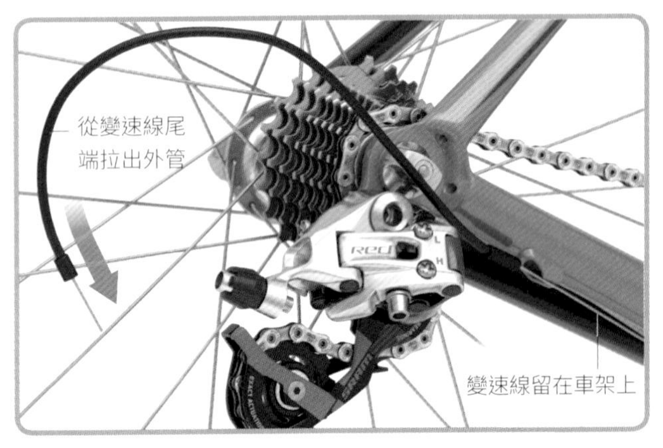

2 變速線維持不動，將外管最後一段從變速線切口端拉出。將外管從車架固定座上移除，如果要再次使用，請擺放至外管尾套旁。

3 欲將變速線導引穿過車架，請在舊變速線上從切口端套上細軟管。小心地套在整條變速線上，穿入與穿出車架上的開孔。

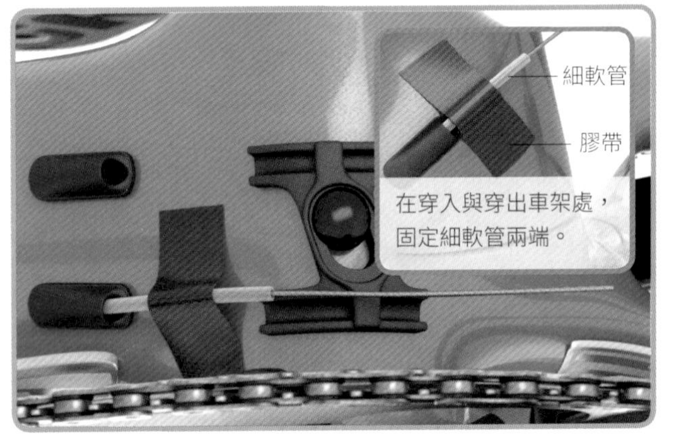

4 以膠帶固定細軟管兩端。從車頭端將舊變速線從細軟管中拉出。完全拉出後，將變速線由變把上移除（參閱 132-133 頁）。

工具與裝備

- 維修腳架
- 銳利的纜線剪
- 內六角工具組
- 細軟管
- 膠帶
- 外管尾套
- 尖頭工具
- 油
- 磁鐵

施工訣竅：細軟管需有足夠長度橫跨車架穿入孔至穿出孔的距離。如果不小心未能將變速線頭穿出，仍可使用磁鐵將車架內的舊變速線導引至穿出孔。

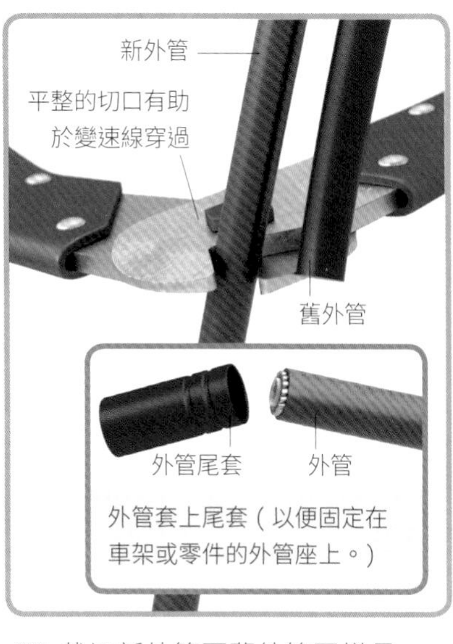

5 裁切新外管至舊外管同樣長度。請使用銳利的纜線剪剪出平整切口。

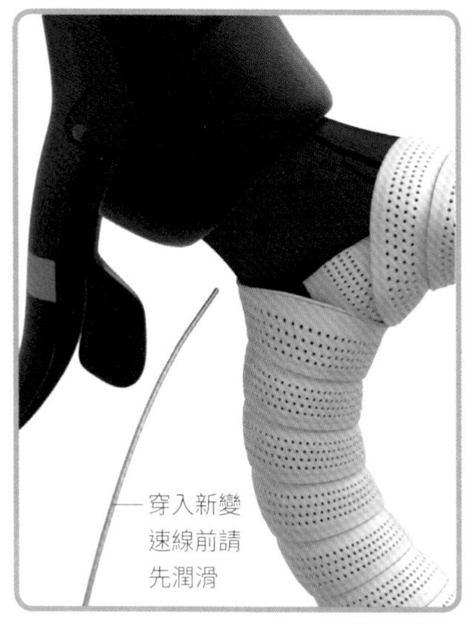

6 一手拉住變速線，另一手握住變把，將新變速線穿入變把直到整條沒入。

7 變速線穿過車把上被包覆的外管。再穿入固定的細軟管中 (參閱步驟 4) 。

8 新變速線穿過車架後，從變速線尾端將整條細軟管拉出，從變速線上移除。

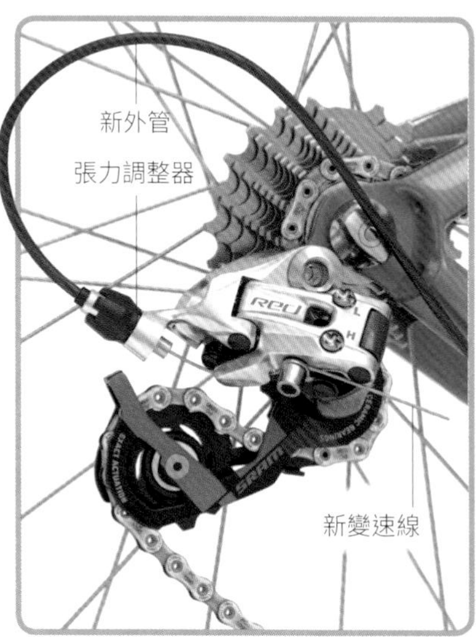

9 在每段外管兩端套上外管尾套，穿入變速線。將外管固定在車架或變速器上。

10 將新變速線穿過線夾，拉緊之後旋緊線夾螺栓。剪裁變速線尾端。調整變速請參閱 148-149 頁。

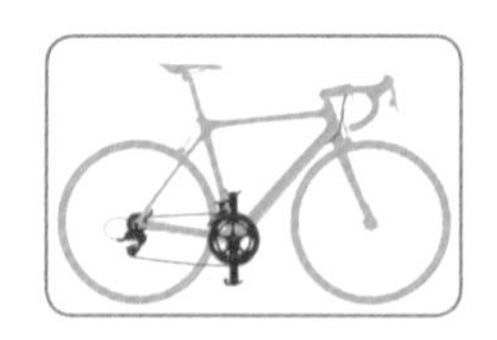

關鍵零件
電子變速

電子變速系統原本是為職業車手提供的一項創新發明，現已逐漸應用在許多公路車、登山車與事務車上。電子變速器與機械變速器運作原理相同，但是由變速器上的電子馬達驅動，而非金屬變速線。馬達由充電電池供應電力，按壓變速拉桿後啟動。

設定完成之後（參閱 138-139 頁），電子變速既快又準（可以減低鏈條磨耗），由於少了纜線牽引，變速器應該完全不需要調整。Shimano 與 Campagnolo 系統以電線連接變速拉柄與變速器，SRAM 系統則是無線設計。

零件細節

電子變速後變速器與機械變速器相同，相異之處只有馬達。SRAM 系統的零件包含拆卸式電池。

① 變速器中的馬達精準地變換變速搖臂位置。與手動系統不同的是，每次移動皆為相同距離。

② 變速搖臂在飛輪齒片間，根據所選定的檔位而定，往內或往外移動。同時可維持鏈條張力。

③ 導輪具有兩個重要功能：上導輪在變速時引導鏈條，下導輪維持鏈條張力。

④ 變速器轉點讓搖臂能進行垂直移動（維持鏈條張力），與水平移動（在飛輪齒片間變換位置）。

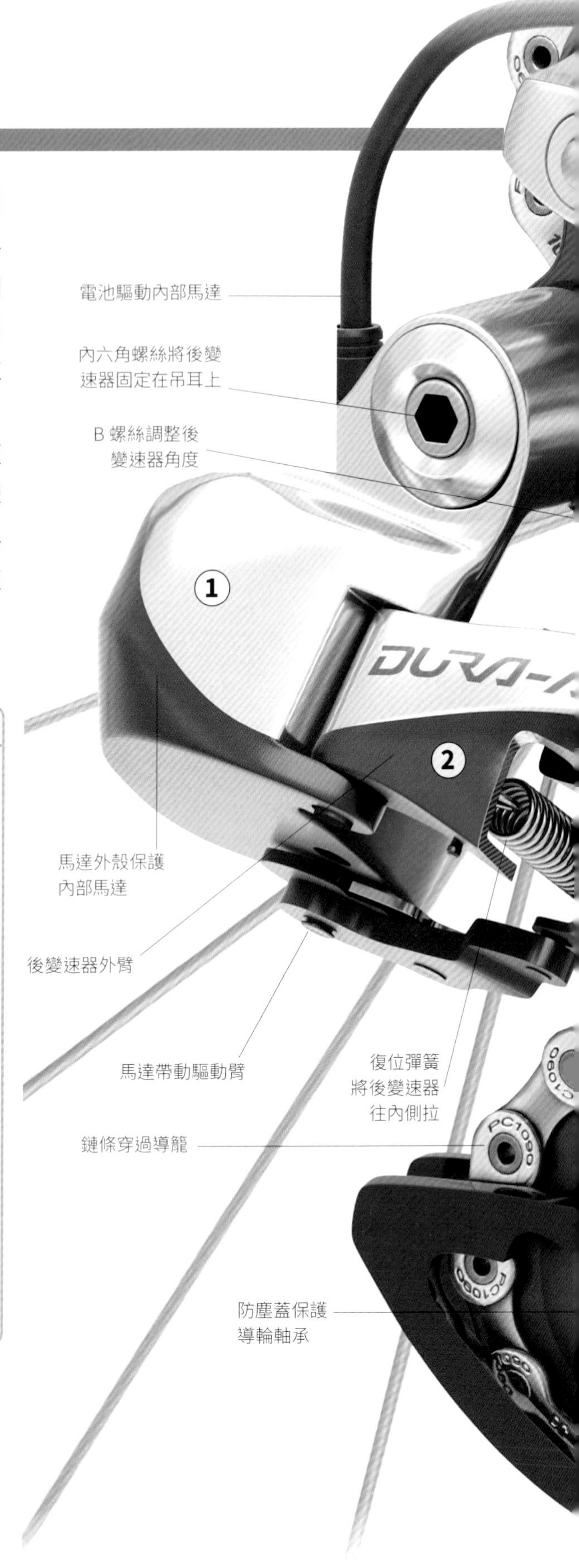

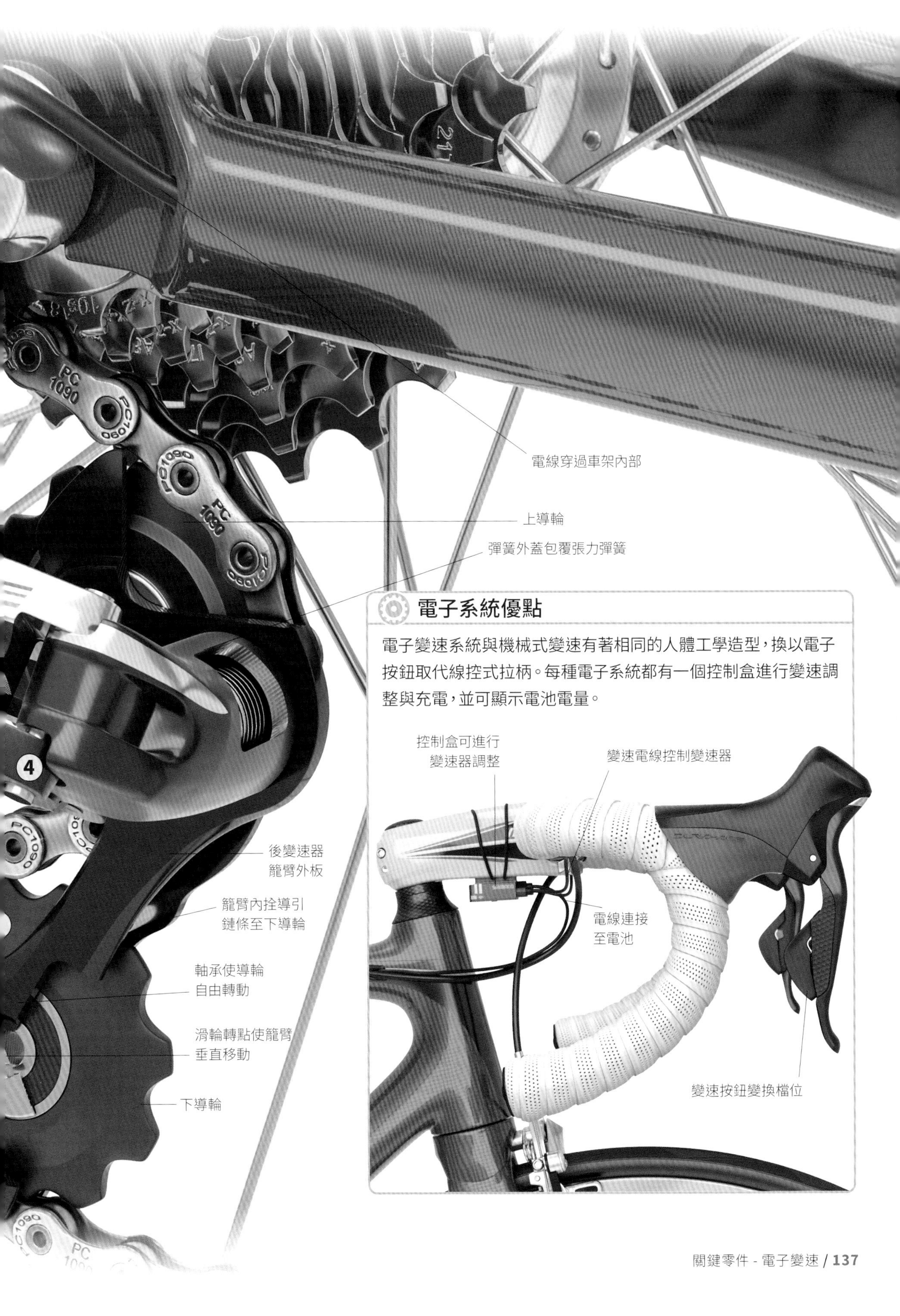

電子系統優點

電子變速系統與機械式變速有著相同的人體工學造型，換以電子按鈕取代線控式拉柄。每種電子系統都有一個控制盒進行變速調整與充電，並可顯示電池電量。

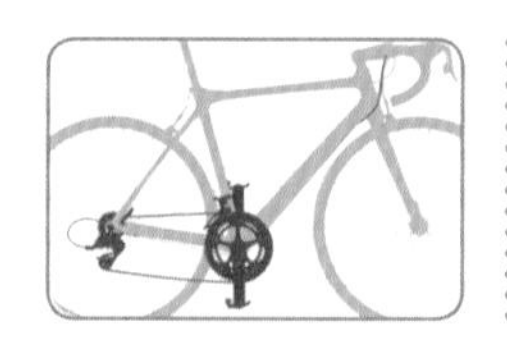

調整電子變速系統

Shimano Di2系統

像 Shimano Di2 這類的電子傳動系統，都提供準確的可靠性，馬達每次都以一致的速度與距離變換檔位。以電線代替纜線意味著沒有纜線拉伸的顧慮。如果變速變得遲滯，或是安裝新飛輪，就需要對系統進行微調。

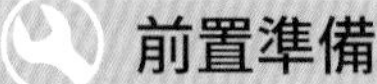

前置準備

- 確認電池已完全充電
- 以維修腳架支撐單車
- 檢查飛輪與鏈條上的磨耗

2 找到控制盒，依照不同車輛布局而定，可能位在龍頭或是座墊下方，長按按鈕直到「調整模式」燈號亮起。

1 利用變把上的按鈕將鏈條變換至飛輪上中央齒片，比如第四或第五片。鏈條可變換到任一齒盤。

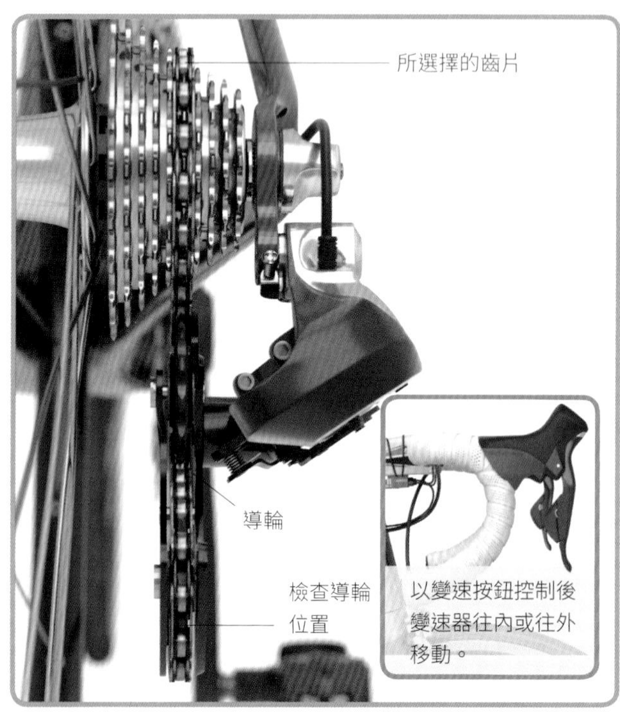

3 以變速按鈕調整後變速器相對於飛輪的位置。導輪齒必須與所選擇齒片上的齒呈垂直對齊。

工具與裝備

- 維修腳架
- 內六角工具組

施工訣竅：Di2 後變速器具有內建保護功能。如果單車傾倒，就需要重設系統。長按控制盒上的按鈕直到紅色燈號閃爍，踩踏依次變換所有檔位 – 後變速器就會移動並重設。

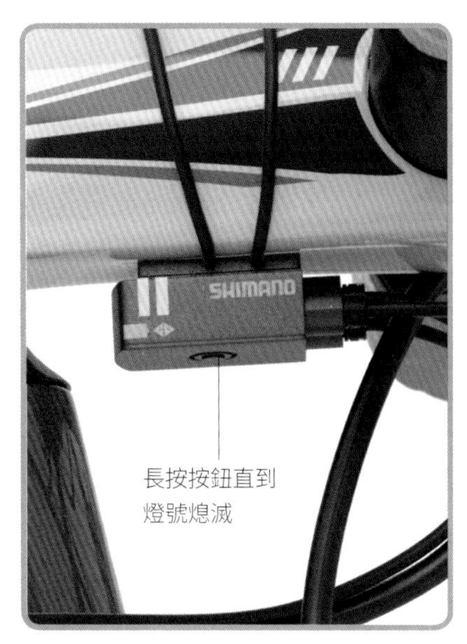

4 將控制盒切換至「一般模式」。燈號將熄滅。即可再度使用變速按鈕進行切換檔位。

5 轉動踏板並且往上及往下變換檔位。如果鏈條不順，代表後變速器尚未對正。進行下一步調整。

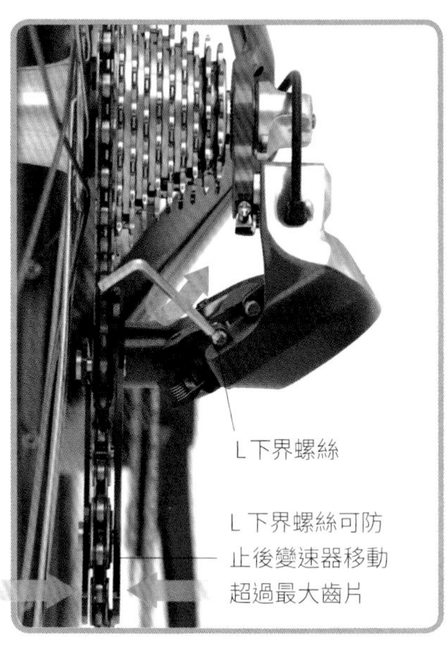

6 將檔位變換至最大齒片。轉動 L 下界螺絲，直到上導輪齒對正最大齒片齒位。

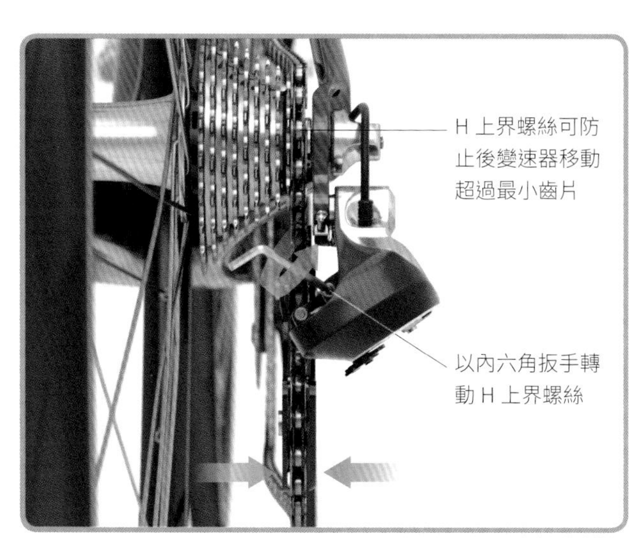

7 將變速器變換到最小齒片。轉動後變速器 H 上界螺絲，使最小齒片與上導輪齒垂直對位。後變速器會往內移動。

8 轉動踏板確認所有零件運作正常。反覆由最大齒片變換到最小齒片，再反向操作，測試變速是否快速順暢。如有需要，再繼續調整。

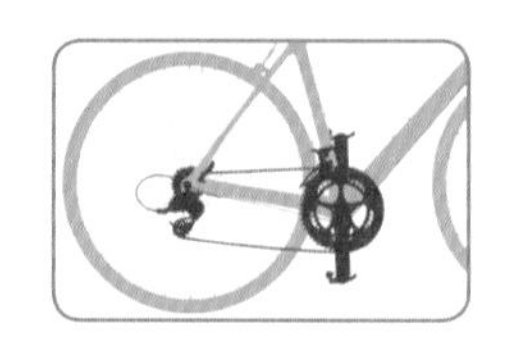

關鍵零件

前變速器

前變速器由上方將鏈條導引在各齒盤間變換。選擇新齒盤開始變速後，變速線產生張力，拉動前變速器搖臂，移動機構上的導籠。

導籠側向移動鏈條，與齒盤產生交角，然後落在較小的齒盤上。或是與較大齒盤上的引坡接合，掛上較大齒盤。前變速器以夾具夾在立管上，或是直接鎖在車架上（直鎖式）。前變速器可以鋁合金、鋼材、塑膠或碳纖製成。

變換檔位

進行檔位變換時，變速線被拉緊或放鬆，使前變速器側向移動，導引連條在齒盤間移動。

零件細節

前變速器具備在轉點上移動的彈性搖臂、導引鏈條的導籠與連接至車架的安裝座。

1. 導籠由兩片側板構成包圍鏈條。內側板將鏈條往外推，外側板將鏈條往內拉。
2. 較大齒盤內側的變速拴會鉤住鏈條使之抬升，以便讓被鉤住的那一目鏈條與較大齒片咬合。
3. 前變速器可藉由夾具（如圖所示）或以「直鎖」方式固定在車架的安裝座上。兩種皆為常見型式。
4. 邊界螺絲防止前變速器過度移動，而將鏈條推落齒盤。需調整邊界螺絲。（參閱 142-143 頁）

輪框

鏈條被前變速器導引

鋼絲

後下叉

3
4
搖臂支撐與移動導籠機構
變速線可由上方或下方連接前變速器
4
線夾螺栓
將變速線
尾固定
搖臂上、下方轉點使其移動
直鎖式安裝座通常位於立管上
復位彈簧
將前變速
器往內推
1
2
導籠
外側片
導籠
內側片
SRAM RED

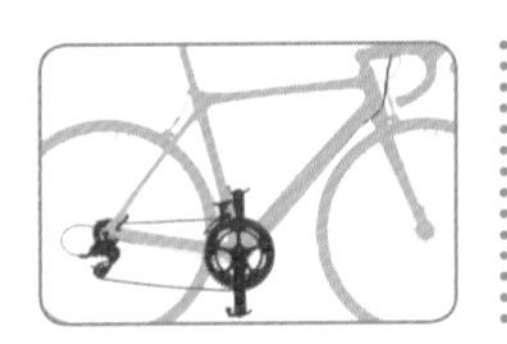

安裝與調整變速器

前變速器

前變速器將鏈條從一片齒盤移動到另一片。如果變換到最大齒盤時，鏈條發出異音或掉落，那可能是彈簧機構卡住了，就需要進行調整或更換。

前置準備

- 以維修腳架固定單車
- 移除鏈條 (參閱 158-159 頁) 與變速線
- 反向操作步驟 8，將變速線從前變速器上移除
- 反向操作步驟 1，以拆卸舊前變速器

1 將前變速器定位，使外側板位於最大齒盤上方，並與之平行。以內六角扳手稍微旋緊固定螺栓，使前變速器既能定位，又能徒手移動。

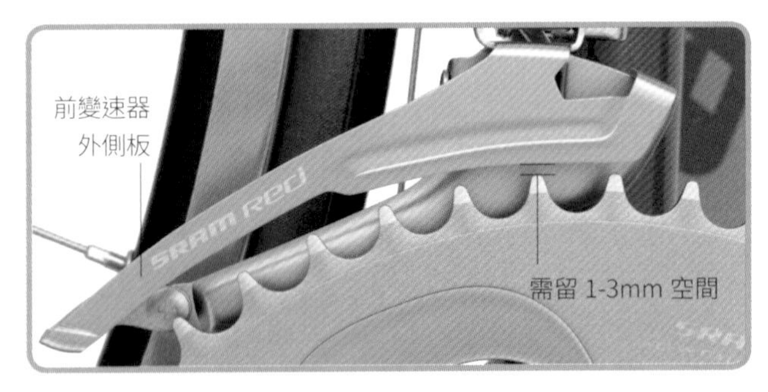

2 設定前變速器高度。請參閱前變速器廠商技術手冊所提供的正確高度：外側板通常位於最大齒盤上方 1-3mm 處。

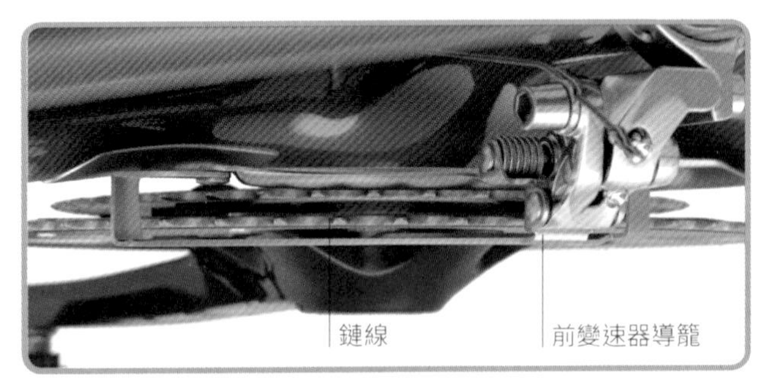

3 由上方觀察鏈線。徒手將前變速器往車架內、外移動。確認內、外側板都與鏈線平行。

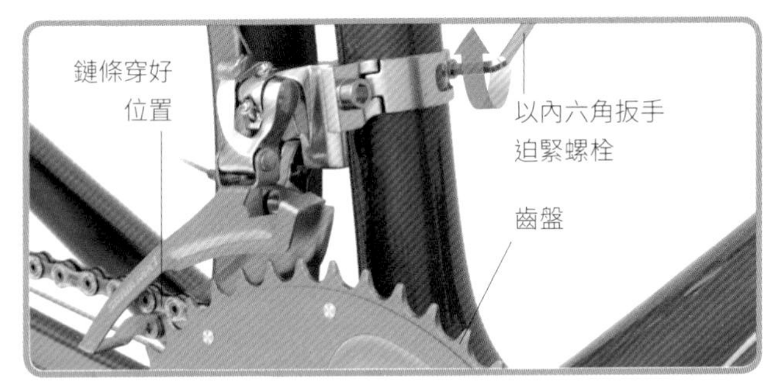

4 前變速器正確定位後，完全迫緊固定螺栓。請參閱前變速器廠商技術手冊所提供的正確扭力值。安裝鏈條 (參閱 158-159 頁)。

工具與裝備

- 維修腳架
- 內六角工具組
- 前變速器製造商技術手冊
- 十字螺絲起子
- 銳利的纜線剪
- 線尾套

施工訣竅：鏽蝕、髒污或開花的變速線，都會使變速變得更加困難。因此安裝新前變速器時一併更換變速線（參閱 132-135 頁）是個好主意。

5 先變速至曲柄組最小齒盤與飛輪最大齒片。此為鏈條側向移動後，最靠近車架之邊界。

6 如欲一併更換新變速線，先變速到最小齒盤，沿著既有外管從變速拉柄穿入新變速線（參閱 132-135 頁）。請勿迫緊新變速線。

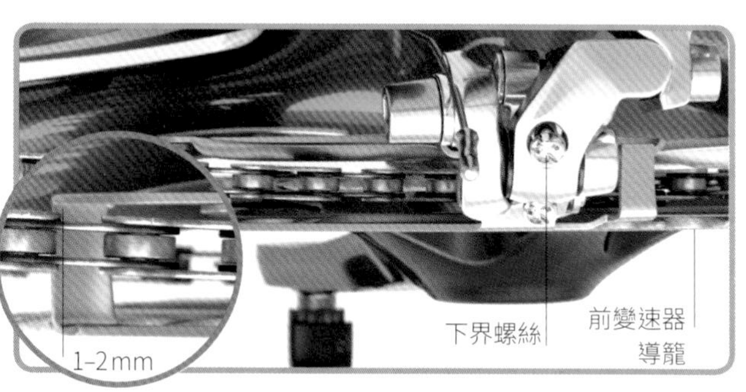

7 以十字螺絲起子旋轉前變速器的下界螺絲（某些型號上有 L 字樣標示），使導籠內側板與鏈條間隔 1-2mm。

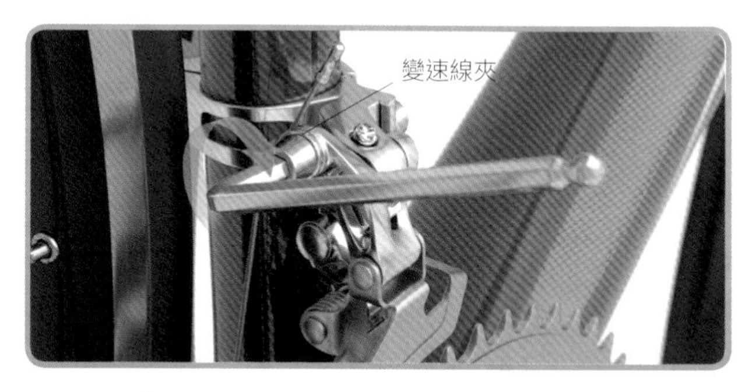

8 以手指將張力調整器調至最鬆（譯註：即內桶螺紋完全沒入外桶）。將新變速線穿過線夾，並以內六角扳手將之迫緊定位。減掉多餘纜線並套上線尾套。

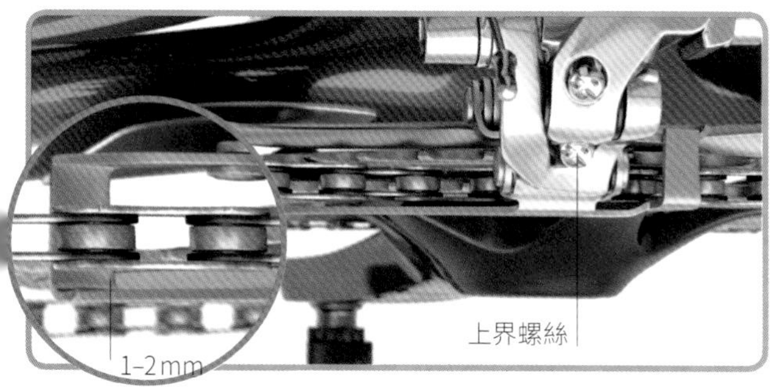

9 以變速拉柄將鏈條變換至曲柄組最大齒盤與飛輪最小齒片。旋轉上界螺絲直到前變速器外側板與鏈條間隔 1-2mm。

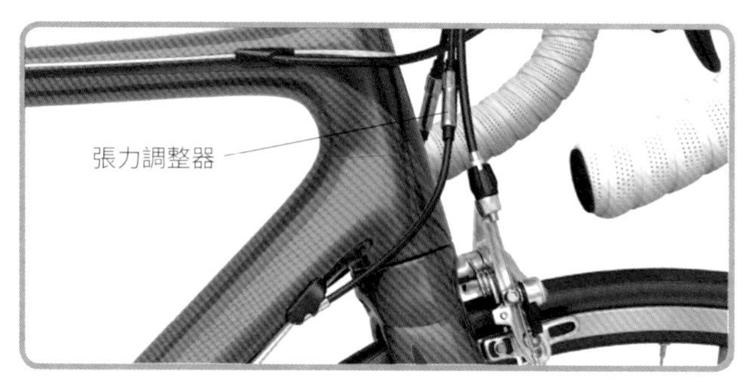

10 以變速拉柄變換鏈條在齒盤間的位置。如果變速過程不順，每次小幅旋轉張力調整器調整變速線張力。

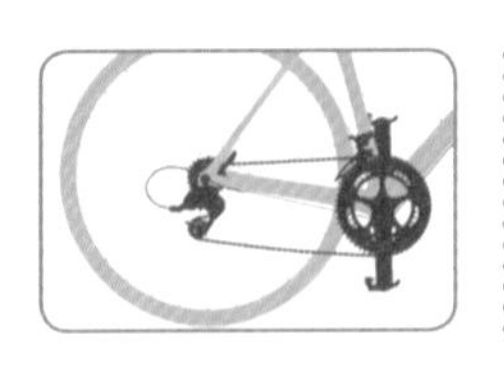

關鍵零件
後變速器

後變速器可變換鏈條在飛輪上不同齒片的位置。具備透過轉點（pivots）移動的平行四邊形搖臂機構，以變速線的張力控制。按壓變速拉柄後，變速線張力放鬆，後變速器復位彈簧作用，拉動平行四邊形機構移動，從鏈條下方導引其進行側向移動。

未進行變速時，變速線張力維持變速器位置。後變速器有不同長度型號，配置較大齒片範圍的飛輪就需要較長的型號。

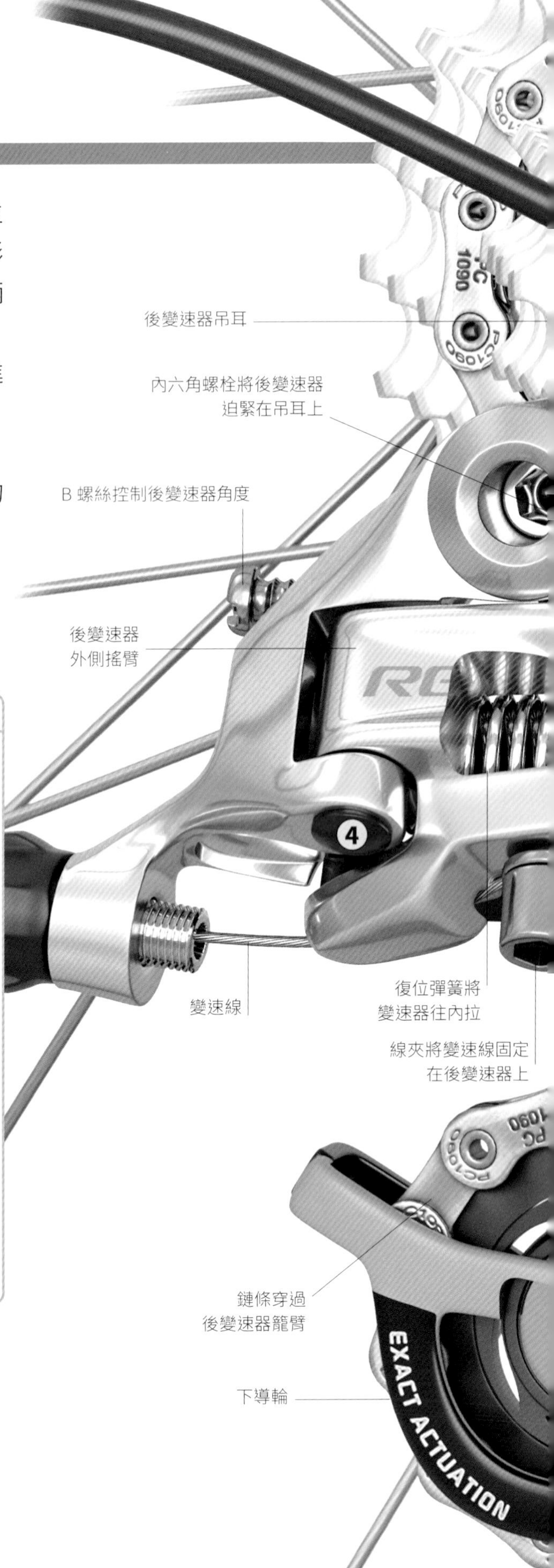

零件細節

後變速器具有移動鏈條的轉點搖臂，與維持鏈條張力的導輪。

① 導輪固定在連接至後變速器搖臂的籠臂中。維持鏈條在不同齒片上時的張力。

② 後變速器藉由吊耳連接至車架。某些型號車架吊耳為分離式，有些則與車架為一體。

③ 邊界螺絲調整後變速器側向移動時兩側邊界，因此可防止後變速器過度移動。必須正確設定邊界螺絲（參閱 148-149 頁）。

④ 轉點使後變速器能在飛輪下方往內或往外移動。

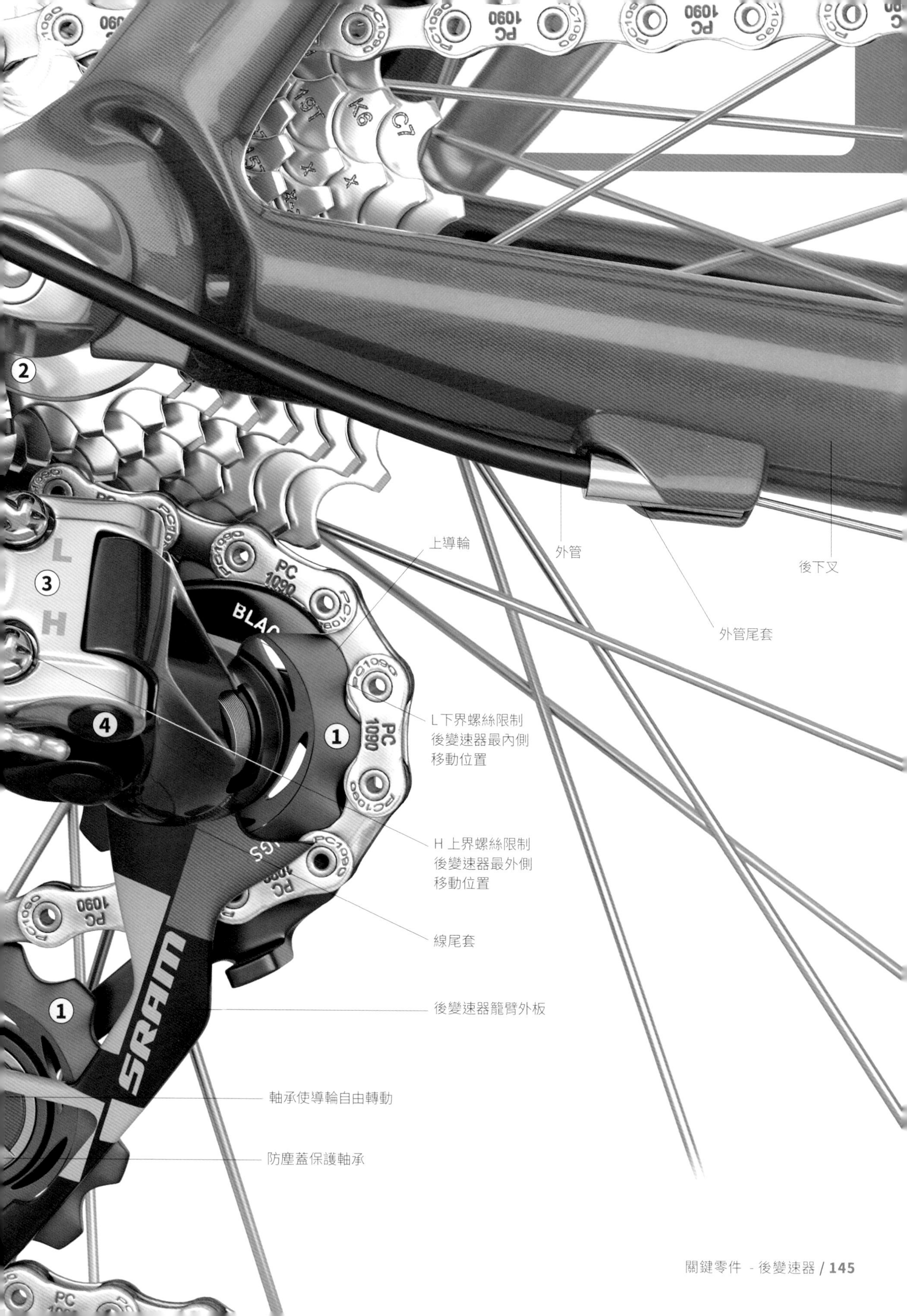
上導輪
外管
後下叉
外管尾套
L下界螺絲限制
後變速器最內側
移動位置
H 上界螺絲限制
後變速器最外側
移動位置
線尾套
後變速器籠臂外板
軸承使導輪自由轉動
防塵蓋保護軸承
1
2
3
4
1
SRAM

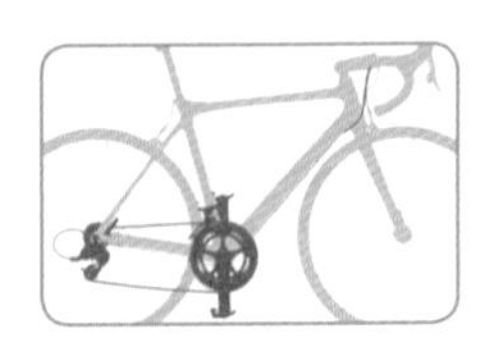

安裝變速器

後變速器

變速時，後變速器改變鏈條在飛輪上不同齒片的位置。如果彈簧機構損耗，後變速器就可能會卡住，使鏈條在檔位間跳動，此時就需要更換後變速器。

前置準備

- 以維修腳架固定單車
- 移除鏈條（參閱 158-159 頁）
- 拆下變速線，反向操作步驟 2 移除舊後變速器

1 潤滑安裝後變速器的吊耳螺孔，確保能順利拆裝後變速器。如果是分離式吊耳，請先確認與車架對正並穩固安裝。

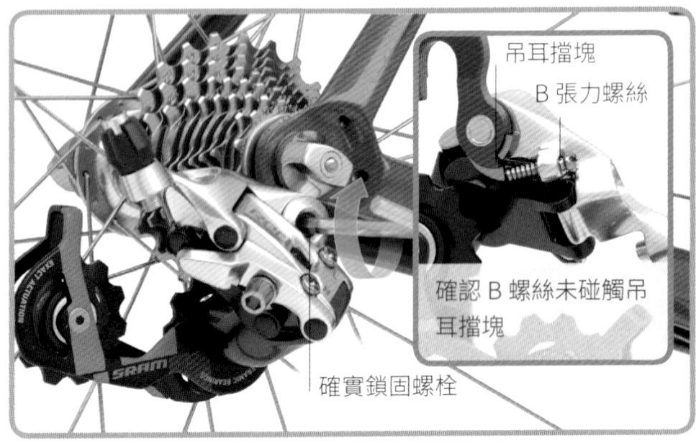

2 握持後變速器呈現與正常位置垂直的角度後，旋緊固定螺栓至吊耳螺孔。以內六角扳手迫緊。檢查後變速器安裝是否穩定。推動後變速器，檢查復位彈簧是否將其拉回至原位。

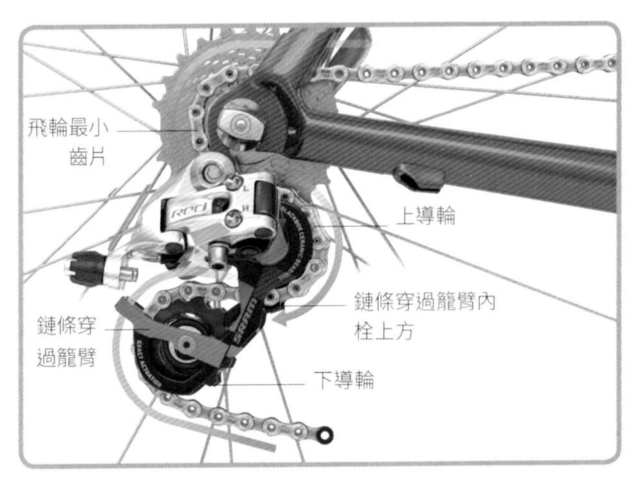

3 將鏈條一端放在前最小齒盤，另一端放在飛輪最小齒片上、經過上導輪前緣穿入籠臂、由下導輪後緣穿出籠臂。

4 沿著車架安裝變速線（參閱 132-135 頁），在所需處套上外管。變速線穿過張力調整器，固定最後一段外管。

工具與裝備

■ 維修腳架	■ 打鏈器或快扣
■ 潤滑油	■ 螺絲起子
■ 內六角工具組	■ 油

施工訣竅：將後變速器鎖進吊耳之後，在後變速器轉點與導輪上稍微噴上潤滑劑。

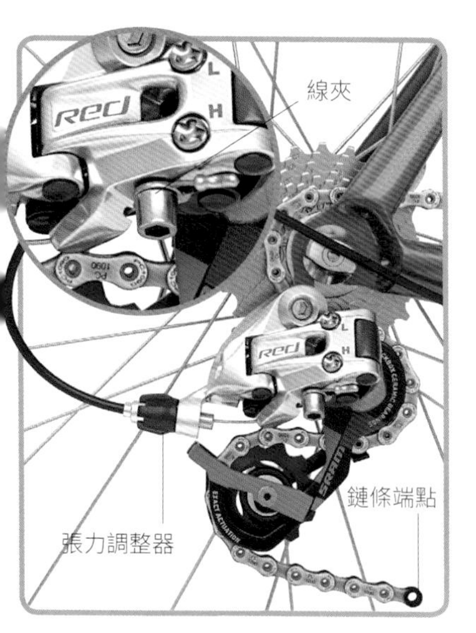

5 將變速線穿入後變速器線夾。拉緊變速線後，以內六角扳手迫緊線夾螺栓。

6 將鏈條另一端穿過前變速器導籠，放置在最小齒盤上。

7 將鏈條兩端拉攏至後下叉下方。重力會將鏈條保持在這個位置。

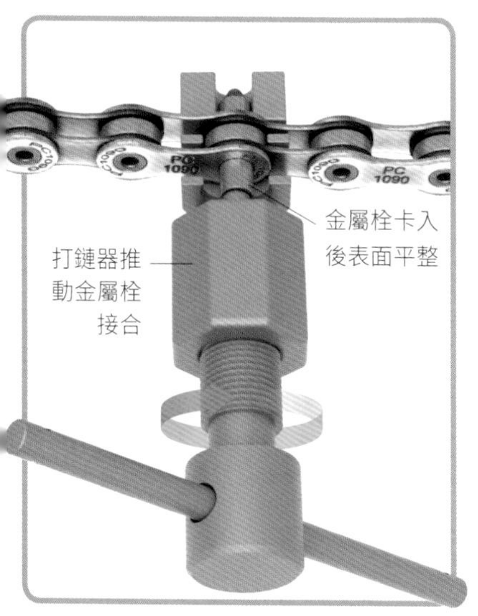

8 根據鏈條型號，將其兩端接合。大多數型號使用金屬栓（上圖所示）或快扣接合。

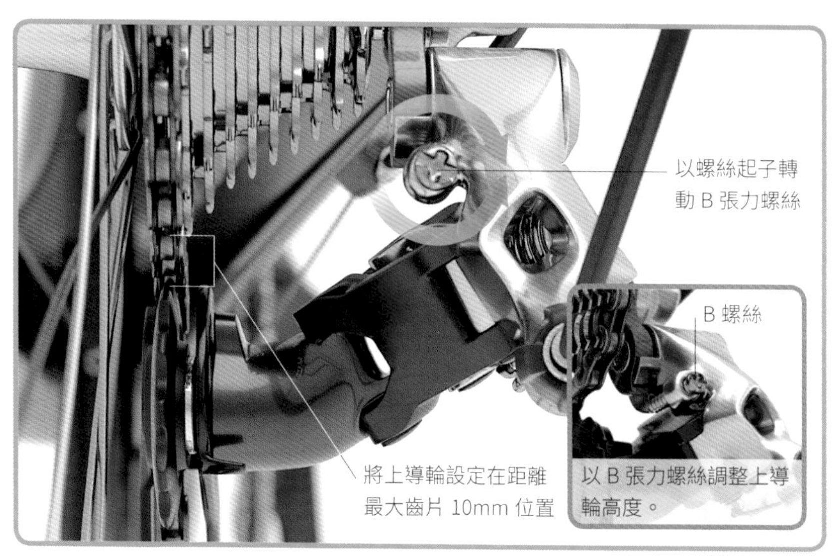

9 將鏈條變速至飛輪最大齒片。調整後變速器 B 張力螺絲，使上導輪位在距離最大齒片約 10mm 的位置。這將確保後變速器有效運作，不會與飛輪產生干涉。

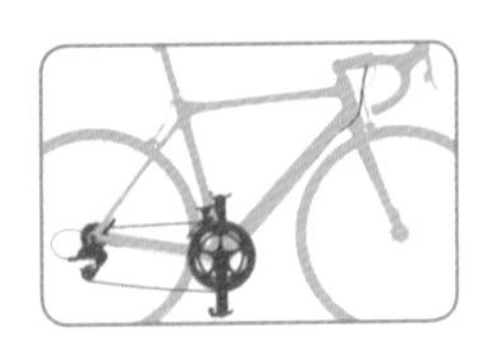

調整變速器

後變速器

機械式變速系統藉由變速線的張力控制。變速線正確調整後，就能進行順暢的變速。踩踏時如果鏈條發出異音或跳齒，又或是鏈條根本無法變速，這就代表變速線張力已經改變，後變速器需要進行調整。

前置準備

- 更換已磨耗或損壞的變速線（參閱 132-135 頁）
- 清潔後變速器並潤滑彈簧
- 以維修腳架支撐單車，後輪抬離地面
- 將鏈條變速至前最小齒盤

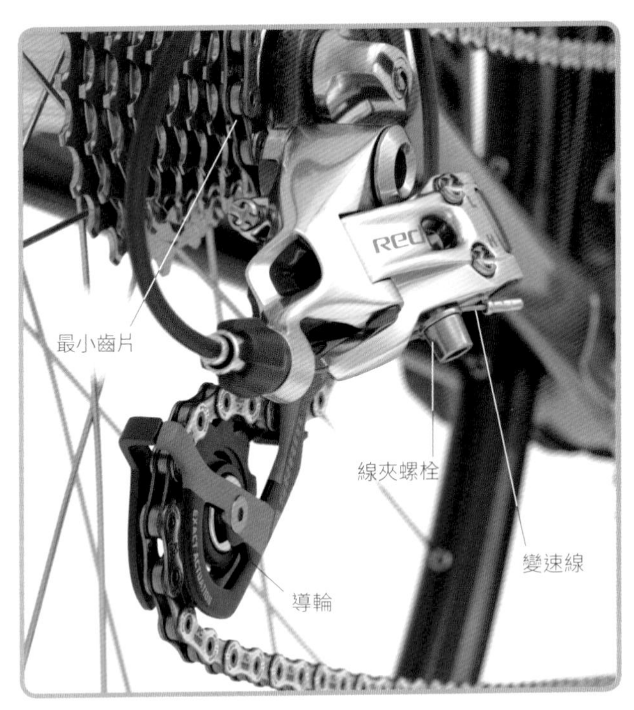

1 以變速拉柄將鏈條變換至飛輪最小齒片與曲柄組最小齒盤，這將減低變速線張力，使之稍微鬆弛。

2 以內六角扳手鬆開線夾螺栓，使變速線鬆脫。順時針旋轉張力調整器至無法進一步旋緊，然後逆時針旋轉一圈。

3 一手緩慢旋轉曲柄。另一手向內推動後變速器本體，鏈條會變換到飛輪第二小齒片上。

工具與裝備

- 抹布
- 油
- 維修腳架
- 內六角工具組
- 十字螺絲起子

施工訣竅：B 螺絲控制後變速器角度，與上導輪和飛輪間的距離。上導輪需位在接近卻又不碰觸飛輪的位置。變速至最大齒片後，旋轉 B 螺絲移動上導輪接近飛輪。

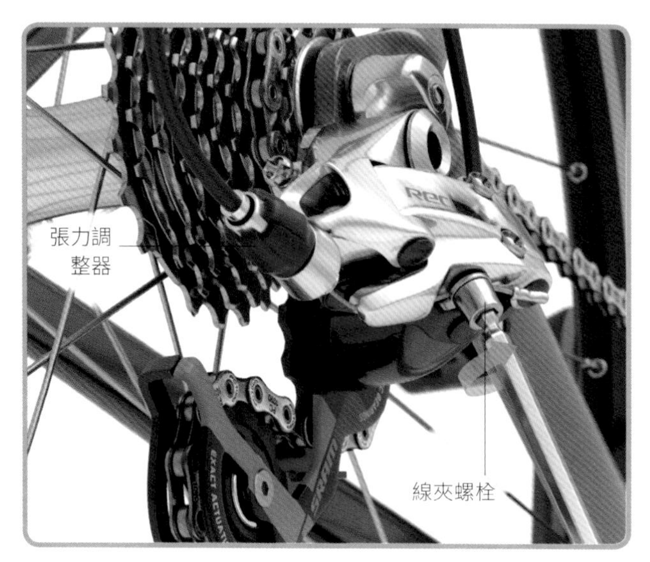

4 變速線穿入線夾，拉緊後迫緊線夾螺栓。檢查上導輪是否對正第二小齒片。若非如此，逆時針旋轉張力調整器進行調整。

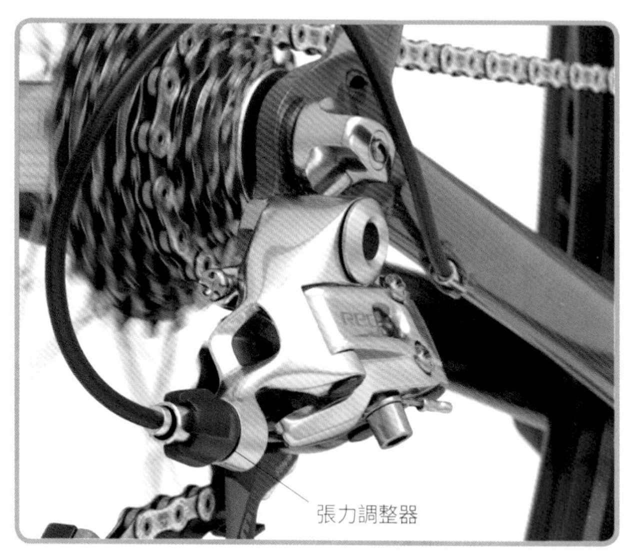

5 旋轉曲柄將鏈條由最小齒片變換到最大齒片。如果鏈條一次變換兩個齒片，就順時針旋轉張力調整器調整。如果鏈條延遲變換到更大齒片，則逆時針旋轉張力調整器。

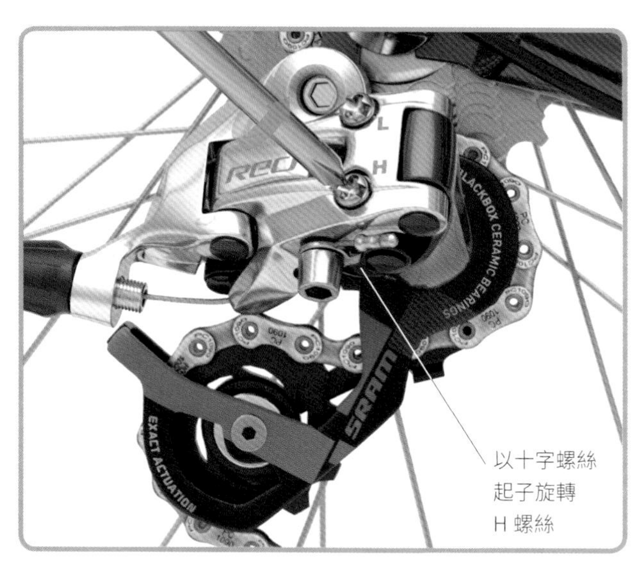

6 設定後變速器 H 上界螺絲，以防止鏈條過度側移掉落最小齒片之外。變速至最小齒片，旋轉 H 上界螺絲，直到上導輪位在最小齒片正下方。

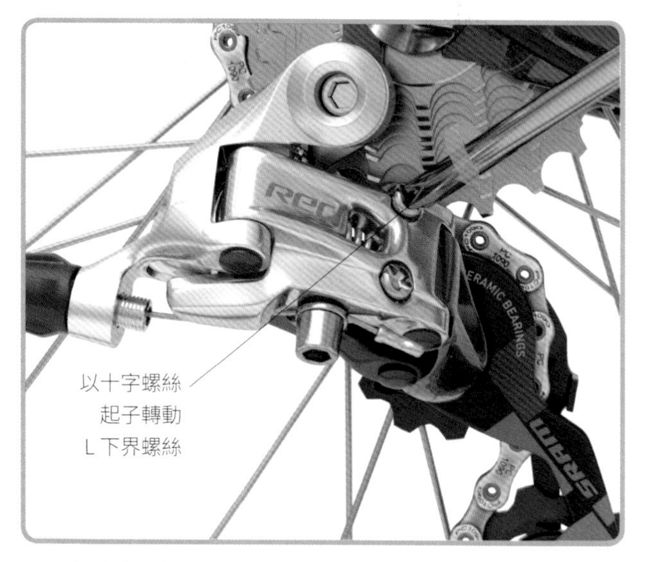

7 設定後變速器 L 下界螺絲，以防止鏈條過度側移掉落至最大齒片之外。變速至最大齒片，轉動 L 下界螺絲，直到上導輪位在最大齒片正下方。

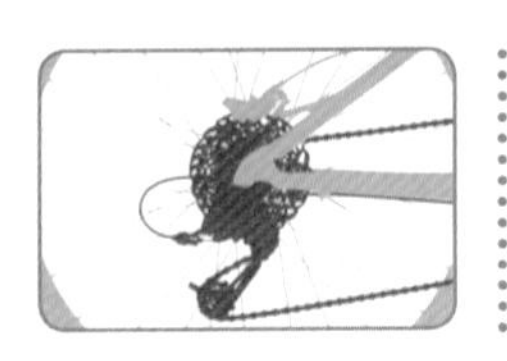

關鍵零件
變速花轂

變速花轂的核心齒輪組，包覆在連接至後輪的密封單元中。齒輪數從傳統 Sturmey-Archer 花轂的二或三個，或是 Shimano 的六至八個，到 Rohloff 花轂的 14 個。齒輪組以周圍「行星齒輪」環繞中央固定的「太陽齒輪」，整組再以環形齒輪包圍。

變速花轂適用於多種單車，不過對競賽用途而言過重。以可靠度與耐用度著稱，因為所有零件都包覆在花轂，可保持乾燥與潔淨。變速花轂便於安裝，但由於結構複雜，需要專業人員進行維修保養。

零件細節

像 Shimano Alfine 8(右圖示) 只有很少可保養的部件。只有變速線有時需要調整 (參閱 152-155 頁)。

① 視窗中的黃色標記如有偏移，即代表需調整變速線張力。

② 拉緊或放鬆車把上的變速拉柄後，變速線與之連動，變速線載盤就會改變變速花轂內的齒輪位置。

③ 變速線載盤上的維修孔，可放鬆變速線與移除變速線固定卡子，以便拆卸後輪 (參閱 82-83 頁)。

④ 由花轂延伸出的外管套桶支撐變速外管，可正確地調整變速線所需張力。

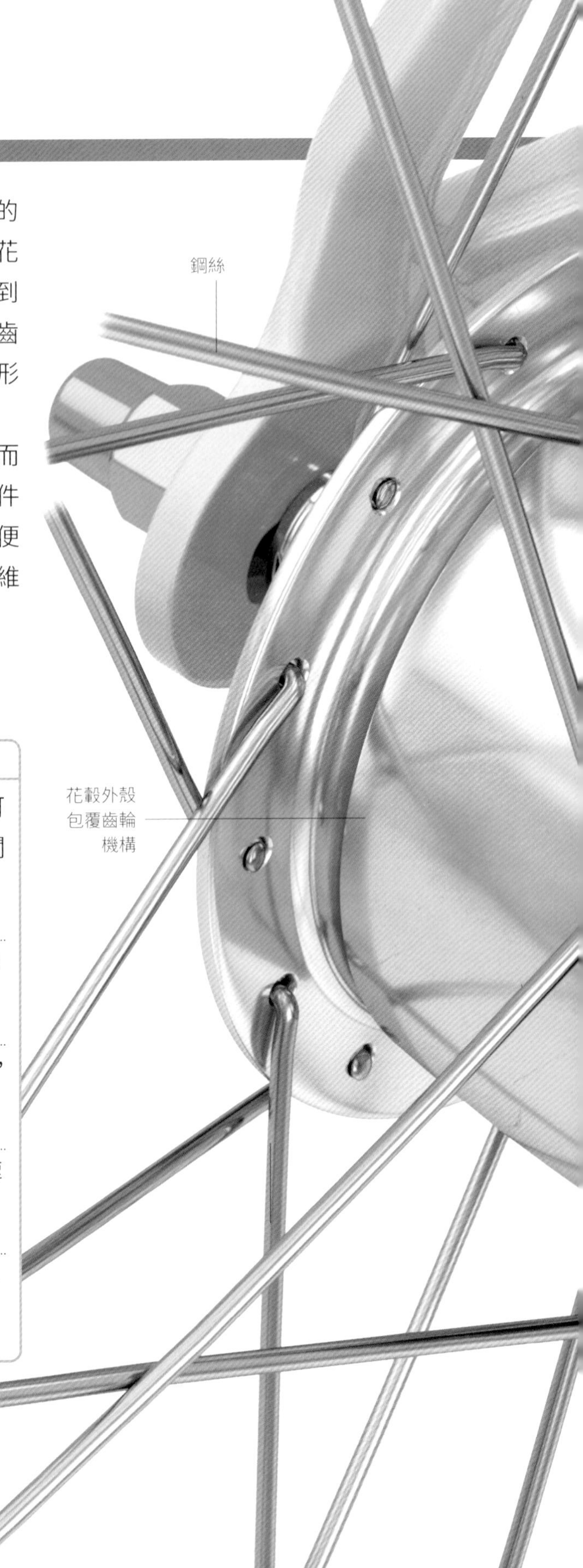

後上叉
線尾套
後下叉
視窗顯示
對正標記
變速外管插進
張力調整器
鏈條帶動
齒片
1
2
3
4
花轂固定螺帽
非轉墊圈置入
叉端鉤爪
輪軸
固定卡子將
變速線卡在載盤上
車架叉端定位
車輪與花轂
輪軸螺帽將車輪
固定在車架上

調整變速花轂 Shimano Alfine 8

變速花轂以可靠度著稱，設定完成後只需要少許保修。變速線經使用後可能被拉伸，就會產生變速問題。不過此問題可輕鬆解決，而且無需工具。

前置準備

- 以酒精基底清潔劑清潔花轂
- 如遇舊型變速花轂，請上下倒置單車。新型號請正立支撐
- 準備足夠的乾淨空間

1 找到變速花轂上的視窗（應該位在花轂上緣或下緣），可看見兩條黃色標記。若有需要，請清潔視窗。

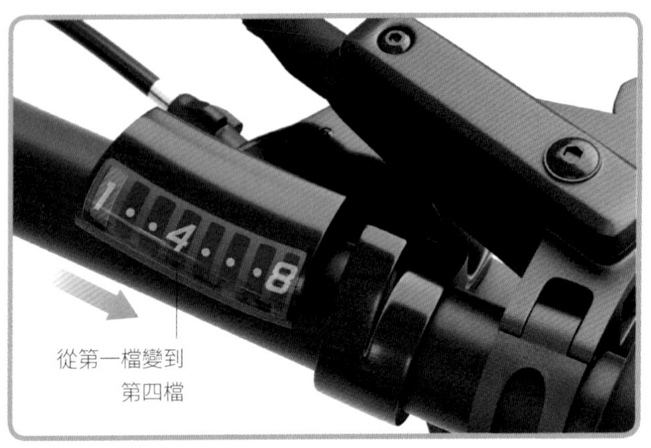

2 以變速拉柄變速至第一檔，然後切換至第四檔，進入至「調整模式」。某些型號的變把上，視窗有數字「4」顯示。

對正的黃色標記代表變速花轂無需調整

3 檢視花轂視窗上的黃色標記。如果兩條標記沒有對齊（如圖所示），即代表花轂尚未對正，需進行變速線調整。如果黃色標記已對齊（內圖所示），則無需調整。

4 欲對正花轂，先找到張力調整器，通常位在變把上。拉出張力調整器外桶解除鎖定後變速就可進行旋轉調整。

工具與裝備

- 酒精基底清潔劑
- 乾淨抹布

注意！如果變速花轂持續出現問題，即便黃色標記已經對正亦有變速問題，請至車店維修。變速花轂結構複雜，並非為自行拆解所設計。嘗試自行維修將可能對花轂造成損傷。

5 旋轉張力調整器使視窗中右側黃色標記移動。以順時針與逆時針方向旋轉張力調整器，直到視窗中的兩個黃色標記對齊。

6 黃色標記對齊後，切換至第一檔結束調整模式。然後切換至最高檔位，再切換至第四檔。

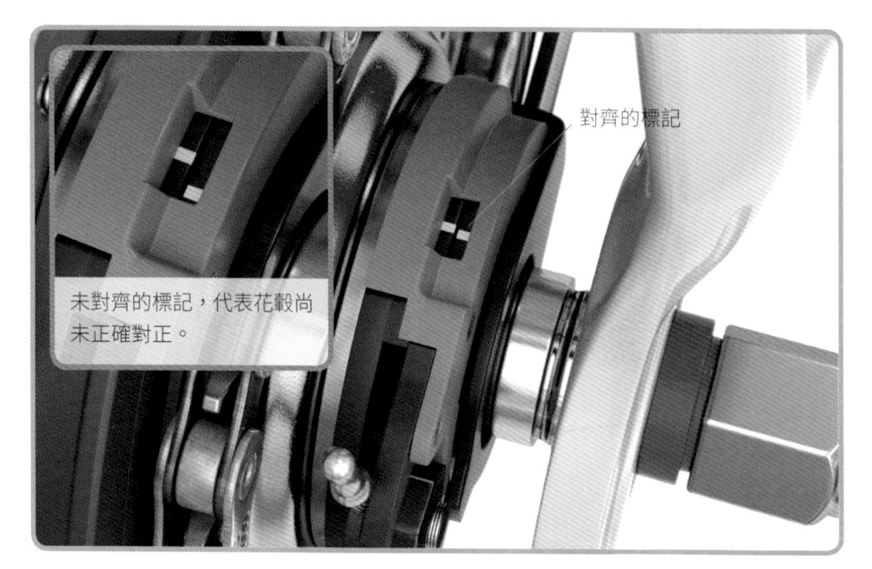

7 再次檢查視窗中的黃色標記是否對齊。如仍然沒有對齊，重複步驟 2-6，轉動張力調整器後進行變速，直到黃色標記對齊為止。對齊後，實際上路變速，然後再次檢查黃色標記。

型號差異

Shimano Alfine 變速花轂有四、七、八或十一速之分，但所有型號調整方式皆相同。不過仍須注意一些小差異。需要參閱技術手冊。

- Shimano Alfine 四、七、八速變速花轂需在第四檔位時進行調整。十一速變速花轂則是在第六檔位進行調整。
- Aline 8 的對正標記為黃色。其他型號則是紅色或綠色。

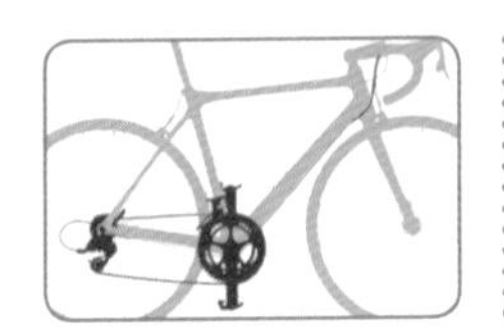

調整變速花轂

Sturmey-Archer 三速花轂

Sturmey-Archer 變速花轂已廣泛應用在各式單車上數十年，從公路事務車到現代摺疊車。這是非常可靠的花轂，但卻無法自行保養。變速線可能被拉伸，妨礙變速進行，不過這是很容易解決的問題

前置準備

- 以維修腳架支撐單車
- 確認後輪位在中央與車架對正
- 清理變速花轂周圍泥土與油漬
- 檢查變速線是否損傷

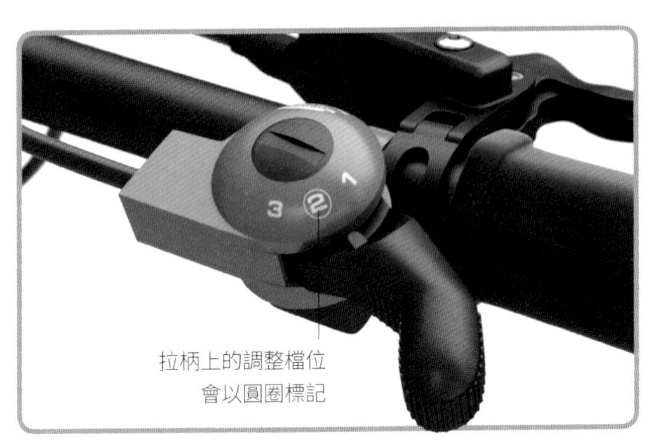

1 以變速拉柄變換至第二檔進入「調整模式」。（這是現代變速拉桿常採用的調整檔位。）

2 現代單車上的花轂鏈與支軸以防護蓋包覆。如有覆蓋，拆卸防護蓋露出花轂鏈，請注意不要折斷保護蓋扣夾。

3 如遇獨立的變速線導夾，請檢查是否安裝在距離後花轂 12.5cm 處位置。欲調整其位置，請轉鬆後面的螺絲，擺放至正確距離後旋緊螺絲定位。

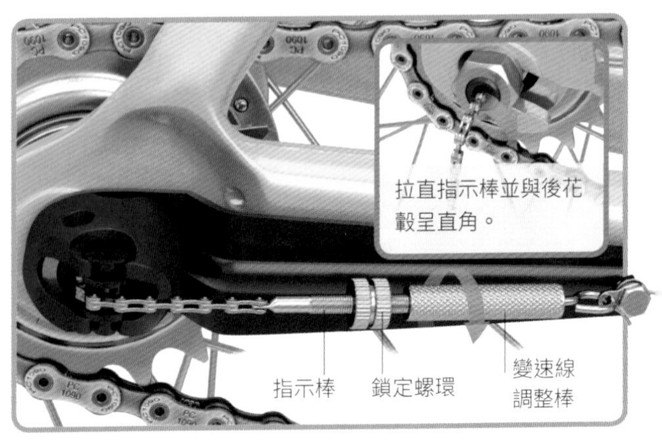

4 從指示棒上轉開變速線調整棒至完全脫離。握持指示棒使其與後花轂軸向平行，順時針完全旋緊，再回轉半圈放鬆。

工具與裝備

- 維修腳架
- 去漬劑或清潔液
- 抹布
- 小螺絲起子
- 潤滑劑

注意！使用未對正的變速花轂可能對其造成損傷。如變速時遇到困難或滑動，請檢查變速線張力是否正確。如問題持續出現，請至車店尋求專業協助。

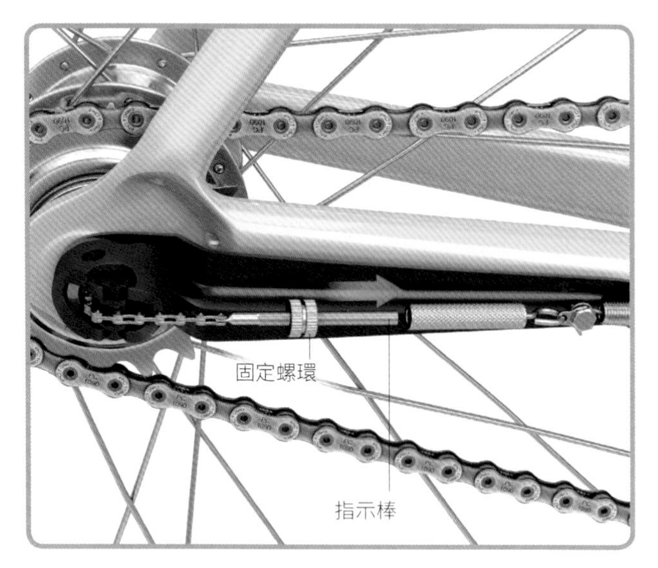

5 檢查指示棒上是否有損傷。清理並潤滑其上螺紋，然後旋入調整棒重新結合。放鬆指示棒上的鎖定螺環數圈。

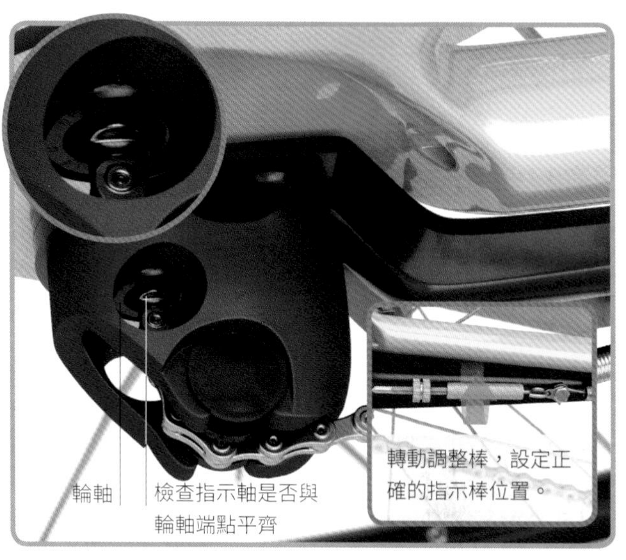

6 在變速拉柄仍停留在第二檔時，旋轉變速線調整棒。由視窗觀察，直到指示軸與輪軸端點平齊。

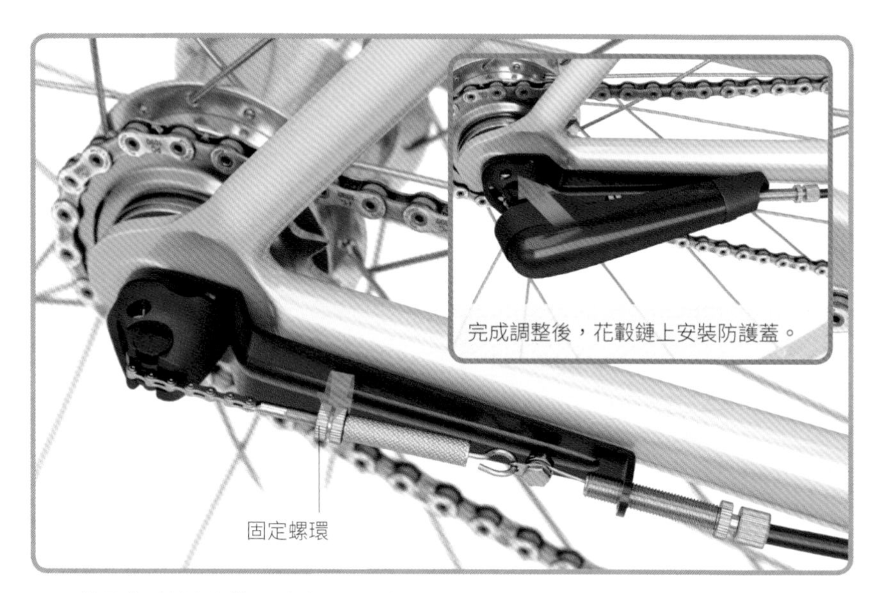

7 旋緊調整棒上的固定螺環設定。變換不同檔位檢查是否有滑動的現象。裝上防護蓋包覆花轂鏈。在安全的地方試騎，如有需要再進行調整。

五速花轂

Sturmey-Archer 五速花轂的調整方式類似三速花轂。

- 以變速拉柄選擇第二檔位，旋轉調整棒，使指示軸最多不突出輪軸端點 2.5mm。
- 旋緊調整棒上的固定螺環。
- 選擇第五檔，轉動踏板，然後再選擇第二檔。
- 檢查指示軸位置，如有需要，再進行調整。

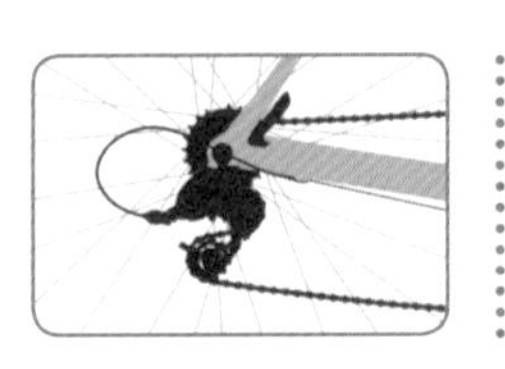

關鍵零件
鏈條與飛輪

鏈條與飛輪（後花轂上的齒片組）將力量從曲柄組傳遞至後輪，把踩踏能量轉換成前進動力。一條鏈條由上百目鏈節組成，每一目又由銷軸與滾子連接兩片鏈版構成。這樣的結構能讓鏈條轉動與彎折。

鏈條長度取決於飛輪上的齒片數（從八至十二片不等）。每目鏈節與齒片上的齒狀結構一側緊密接觸。齒片側表面具有「引坡」結構，是一種使鏈條在齒片間變換更為順暢的表面構形設計。

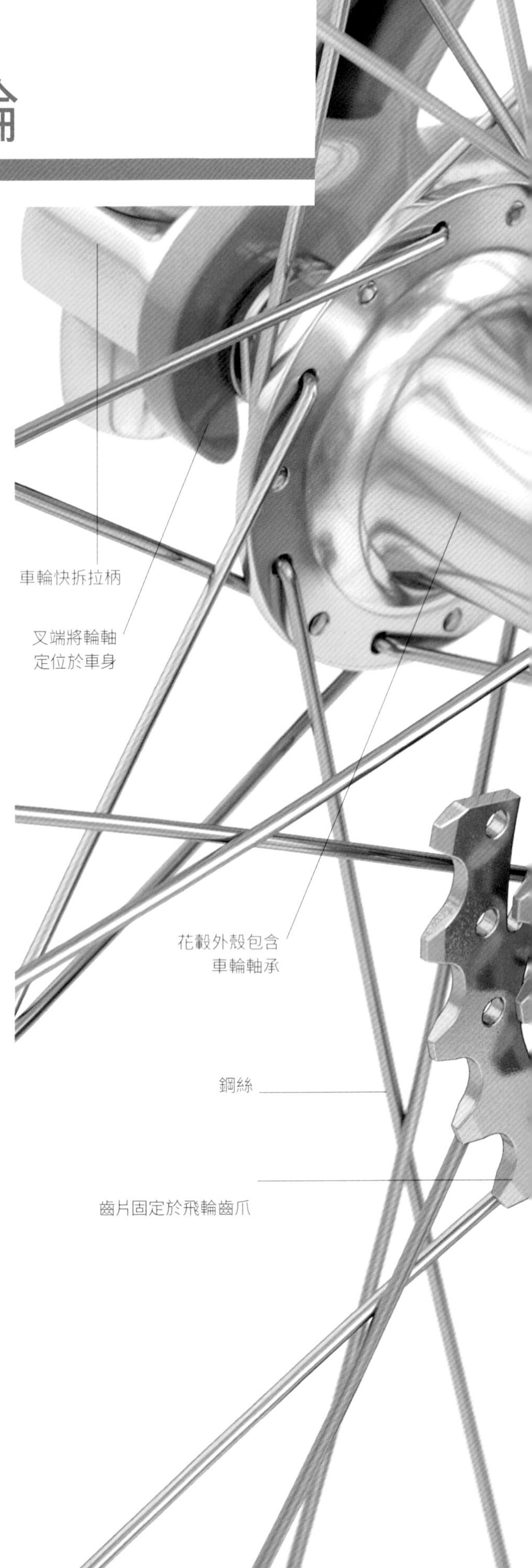

零件細節

飛輪最多含有十二片齒數不同的齒片（從十齒到五十齒）提供不同齒輪比。

① 鎖定螺環將飛輪固定在花轂上。如需更換，就必須使用特殊工具拆卸（參閱 160-161 頁）。

② 一系列不同尺寸的齒片集合構成飛輪，每一片都提供不同齒輪比。最小齒片產生最大齒輪比。

③ 飛輪中的墊圈確保齒片間正確的間距。墊圈數量取決於飛輪型式。

④ 後變速器不是飛輪的一部分，但是在變換飛輪上鏈條位置時，具有關鍵功能，實現檔位變換。

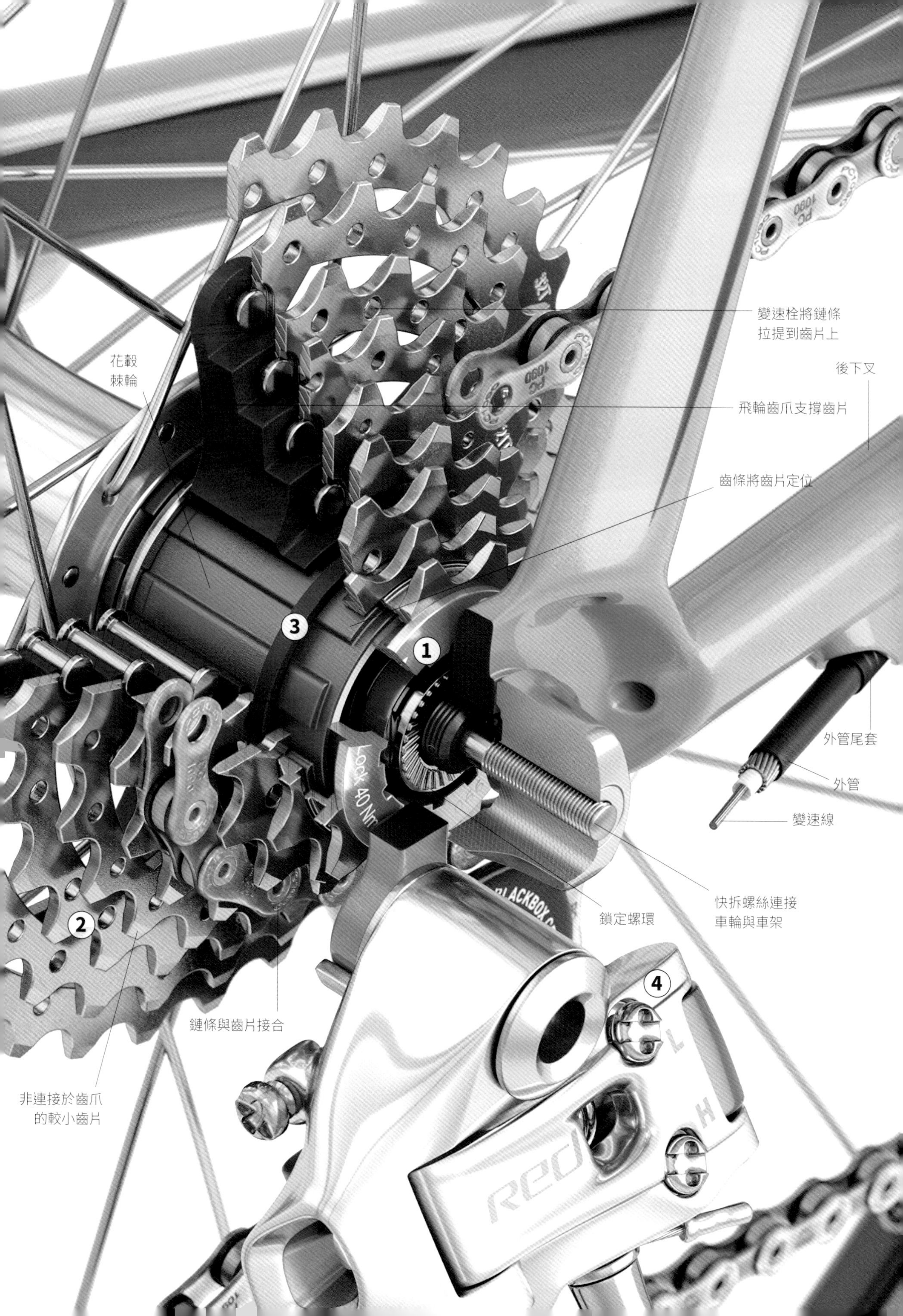

變速栓將鏈條
拉提到齒片上
後下叉
花轂
棘輪
飛輪齒爪支撐齒片
齒條將齒片定位
3
1
外管尾套
外管
變速線
快拆螺絲連接
車輪與車架
鎖定螺環
2
4
鏈條與齒片接合
非連接於齒爪
的較小齒片

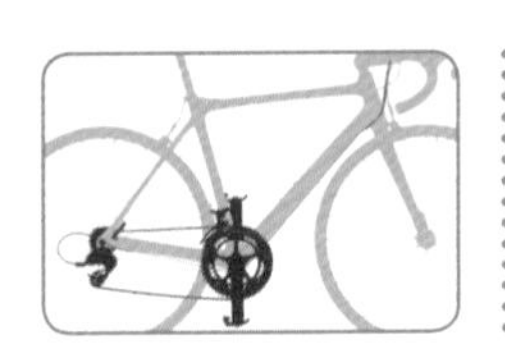

▶ 拆卸與更換單車鏈條

單車鏈條

單車鏈條因長時間在扭曲與壓力下運作，承受大量磨耗與裂損。鏈條需要上油以達順暢運作，但油也會讓鏈條容易沾粘石礫與塵污。如果發生滑齒，就代表該換上新鏈條了。

前置準備

- 確認鏈條位在後飛輪最小齒片與前最小齒盤上，呈現鬆弛狀態
- 將鏈條量測尺置於鏈條上。量測尺兩端突點應皆落於鏈節之內。若非如此，即代表鏈條已被拉伸

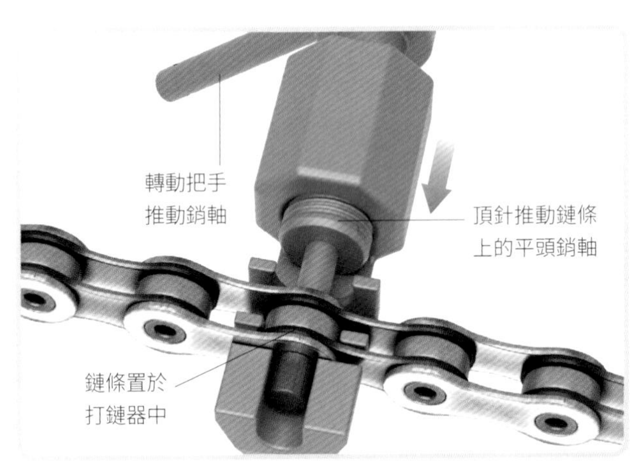

1 將鏈條提離齒盤，放至於五通管上。選擇鏈條下擺部分一目鏈節，將其置於打鏈器中。轉動打鏈器把手將銷軸推出，移除鏈條。

2 將新鏈條穿過前變速器導籠，直到掛上前齒盤上的齒狀結構。轉動踏板使鏈條移動。

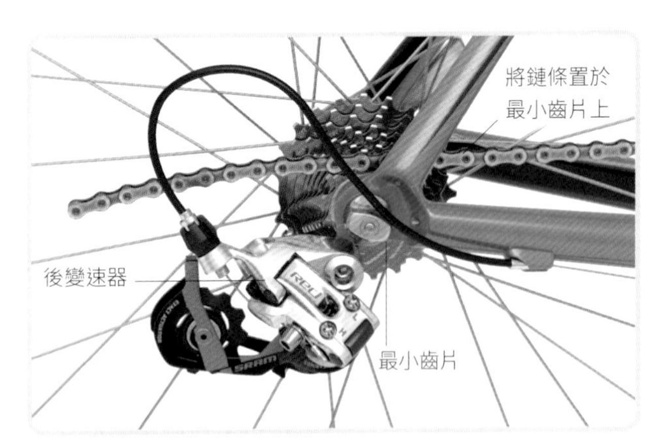

3 將新鏈條另一頭拉向後變速器，與後飛輪最小齒片接合。接下來準備穿入後變速器籠臂中。

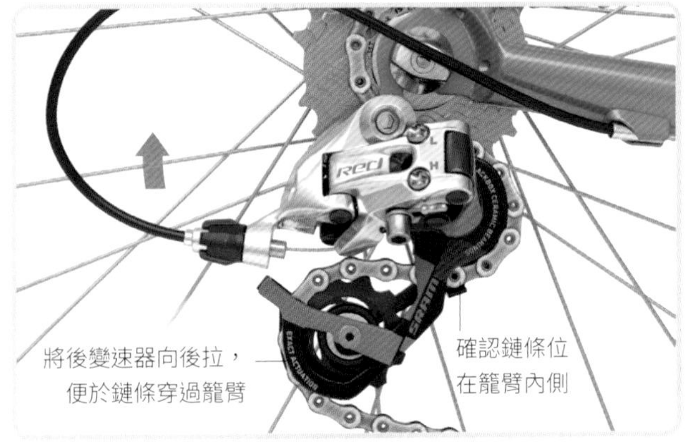

4 將新鏈條穿過後變速器。小心地向下引導鏈條－順時針方向圍繞上導輪，逆時針方向圍繞下導輪。

工具與裝備

- 鏈條測量尺
- 打鏈器（請確認規格正確）
- 潤滑劑或油
- 尖嘴箝
- 鏈節或銷軸

施工訣竅：新鏈條長度可能需要截短，因為如果過長，可能會跳離齒盤。所需鏈條長度因車而 異。可將鏈條繞過後飛輪最大齒片與前最大齒盤，然後再加兩目鏈節，此即為最適鏈條長度。

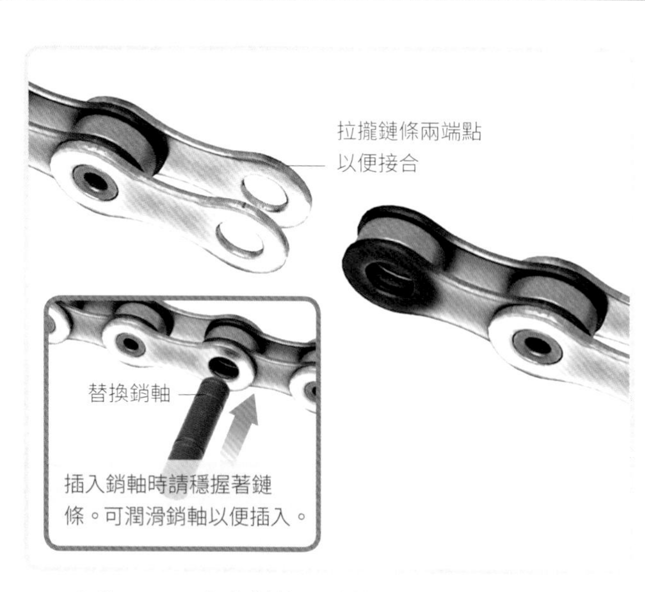

5 在後下叉下方將鏈條兩端拉攏。將銷軸推入端點鏈節內外重疊孔眼接合鏈條。

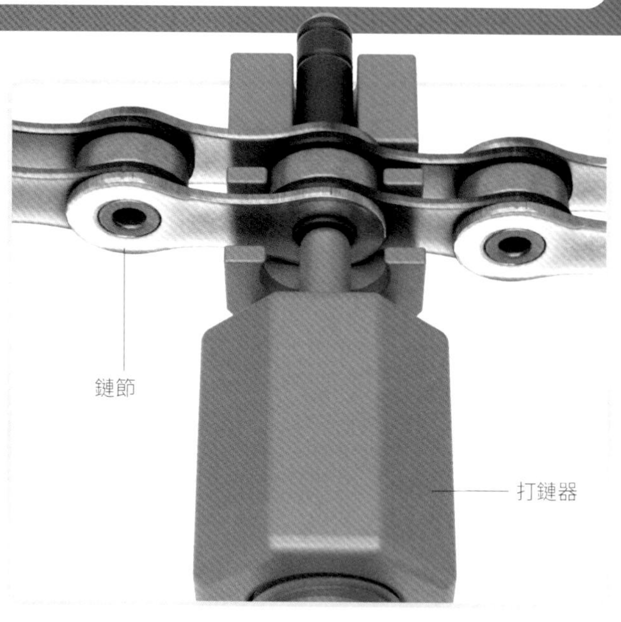

6 將鏈條放上打鏈器導槽。轉動手把將替換銷軸推入重疊的鏈節中，使鏈條穩固地接合。

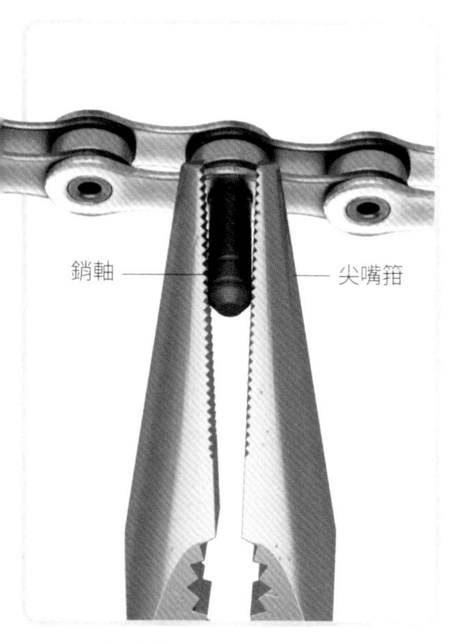

7 以尖嘴箝將多餘銷軸折斷。某些打鏈器也可折斷多餘銷軸。

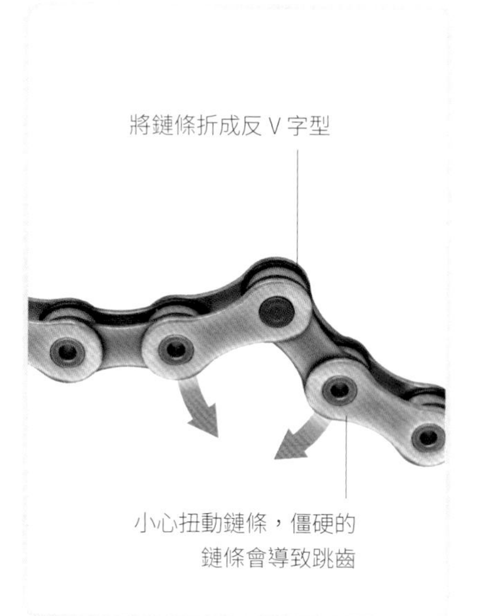

8 鏈條接合處此時仍為僵硬。接合處上油潤滑，並用手反覆彎折直到接合處能自由移動為止。

鏈節

許多製造商生產特殊的鏈條連接節，使拆卸與更換鏈條變得更加容易，有的甚至能徒手進行。

- SRAM 的「PowerLink」快扣由兩片連接銷軸的側板構成。安裝後施加拉力使其卡合。這種鏈節可徒手拆卸。
- Shimano 鏈條具有硬化銷軸。銷軸末端採喇叭狀設計，提供額外強度。
- Campagnolo Ultralink 推出小段落鏈條，因此可以一次就更換多目鏈節。

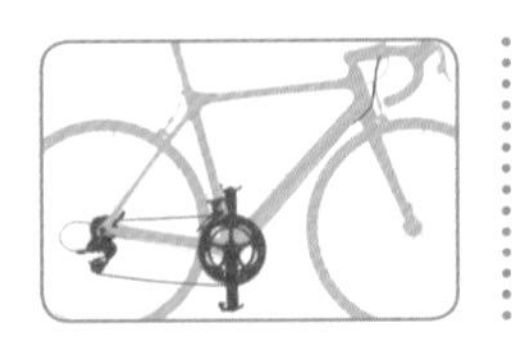

拆卸與保養飛輪

後飛輪

飛輪很容易磨耗，尤其塵土、油汙或鹽份堆積時更是如此。這種情況就容易產生鏈條滑動或跳齒的問題。雖然飛輪能裝在車上進行保養，但最好還是卸下之後徹底清潔。

前置準備

- 準備潔淨空間擺放拆卸零件
- 從車上卸下後輪（參閱 80-81 頁）
- 選擇正確規格的鎖定螺環工具

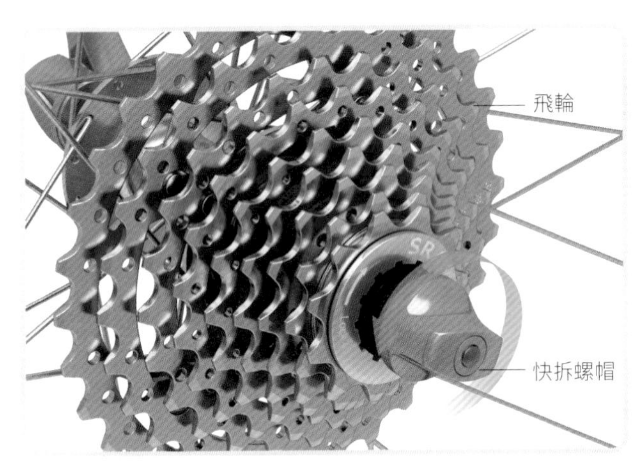

1 將快拆螺帽完全轉開卸下，以便觸及飛輪鎖定螺環。將快拆軸心抽離花轂，小心不要遺失兩端的螺狀彈簧。

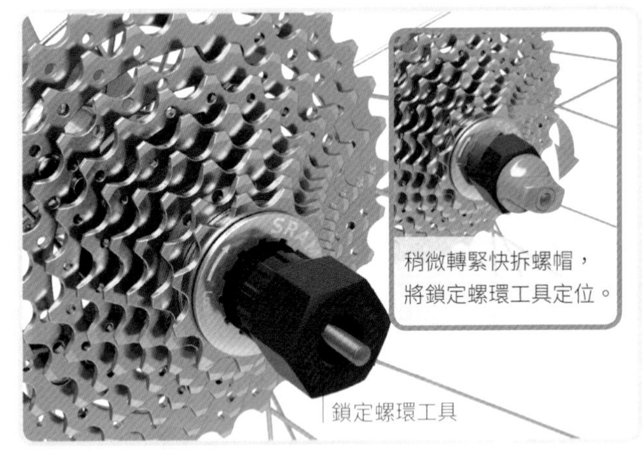

2 使用正確規格的鎖定螺環工具，將工具周圍齒狀結構完全沒入飛輪鎖定環中。旋上快拆螺帽，使工具在旋轉時定位。

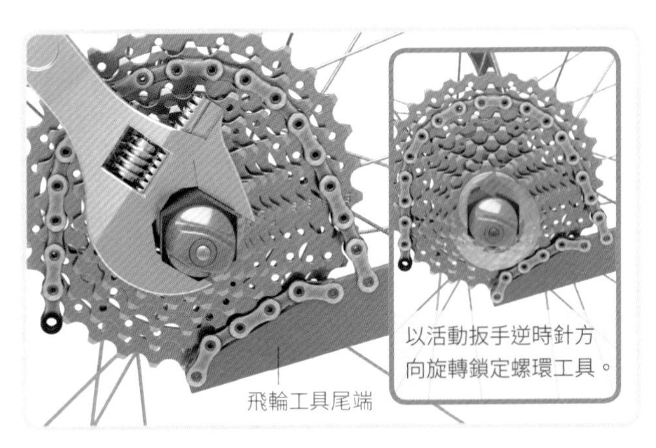

3 將飛輪工具繞在飛輪第三大齒片上。握緊飛輪工具防止飛輪轉動，以活動扳手轉動鎖定螺環工具，將其旋下。

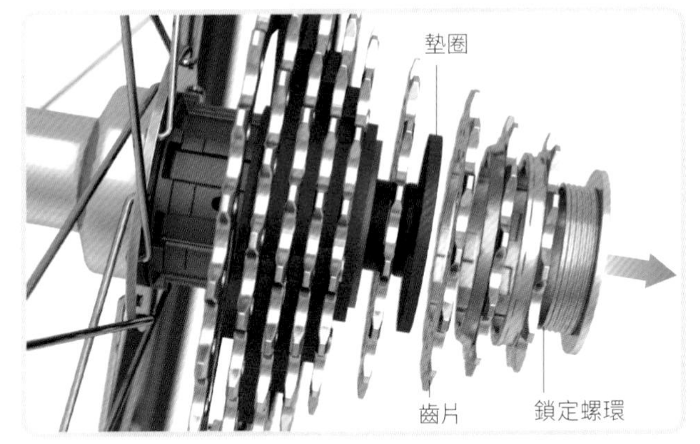

4 卸下快拆螺帽，移除鎖定螺環工具，卸下鎖定螺環。將飛輪從棘輪座上滑出。某些齒片移動時可能掉落，請將安裝與墊圈順序記下來。

工具與裝備

- 鎖定螺環工具
- 飛輪工具
- 活動扳手
- 硬毛刷
- 去漬劑
- 肥皂水

施工訣竅：在棘輪座塗上薄薄一層潤滑劑可防止鏽蝕。如果表面已有繡斑，請輕輕地以硬毛刷將之刷除。

5 以硬毛刷與去漬劑清潔飛輪齒片。以肥皂水沖乾淨。

零件細節

許多飛輪只相容於特定花轂，所以在添購新零件時請注意規格相容性。

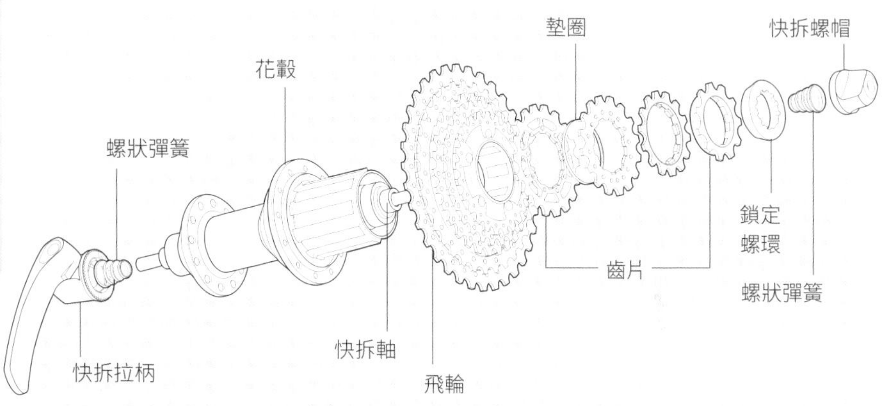

6 將飛輪齒爪內圈凹槽對正棘輪座上的齒條。此分布於圓周上的互補結構為非對稱，只有某一個特定角度才能完全接合。

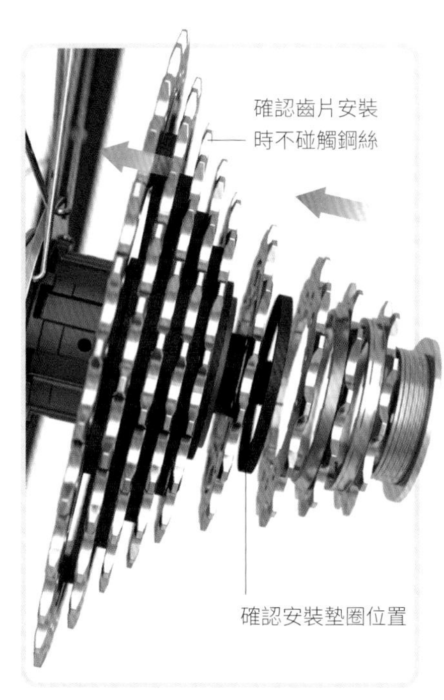

7 將飛輪裝上棘輪座。確認齒片與墊圈以正確的順序安裝。

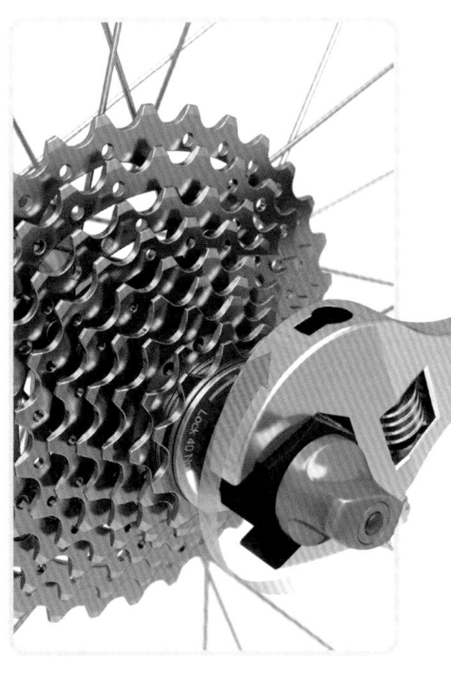

8 以鎖定螺環工具與活動扳手將飛輪迫緊在花轂上。然後重新安裝後輪與鏈條。

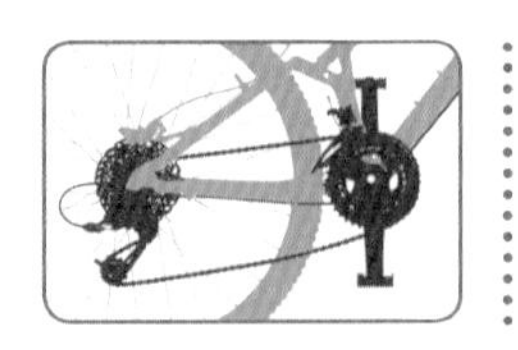

選用指南
曲柄組

曲柄組包含曲柄、齒盤與五通軸承。選擇曲柄組時，要考量齒盤尺寸與齒數，因為這會影響到齒輪比。還要選擇適合腿長的曲柄長度，因為這會使踩踏變得較為輕鬆。選擇曲柄組還要考慮將用來進行哪種風格騎乘。

類型	適用性	關鍵零件
公路高速騎乘 適合公路高速騎乘的曲柄重量輕、剛性高。此類曲柄組通常配置較大齒盤，為競賽選手提供更大範圍齒比。	■ 競賽與其他公路競技活動。	■ 曲柄與齒爪一體成形。 ■ 雙齒盤必須相容於 10 或 11 速鏈條。 ■ 曲柄軸壓入右側曲柄拴槽中，以壓力螺栓從左曲柄迫緊。
訓練/公路越野/休閒競技 此類中階曲柄組提供類似於更高階產品的性能，因此適用於更廣泛的騎乘用途。但也比高階產品重量也更重、強度更高。	■ 一般公路騎乘、訓練或是休閒競技。 ■ 公路越野競賽 ■ 碎石路	■ 曲柄與齒爪通常為一體成形。 ■ 雙齒盤必須相容於 10 或 11 速鏈條。 ■ 曲柄軸壓入右側曲柄拴槽中，以壓力螺栓從左曲柄迫緊。
場地/固定齒輪/單速車 此類曲柄具有較寬齒型結構，並且只有單齒盤。更高剛性以便應付更高強度踩踏力道。	■ 場地車騎乘與競賽 ■ 單速城市騎乘	■ 曲柄與齒爪通常為一體成形。 ■ 較大的齒盤通常只相容於更寬的鏈條 (3.18mm)。 ■ 中軸通常單獨安裝於五通上。
登山車 登山車有許多曲柄組：三齒盤提供更廣齒比變化，雙盤重量較輕，單盤配置最為簡潔。	■ 爬坡，三齒盤配置小齒盤提供低齒輪比。 ■ 下坡騎乘配置單齒盤。	■ 曲柄與齒爪通常為一體成形。 ■ 雙齒盤必須相容於 10 或 11 速鏈條。 ■ 曲柄軸壓入右側曲柄拴槽中，以壓力螺栓從左曲柄迫緊。

許多零件由輕量鋁合金製成，高階公路車曲柄組則可能以碳纖組成，以便減輕重量。如欲進行高強度公路騎乘，或是減少林道騎乘時彈起碎石所造成的損害或甚至擊斷鏈條，就必須選擇強度更高的曲柄組。

製作材料	規格變化	維修保養
■ 曲柄與齒爪通常為鋁合金。中空曲柄。 ■ 高階曲柄組為碳纖曲柄配備合金齒盤。 ■ 中軸通常為中空輕量鋼材。	■ 區柄長度 165-175mm 以配合不同腿長。 ■ 常見齒數為 53-39 齒，中度壓縮齒盤為 52-36 齒。	■ 鮮少損壞，但如經敲擊，就必 須檢查是否有裂痕。 ■ 若鏈條會卡在齒盤上即表示過度磨耗，需要更換齒盤。
■ 曲柄與齒爪通常為鋁合金。 ■ 曲柄常為中空結構，但較低階的產品則為實心。 ■ 中軸通常為中空輕量鋼材。 ■ 初階單車上可能配置異徑四方五通軸承。	■ 曲柄長度為 165-175mm 以配合不同腿長。通常為 172.5mm。 ■ 常見的壓縮齒盤為 50-34 齒。 ■ 公路越野齒盤可能使用 46-34 齒。	■ 鮮少損壞，但如經敲擊，就必須檢查是否有裂痕。 ■ 若鏈條會卡在齒盤上即表示過度磨耗，需要更換齒盤。
■ 曲柄與齒爪通常為鋁合金。 ■ 中軸通常為中空輕量鋼材。 ■ 齒盤由鋁合金或鋼材製成。	■ 曲柄長度為 165-175mm。 ■ 較長的曲柄可能在崎嶇路面踩踏或壓彎時敲擊地面。 ■ 較常見的齒數為 48-49 齒。	■ 非鋪裝路面騎乘會加速齒盤磨耗，因此需要定期檢查齒盤與鏈條。 ■ 檢查曲柄上是否有損傷或裂痕。
■ 曲柄與齒爪通常為鋁合金。 ■ 曲柄常為中空結構，但較低價產品則為實心。 ■ 使用異徑四方五通軸。	■ 曲柄長度為 165-175mm 以配合不同腿長。通常為 172.5mm。 ■ 常見齒數為 40-28 齒，中度壓縮齒盤則為 38-26 齒。 ■ 三盤配置為 40-32-22 齒。	■ 鮮少損壞，但如經敲擊，就必須檢查是否有裂痕。 ■ 若五通軸承鬆動或鏈條張力不足，就需要檢查與更換。

關鍵零件

曲柄組

踩踏時，曲柄組以五通為軸心轉動。包含曲柄與齒盤。異徑四方單元（參閱 168-169 頁）單獨鎖在五通軸上，但是現代的曲柄組（參閱 166-167 頁）則為一件式或兩件式中軸。

旅行車與部分登山車配置三齒盤，提供更廣齒比變化。公路車配備雙齒盤以減輕重量。部分公路越野、碎石路騎乘和登山車使用「1X」單盤設定。曲柄組可能由碳纖或是堅硬的一件式鋁合金構成，因此結構強度高，傳遞踩踏力道時不會變形。

零件細節

曲柄組由曲柄與 1-3 片齒盤構成，齒數由 22 齒到 53 齒不等，與鏈條凹槽結構卡合運作。

① 兩側曲柄將騎乘者踩踏動作傳遞至齒盤與鏈條，再帶動後花轂飛輪，使後輪轉動。

② 齒爪是傳動端曲柄結構的一部分，為數個條型構成的放射狀結構，齒盤以螺栓固定於其上。

③ 中軸將兩端曲柄連接，以螺栓迫緊或整合在五通軸承之上。較大內徑的中軸能增加曲柄組剛性。

④ 支撐中軸的五通軸承外蓋以鎖入或壓入的方式固定在車架上。使曲柄組順利轉動，不損失任何扭力。

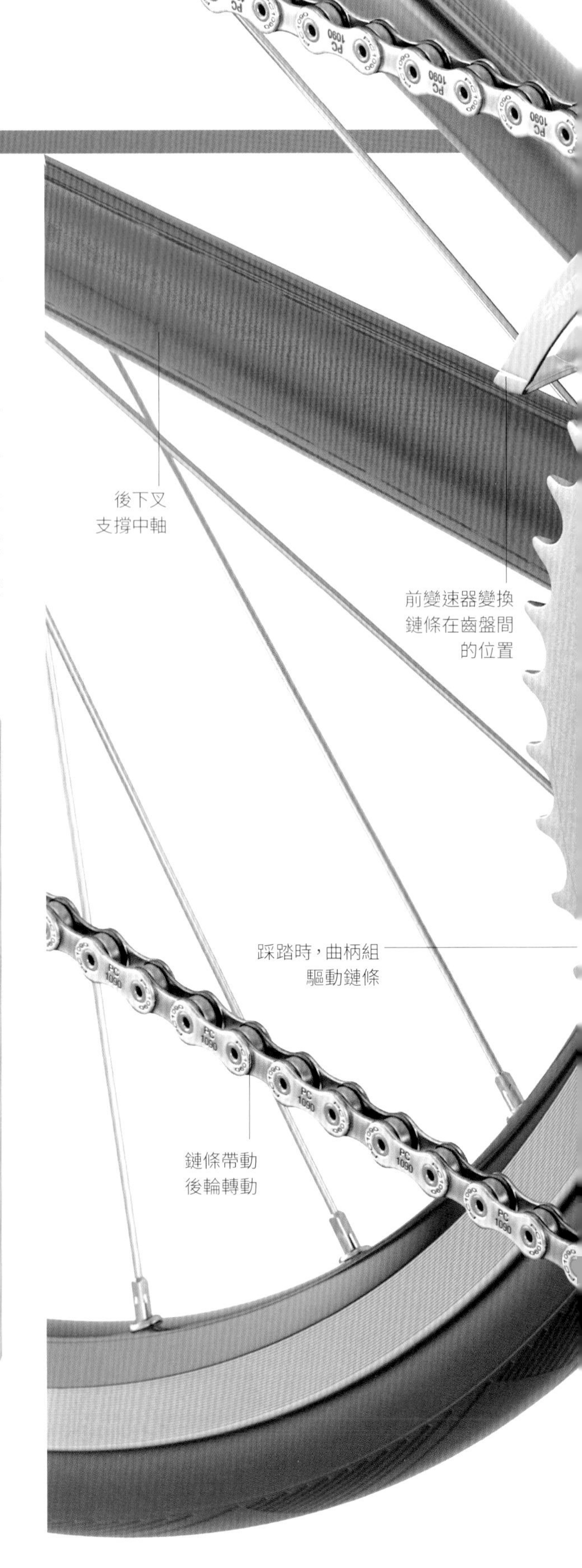

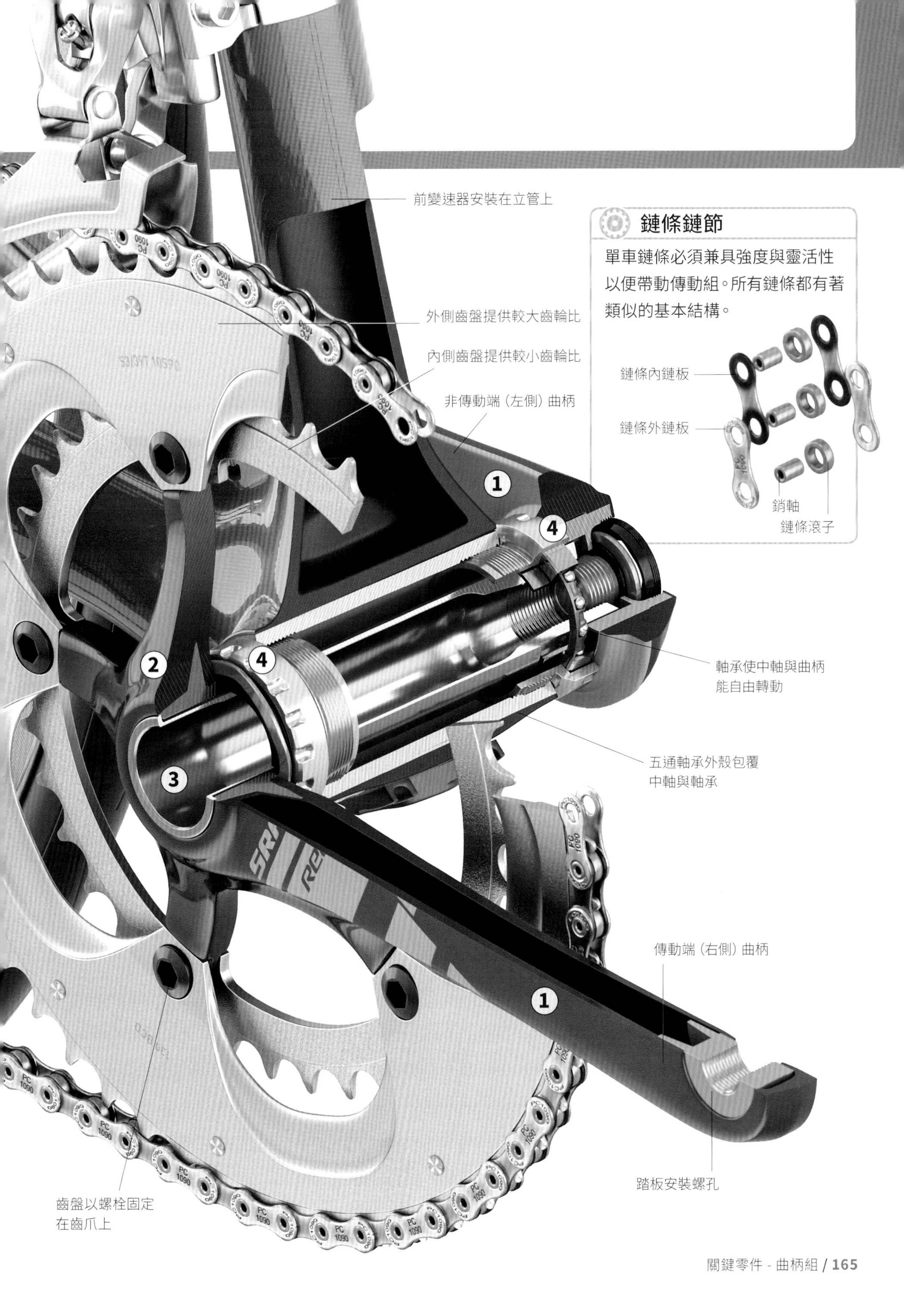

鏈條鏈節

單車鏈條必須兼具強度與靈活性以便帶動傳動組。所有鏈條都有著類似的基本結構。

拆卸與安裝曲柄組
Shimano HollowTech II

Shimano HollowTech 曲柄組的特點就是與右側曲柄一件式的空心中軸設計，左側曲柄再以螺栓迫緊在中軸上。如欲進行五通軸承保養或更換，就必需先拆下曲柄組。

前置準備

- 以維修腳架固定單車
- 準備潔淨空間擺放已拆卸零件
- 地面放置防塵墊，以免油漬髒汙
- 參閱製造商技術手冊，採用正確的螺栓扭力值

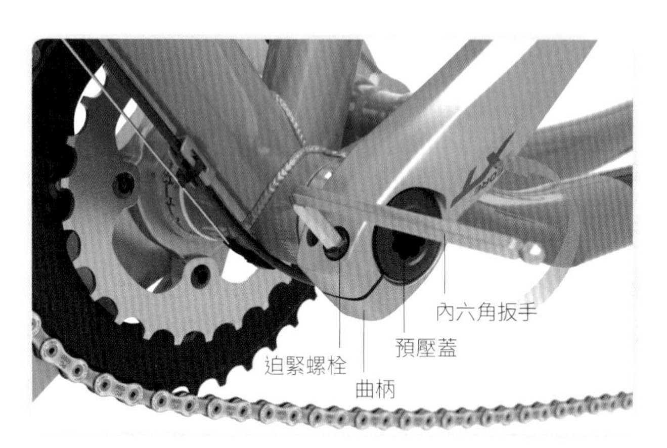

1 使用 5mm 內六角扳手，鬆開但不要完全卸下非傳動端（左側）曲柄上的螺栓。螺栓應位於車架的左側。

2 以預壓蓋工具逆時針方向旋開並卸下預壓蓋。然後使用一字螺絲起子將安全墊片往上挑起。

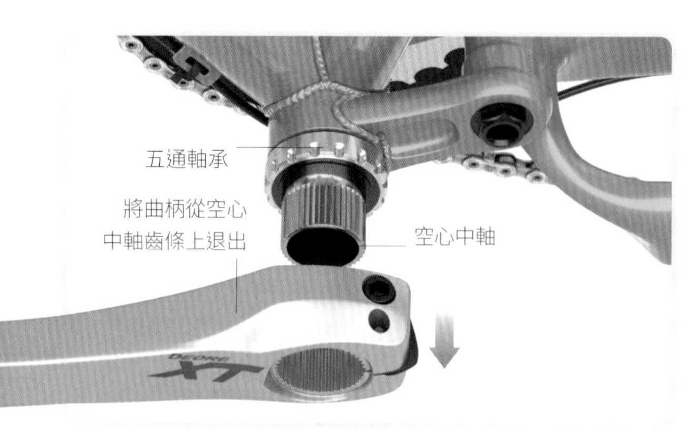

3 挑起安全墊片之後，將非傳動端（左側）曲柄由中軸齒條上退出。如無法輕鬆退出，則需稍微前後晃動曲柄以便順利進行。

4 將前變速器變換到較小齒盤位置。將鏈條移離齒盤，使其吊掛在車架上，這樣在移除曲柄時，鏈條就不會被扭曲。

工具與裝備

- 維修腳架
- 防塵墊
- 5mm內六角扳手
- 預壓蓋工具
- 一字螺絲起子
- 膠槌
- 抹布與潤滑劑
- 扭力扳手

施工訣竅：如欲更輕鬆移除非傳動端（左側）曲柄，可將其上迫緊螺栓與安全墊片完全卸下。如此便能確定沒有任何壓力將曲柄迫緊在齒條上。

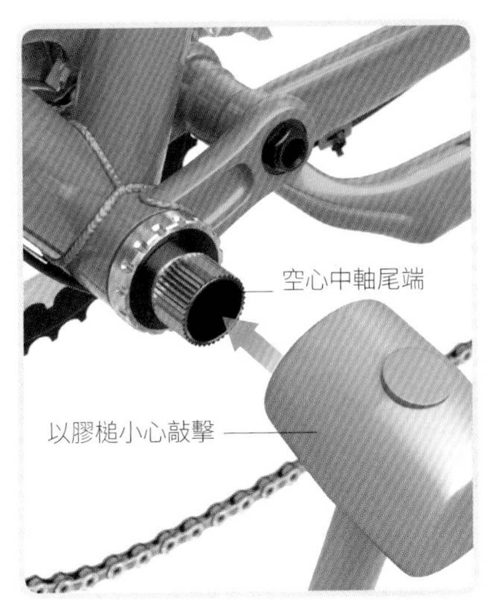

5 小心地使用膠槌在空心中軸尾端敲幾下，直到與五通軸承分離為止。

6 從傳動端（右側）小心地將曲柄組從五通軸承中抽出。將鏈條放在五通軸承上，避免接觸地面。

SHIMANO工具

安裝 Shimano HollowTech II 曲柄組，需要特殊工具與指南。

- 購買曲柄組時會附上預壓蓋，這是安裝與拆卸時的必要零件。若有遺失或損毀，必須購買備品更換。
- 若以扭力扳手安裝曲柄組，所需扭力值標示在迫緊螺絲一側。若此標示模糊或掉落，可在 Shimano Tech Resource 網站中取得相關資訊。

7 清理五通軸承內側接觸中軸的防塵蓋，以手指塗上新潤滑油。

8 將曲柄組中軸完全穿入五通軸承。此步驟盡量徒手進行，如遇困難，則可使用膠槌完成最後部分。

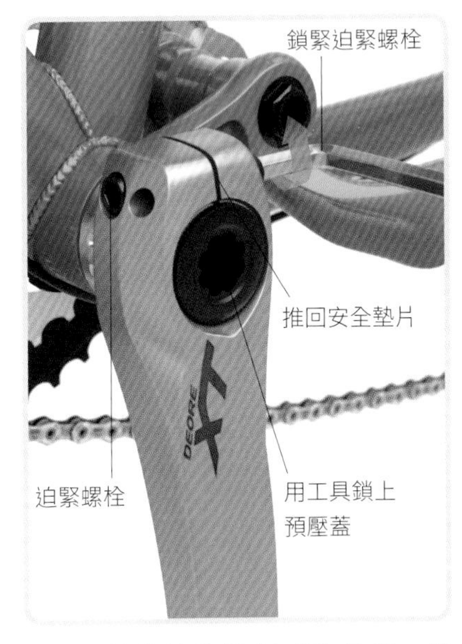

9 安裝非傳動端（左側）曲柄，鎖上預壓蓋。將安全墊片推回原位，旋緊迫緊螺栓。

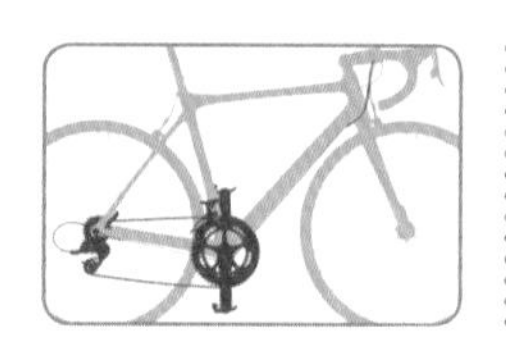

拆卸與安裝曲柄組

異徑四方孔曲柄組

異徑四方孔曲柄組常見於較舊型的單車上，或是裝有異徑四方五通軸承（參閱 178-179 頁）的單車上。曲柄組安裝在四方五通軸承中軸上，需要曲柄頂出工具才能移除曲柄。如欲保養或是更換五通軸承，都必須先將曲柄組拆下。

前置準備

- 以維修腳架固定單車
- 準備潔淨空間擺放已拆卸零件
- 清潔五通軸承周圍
- 在曲柄螺栓噴上潤滑油以便拆卸

齒盤　逆時針旋轉螺栓

1 如果曲柄上有塑膠螺栓蓋，請先移除兩側的塑膠蓋。以內六角扳手卸下傳動端（右側）螺栓與所有墊圈。拆卸螺栓時請以另一手握緊曲柄。

清理曲柄螺栓螺紋

2 清理與潤滑曲柄內的螺紋。以抹布清理卸下的螺栓。檢查螺栓與所有墊圈是否正常，在螺栓上塗上潤滑油。

曲柄頂出工具

3 確認曲柄頂出工具內管完全旋出。小心地以手將頂出工具外管螺紋旋入曲柄。用手指以順時針方向轉緊頂出工具。

工具與裝備

- 維修腳架
- 乾淨抹布
- 油
- 內六角工具組
- 潤滑劑與毛刷
- 曲柄頂出工具
- 扳手組

注意！為了避免損傷曲柄螺紋，在轉入曲柄頂出工具前，務必確認曲柄螺紋清潔。同時確認頂出工具對正後才轉入曲柄，避免曲柄螺紋被破壞。

4 曲柄頂出工具安裝完成後，使用一般扳手或內六角扳手將頂出工具內管以順時針方向旋轉。頂出工具就會將曲柄推離車架，從五通軸承中軸上移除。

5 頂出工具將曲柄推離五通軸承後，將曲柄移離車架，請注意切勿掉落地面。將鏈條從齒盤上提起，放置在五通軸承上。

6 以一般扳手或內六角扳手將頂出工具由曲柄卸下。清理頂出工具上的螺紋。

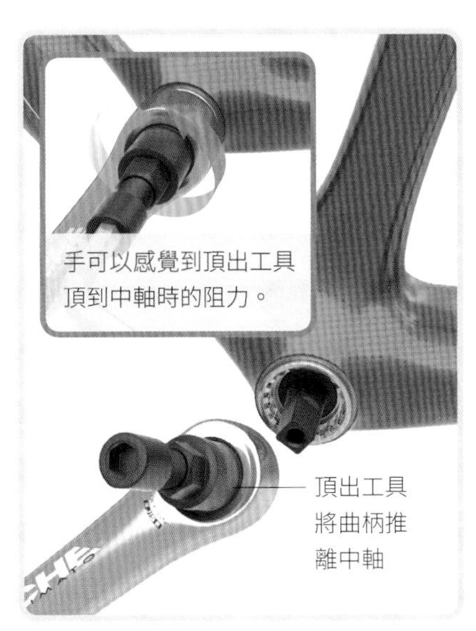

7 在非傳動端（左側）移除曲柄螺栓，如前述裝上頂出工具並以徒手旋緊，移除曲柄。

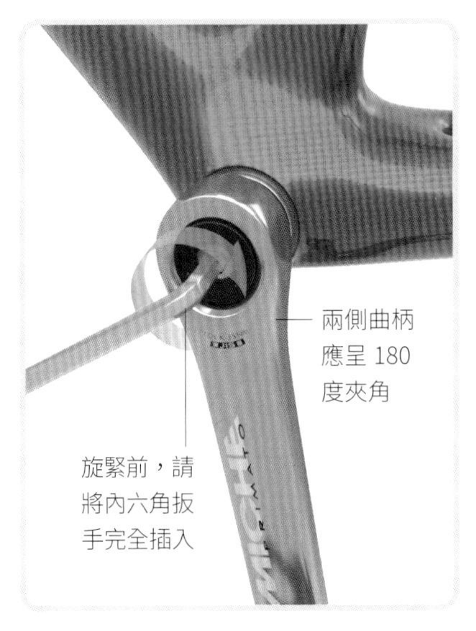

8 以非傳動端（左側）開始安裝曲柄組，反向前述操作步驟 1-7。

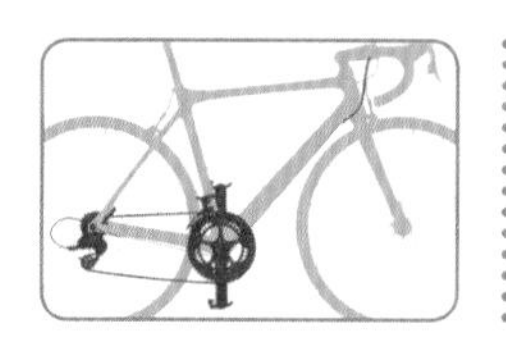

拆卸與安裝曲柄組
Campagnolo Ultra-Torque

Campagnolo 的傳動系統被大眾廣泛應用。其中 Ultra-Torque 與 Power Torque 曲柄組採用類似的技術，以相同的方式安裝。如果曲柄出現任何間隙或晃動，就必須卸下解決問題。欲更換五通軸承時，也需要將曲柄組拆下。

前置準備

- 如果曲柄螺栓鏽蝕，請噴上滲透油以便拆卸
- 將鏈條變至內側齒盤位置

2 使用長柄 10mm 內六角扳手插入傳動端(右側)曲柄中軸中央。請確認扳手與螺栓完全密合後，再以逆時針方向轉動，轉鬆中央的曲柄螺栓。

1 暫時先將單車往傳動端側放，以便處理安全卡環。以尖嘴鉗將安全卡環移除，妥善放置備用。將單車以維修腳架支撐，再進行以下步驟。

3 藉由推起後變速器釋放鏈條張力，將鏈條從齒盤上移開。轉動齒盤，移開上面的鏈條。將移開的鏈條置於五通軸承上。

工具與裝備

- 滲透油
- 尖嘴箝
- 維修腳架
- 長柄10mm內六角扳手
- 抹布與肥皂水
- 潤滑油

施工訣竅：安裝之前，請對曲柄螺栓上油。這可以防止螺栓長時間使用後生鏽或變質，使未來的拆卸過程更輕鬆。在鎖緊或是轉鬆曲柄螺栓時，請穩固地握住傳動端（右側）曲柄。

4 將傳動端（右側）曲柄從五通軸承上移除。請小心不要對曲柄造成損傷，或是掉落任何零件。

零件細節

市面上有許多曲柄組系統，因此不同製造商的零件彼此並不相容

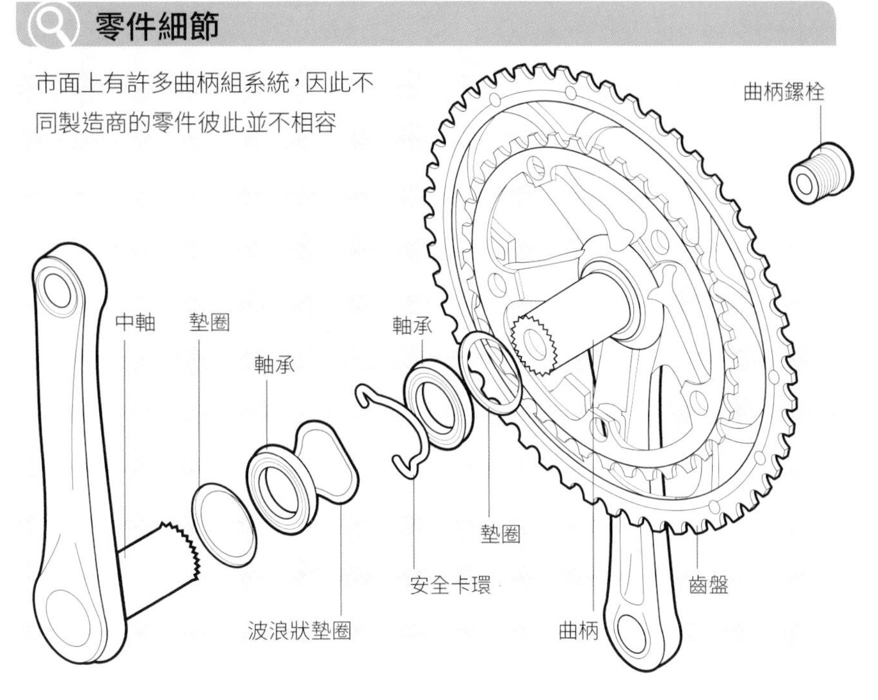

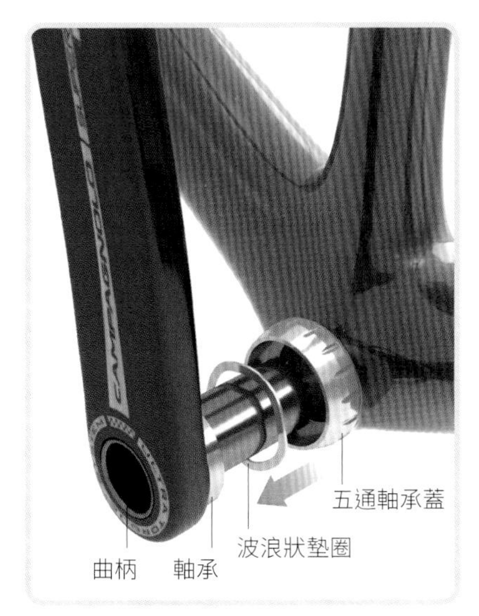

5 移除另一側曲柄與波浪狀墊圈（Campagnolo Power Torque 曲柄組為「棕色」墊圈）。

6 欲安裝曲柄組，請先清潔中軸與五通軸承，並加以潤滑。檢查波浪狀墊圈（或棕色墊圈）並未因長期使用而被壓扁，若有需要就必須更換。反向操作步驟 1-5 以安裝曲柄組。

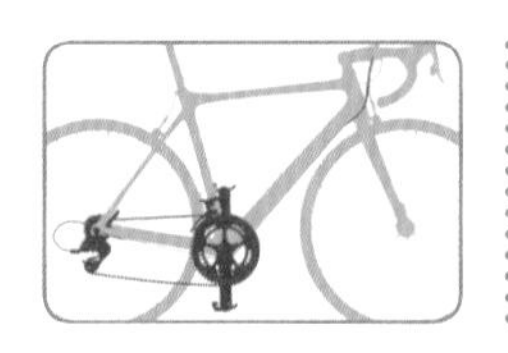

拆卸與安裝曲柄組 SRAM Red

SRAM Red 曲柄組以輕量碳纖維製成，具備與傳動端（右側）曲柄一件式設計的空心中軸，左側曲柄另外安裝固定。如欲保養或更換五通軸承，必須先拆卸曲柄組。更換五通軸承時，請確認是否為與 SRAM 曲柄組相容的正確尺寸。

前置準備

- 以維修腳架支撐單車
- 準備潔淨空間擺放已拆卸零件

1 使用 8mm 內六角扳手，插入非傳動端（左側）曲柄螺栓，逆時針方向轉動將螺栓拆下。移除曲柄，放置一旁待用。

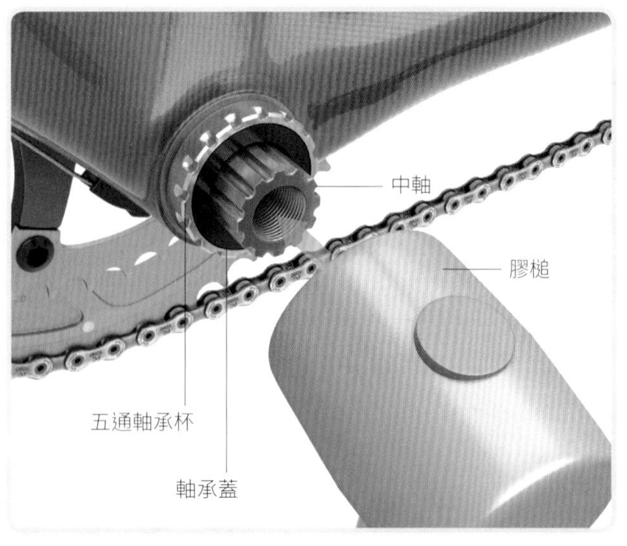

2 以膠槌輕敲中軸尾端，使其脫離五通軸承。軸承蓋可能在移除中軸的過程脫離五通軸承杯。如發生此狀況，以手指將其推回原處。

3 從齒盤上移開鏈條，使其自然垂掛。這個重要的步驟可防止從五通軸承拉出傳動端曲柄時，造成鏈條扭曲。將鏈條放置在五通軸承上。

工具與裝備

- 維修腳架
- 8mm內六角扳手
- 膠槌
- 去漬劑與抹布
- 潤滑油

施工訣竅：若安裝後曲柄轉動不如先前順暢，這可能是因為在軸承上新添加的潤滑油尚未平均分散。過一段時間騎乘後，潤滑油進入軸承內，狀況即會改善，請耐心等待。

4 將曲柄中軸從五通軸承中抽出。如曲柄有任何間隙或鬆動的跡象，或是五通軸承發出異音，就應該更換五通軸承（參閱 176-177、180-181 頁）。

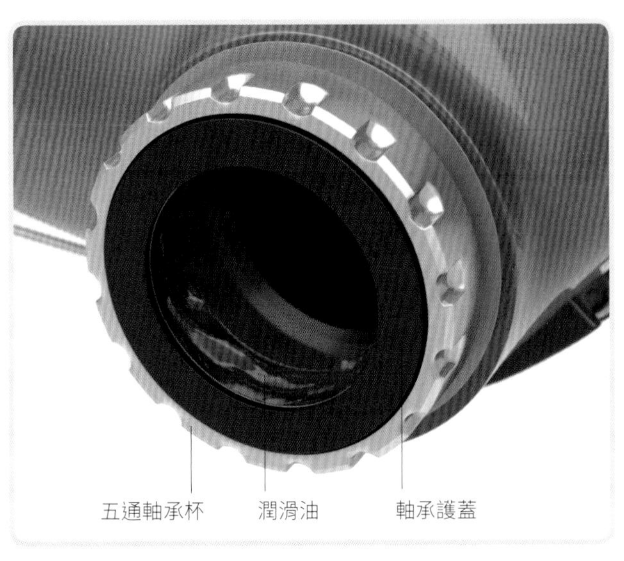

5 以去漬劑與抹布徹底清潔五通軸承。在五通軸承內側，包含中軸碰觸的軸承護蓋上，塗上適量新潤滑油。

平均地在曲柄上施力，使中軸一致地穿過五通軸承。

6 稍微潤滑中軸使其更容易穿過五通軸承安裝，並防止鏽蝕。從傳動端（右側）將曲柄組推入五通軸承中，記得要先穿過鏈條。

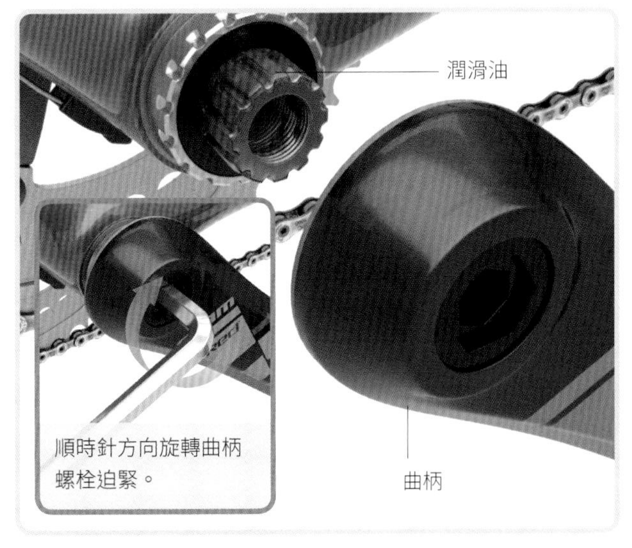

順時針方向旋轉曲柄螺栓迫緊。

7 潤滑非傳動端（左側）中軸上的齒條，將曲柄安裝上中軸，請確認曲柄與中軸對正。以內六角扳手旋緊曲柄螺栓。將鏈條放置在齒盤上。

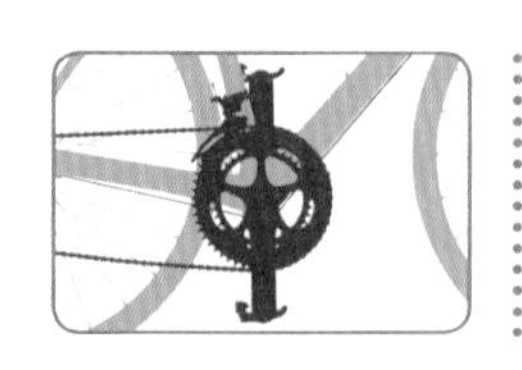

關鍵零件

五通軸承

五通軸承是每一輛單車的重要零件，藉由中軸將曲柄連接至車架，使中軸能自由轉動。異徑四方型（參閱 178-179 頁）與 Shimano Octalink 五通軸承的中軸整合在一個「卡式」單元，兩側曲柄再安裝其上。

大內徑中軸系統，如 Campfgnolo Power 與 Ultra-Torque（參閱 176-177 頁）、Shimano HollowTech（參閱 180-181 頁）與 SRAM GXP，中軸與傳動端曲柄皆為一件式設計，中軸穿過五通軸承杯後再與另一側曲柄安裝連接。此類系統採用密封軸承，提昇耐用度與保養便利性。

零件細節

五通軸承通常以鎖入或壓入的方式安裝於車架上，使曲柄能自由轉動。

① 曲柄螺栓位於中軸中央，連接非傳動端（左側）與傳動端（右側）兩側曲柄。

② 中軸位在五通軸承杯內，踩動曲柄時可自由轉動。有整合於卡式五通軸承的一件式設計（參閱 178-179 頁）或與傳動端（右側）曲柄一件式的設計（參閱 180-181 頁）。亦有兩件式中軸設計，各自與一側的曲柄連接（參閱 176-177 頁）。

③ 五通軸承杯內含滾珠，以鎖入或是壓入方式安裝於車架五通處。

④ 滾珠位於五通軸承杯中，密封設計以增加防護性。

1
2
3
4
SYSTEM
ULTRA TORQUE
CAMPAGNOLO
波浪狀墊圈為
Campagnolo 五通
軸承獨特設計
安全卡環為
Campagnolo
五通軸承的
獨特設計
五通管包覆中軸
與五通軸承
大內徑中軸
增加動力傳輸
非傳動端（左側）
曲柄連接踏板與
五通軸承中軸

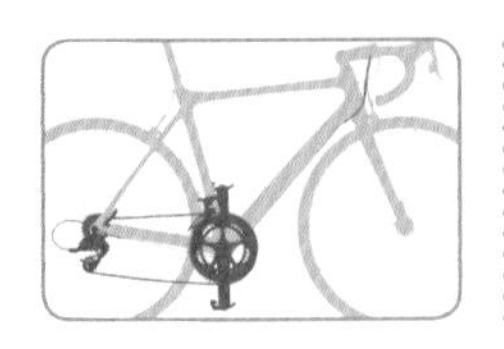

更換五通軸承

Campagnolo Ultra-Torque

Campagnolo Ultra-Torque 曲柄組的軸承杯安裝於車架五通管，可替換軸承安裝在中軸上。出現晃動或異音即表示軸承磨耗，必需進行更換。

前置準備

- 以維修腳架支撐單車
- 準備潔淨空間擺放已拆卸零件
- 從五通管拆下曲柄組（參閱 170-171 頁）
- 如需更換，取得軸承備品

1 使用抹布與去漬劑徹底清潔傳動端（右側）曲柄。擦掉中軸上任何砂粒與塵土，清理中軸內側。擦拭車架五通管內側，去除任何潤滑油與塵土。

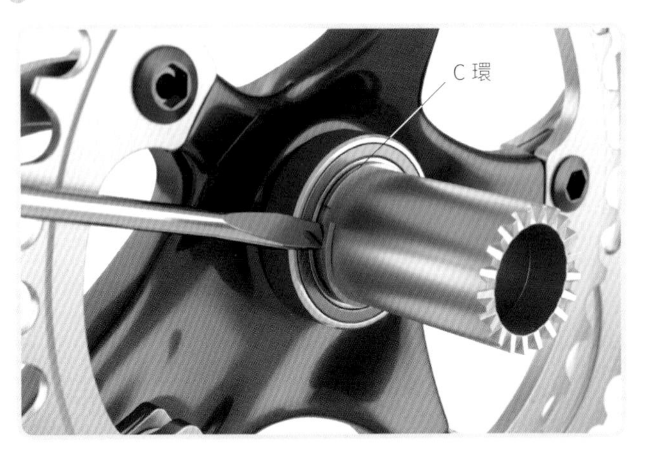

2 傳動端（右側）曲柄具有 C 型環，防止中軸在五通軸承軸上側向滑移。以一字螺絲起子將其從軸承上撬開，用手從中軸上移除。請勿遺失此 C 環。

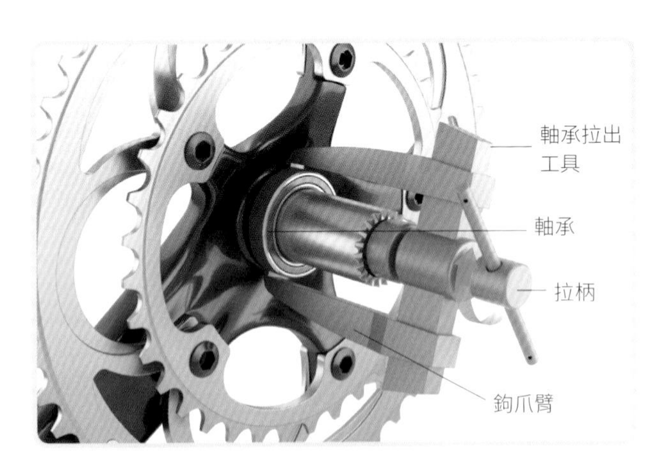

3 在中軸安置軸承拉出工具，使工具兩側頂端鉤爪扣住軸承。順時針方向旋轉工具拉柄。工具會對中軸施壓，同時鉤爪臂將軸承拉出。

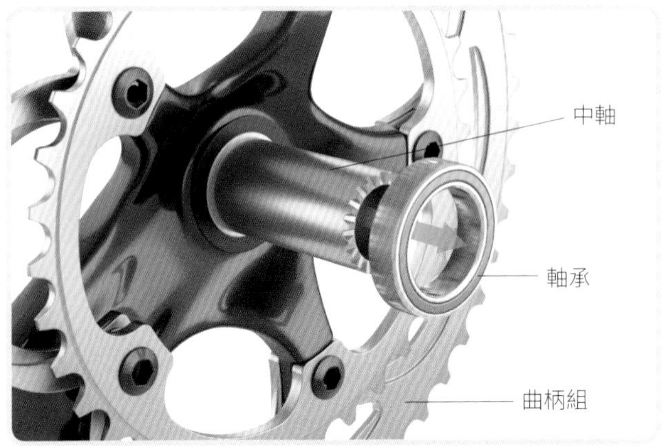

4 軸承鬆脫後，卸下拉出工具，以手指將軸承從中軸上取下。如中軸表面有任何損傷，就可能需要更換新曲柄組。

工具與裝備

- 維修腳架
- 抹布與去漬劑
- 一字螺絲起子
- 軸承拉出工具
- 潤滑油
- 軸承安裝工具
- 膠槌

施工訣竅：用軸承拉出工具與安裝工具之前，請在曲柄下方放置一條抹布。如此可以保護曲柄在拆卸、安裝過程之中不受損傷。

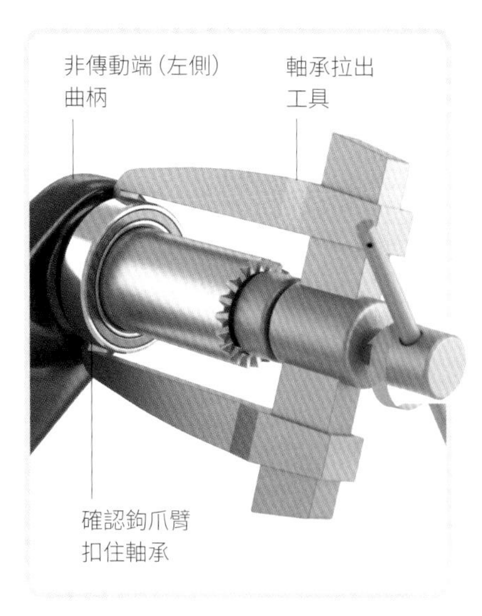

5 在非傳動端（左側）曲柄安置軸承拉出工具，鉤爪臂扣住軸承。依照步驟 3-4 卸下軸承。

6 以抹布徹底清潔中軸內外表面，並用去漬劑清理軸承杯。檢查零件上是否有磨耗痕跡。

7 將新軸承套入傳動端（右側）中軸。在套上軸承安裝工具，以膠槌輕敲安裝工具將軸承塞入。

8 軸承裝在中軸上後，在軸承杯與其周圍塗上潤滑油。放上 C 環，將其套在中軸上，緊靠軸承，穩定地將軸承定位。

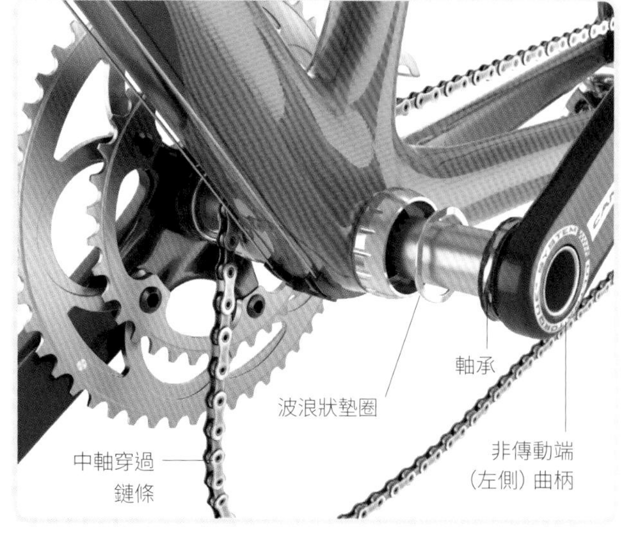

9 以軸承安裝工具在非傳動端（左側）安裝第二顆軸承，如步驟 7 所示。將鏈條垂掛於五通軸承上，安裝傳動與非除動端兩側曲柄（參閱 170-171 頁）。

更換五通軸承

卡式五通軸承

卡式五通軸承具有密封式的滾珠安裝空間。經過使用後，軸承可能乾掉或磨耗，造成踩踏時的異音。磨耗的卡式五通軸承無法進行保養，必須更換。

前置準備

- 以維修腳架支撐單車
- 移除曲柄組（參閱 168-169 頁）
- 將鏈條固定在後下叉上
- 準備潔淨空間擺放已拆卸零件

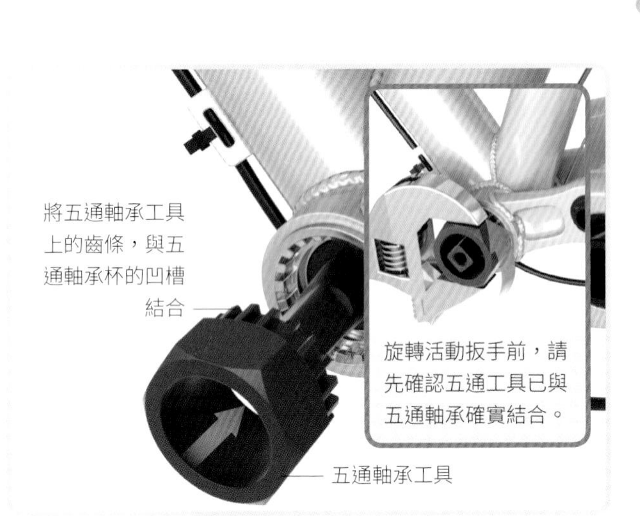

1 將五通軸承工具與非傳動（左側）五通軸承杯結合。以活動扳手逆時針方向將五通軸承杯轉鬆。

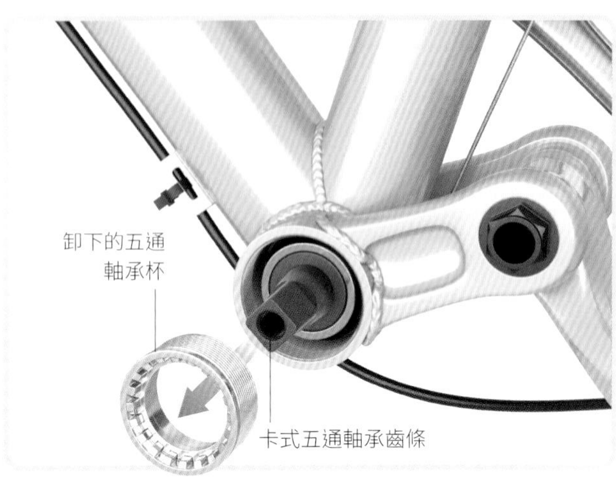

2 以活動扳手持續將五通軸承杯轉開，直到可以徒手將其卸下。移除非傳動端（左側）舊五通軸承杯。

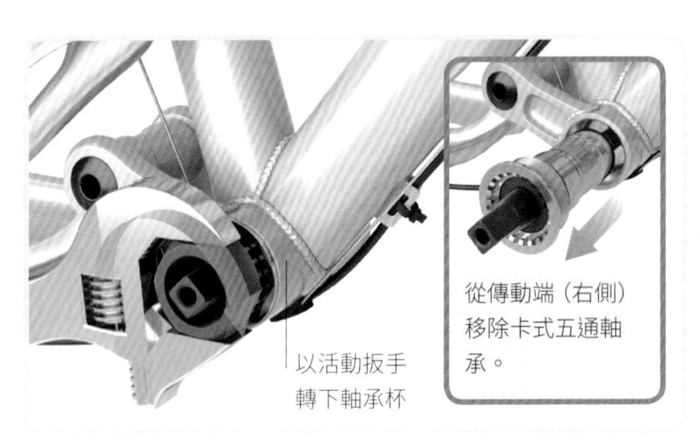

3 在傳動端（右側）安裝五通軸承工具。軸承蓋上有一箭頭標記，指示迫緊時旋轉方向。欲轉鬆軸承蓋，請用活動扳手以反方向旋轉。

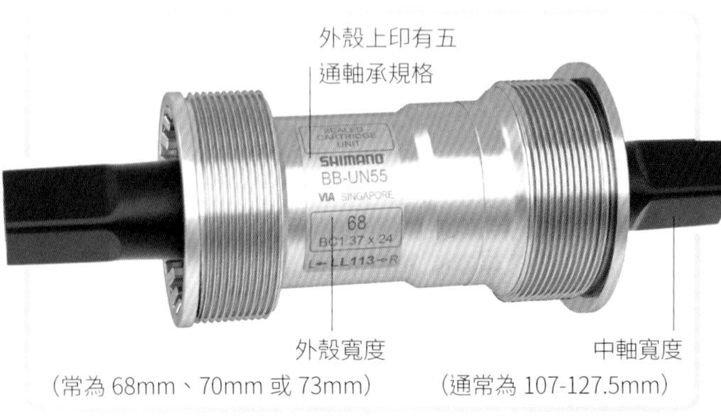

4 檢查舊五通軸承外殼與齒條。如果規格沒有標示在外殼上，請以游標尺測量寬度。（需要更換相同尺寸的新五通軸承。）

工具與裝備

- 維修腳架
- 五通軸承工具
- 活動扳手
- 游標尺
- 抹布或小毛刷
- 去漬劑
- 潤滑油

注意！五通軸承螺紋可能是義大利或英國系統規格，兩者迫緊方向不同。請按照五通軸承外蓋上所標示的箭頭方向迫緊。

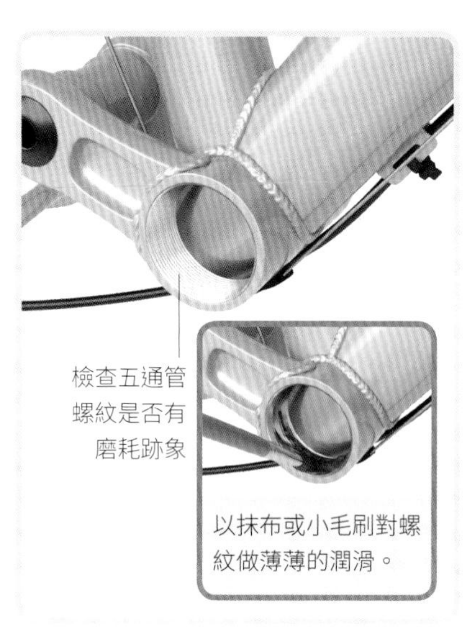

5 檢查車架五通管螺紋是否有損傷，以去漬劑、抹布或小毛刷清理任何塵土與石礫。

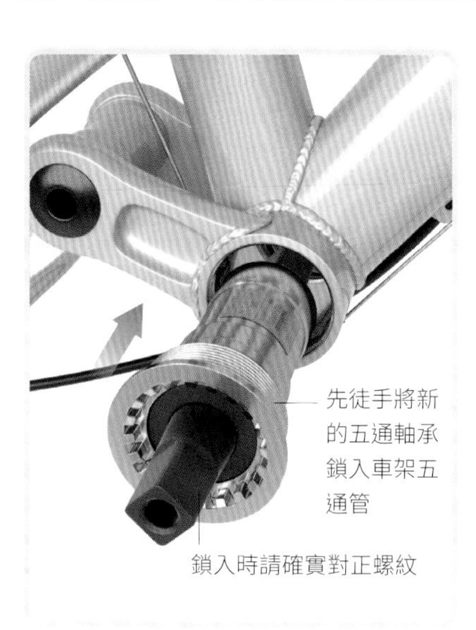

6 將新的卡式五通軸承左側軸承杯（標示「L」）拆下。由傳動端（右側）插入安裝至車架五通管中。

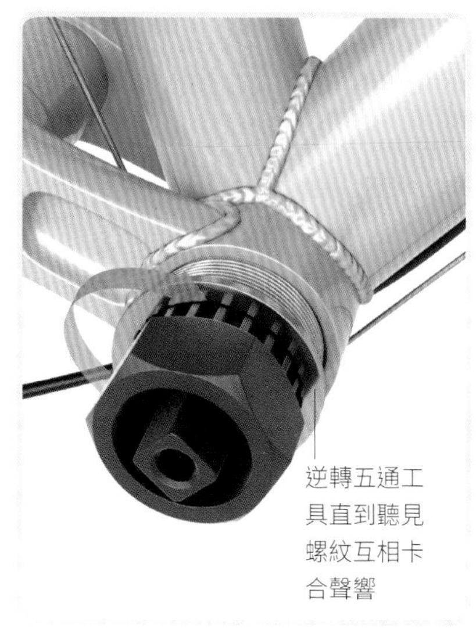

7 使用五通工具將五通軸承鎖緊。為了避免滑牙，請先逆轉五通工具，直到工具與五通管螺紋卡合之後再鎖緊。

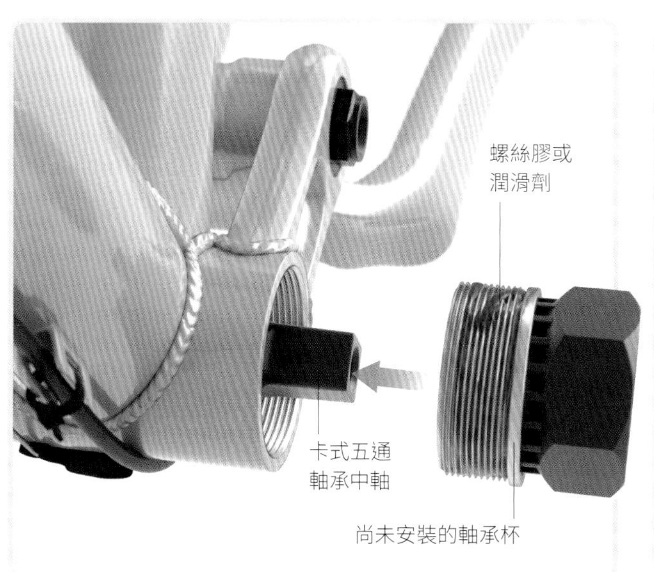

8 潤滑尚未安裝的軸承杯。檢查卡式五通軸承本體是否位於五通管中央－本體周圍應與五通管維持一樣的距離。以手指將軸承杯鎖緊。

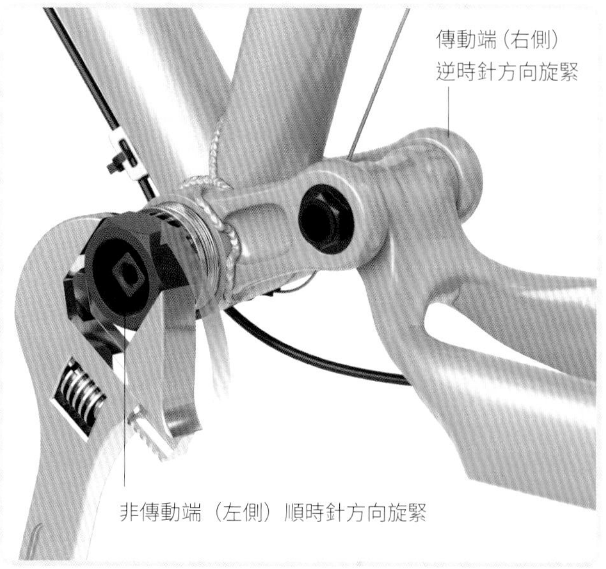

9 徒手鎖緊軸承杯後，以五通工具與活動扳手將兩側軸承杯盡量旋緊。最後裝上曲柄組（參閱166-173 頁）。

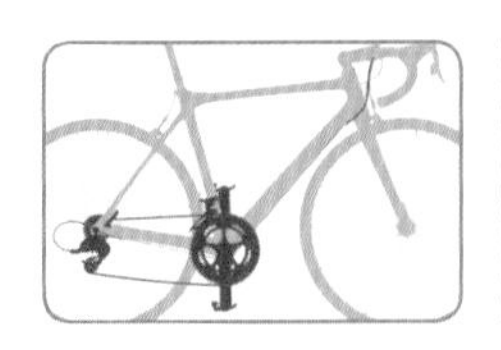

更換五通軸承 Shimano HollowTech II

Shimano HollowTech II 五通軸承被廣泛應用在現代單車上，配合 HollowTech II 曲柄組使用（參閱 166-167 頁）。若發現異音、踩踏不順或側向晃動，即代表五通軸承已有耗損。

前置準備

- 以維修腳架支撐單車
- 移除曲柄組（參閱 166-167 頁）
- 清理五通軸承周圍
- 稍微潤滑五通軸承杯

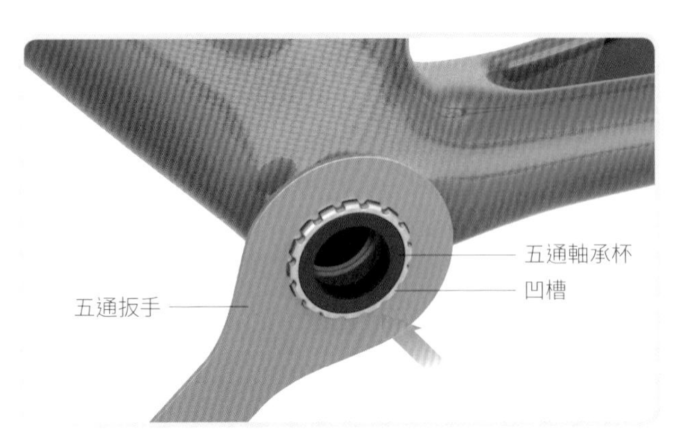

1 由非傳動端（左側）開始，將五通扳手套上軸承杯上的凹槽。以其上標示「迫緊」(tighten) 箭頭的反方向轉動鬆開軸承杯。

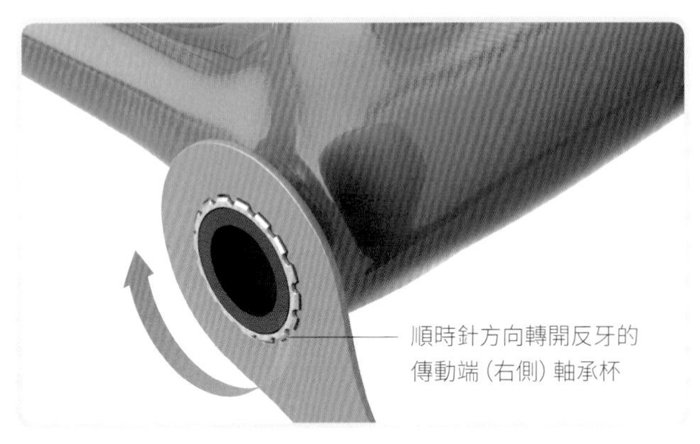

2 在傳動端（右側）重複前一步驟，這一側要以順時針方向轉動五通扳手。傳動端的螺紋為反牙，以避免踩踏力道導致軸承杯鬆脫。

零件細節

Shimano HollowTech II 五通軸承由下列元件組成。

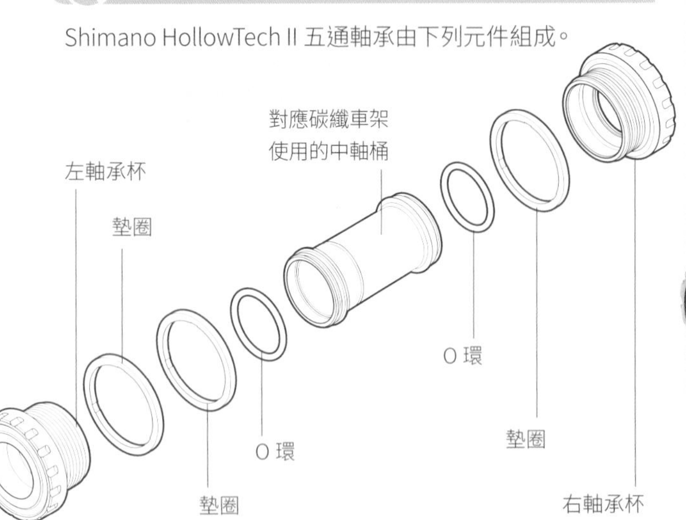

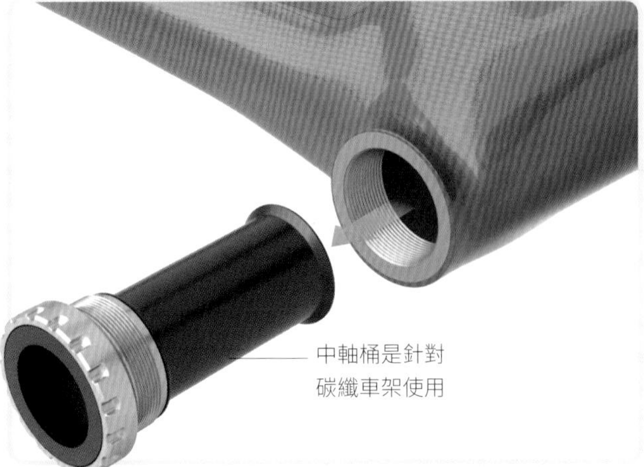

3 將兩側軸承杯完全轉鬆，直到整個五通軸承單元退出，一旦轉得夠鬆，即可徒手進行退出動作。傳動端（右側）軸承杯可能會連接著中軸桶。

工具與裝備

- 維修腳架
- 抹布
- 潤滑油
- 五通扳手
- 去漬劑

注意！如果發現車架五通管螺紋有任何損傷，或是不小心造成滑牙，就可能需要專業技師重新車牙。

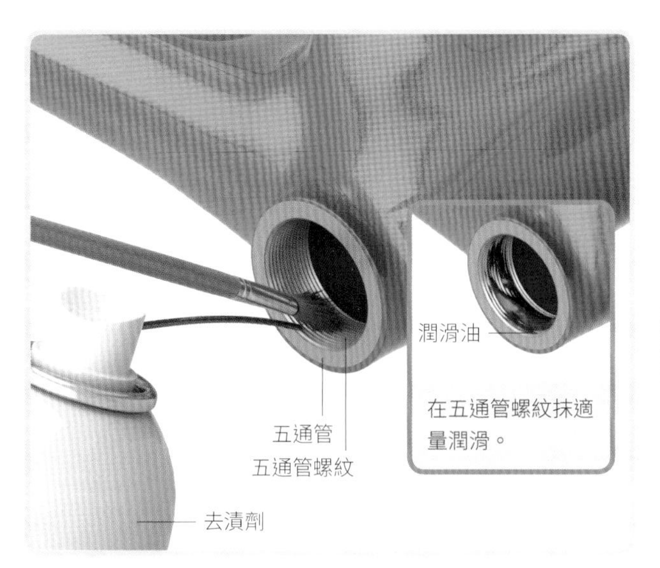

4 以抹布與去漬劑徹底清潔車架五通管螺紋，並擦拭乾燥。檢查是否有鏽蝕並清除，然後對螺紋進行潤滑。

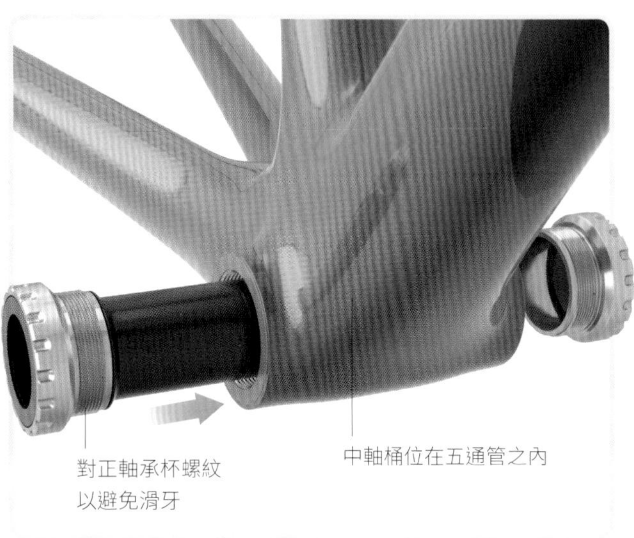

5 從傳動端（右側）將新五通軸承放入五通管，逆時針方向旋緊。盡量徒手進行，因為如果兩者螺紋沒有對正，過大的扭力會對五通管螺紋造成損傷。

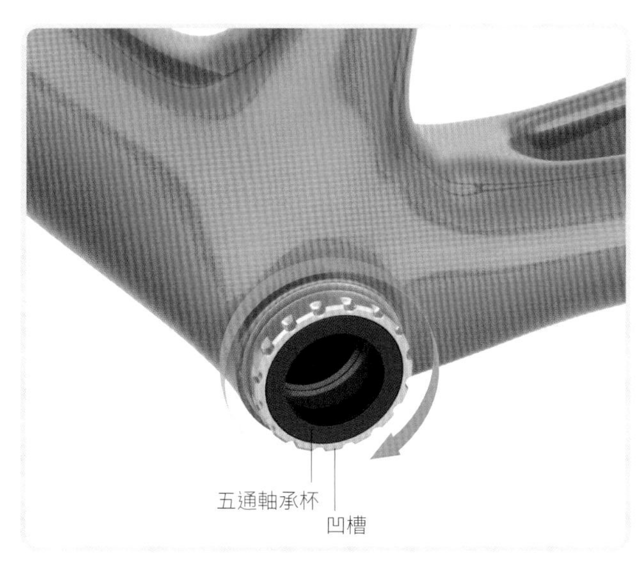

6 將非傳動端（左側）軸承杯裝上，依照其上標示的「迫緊」（tighten）箭頭指示方向旋緊。請確認軸承杯螺紋對正五通管螺紋。徒手將軸承杯盡量旋緊。

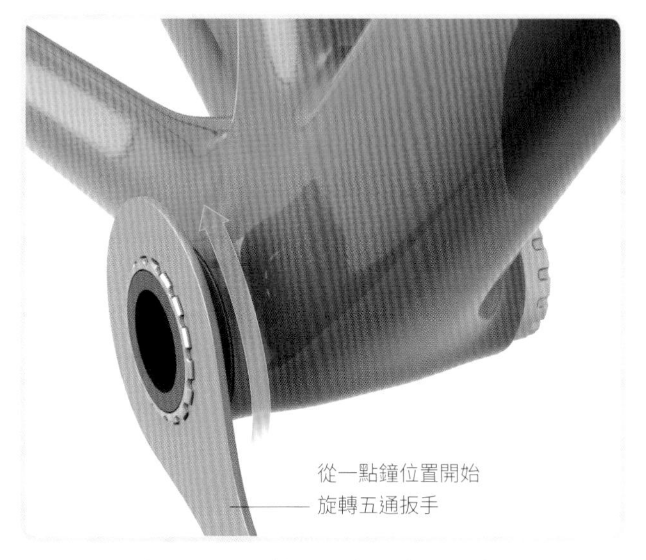

7 以五通扳手將兩側軸承杯完全旋緊。請確認五通扳手對正軸承杯凹槽，若尚未對正施壓而打滑，將對軸承杯凹槽產生損傷。

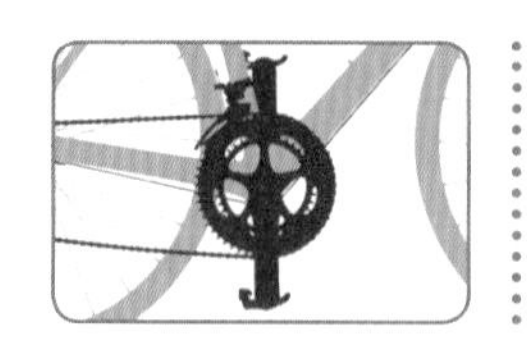

選用指南

踏板

新購的單車通常會附上基本款平踏板，有些會帶有趾套或束帶。許多現代踏板設計可與車鞋底部卡合，使整個踩踏迴旋皆有力量輸出，大幅增進踩踏效率。車鞋卡入踏板後，仍可調整不同角度的「浮動」範圍 - 此為腳掌脫離踏板前可移動的距離，可依照騎乘需求進行調整。

類型	適用性	運作模式
平踏板 這種基本設計的踏板沒有固定腳掌的機構。容易使用，尤其廣泛使用在下坡車騎乘用途上，因為能讓騎乘者藉由踏板進行操控。	■ 日常事務車或短距離通勤車。 ■ 登山車，尤其是要進行技巧性下坡的騎乘時。 ■ 載貨車，提供騎乘者更高掌控性，有助於平衡載貨時的晃動。	■ 簡易的片狀結構，無束帶機構。 ■ 儘管設計簡易，但要真的操起來，也不輸於其他種類踏板。
公路卡式踏板 最為廣泛使用的卡式踏板，只能配合硬底公路車鞋使用。不同廠牌踏板必須搭配對應的卡子使用。	■ 所有種類公路競賽，競技騎乘與訓練。	■ 卡式機構位於踏板一面，以前端檔板（條）與後端彈簧張緊鎖定機構構成。 ■ 此系統可調整車鞋在踏板上的浮動程度。
雙面卡式踏板 因為雙面皆有卡式機構，很容易將車鞋卡入。除了適合非鋪裝路面騎乘，也常見於一般公路使用。對應此類踏板的車鞋具有較高抓地力鞋底，也便於行走。	■ 一般公路、通勤或是非鋪裝路面騎乘。因為此類踏板設計便於排泥，並採用較能隱入鞋底的小卡子，所以下車時亦便於行走。	■ 凸起卡式機構配合以螺栓固定在車鞋底的小型金屬卡子。卡子藉由推抵檔板（條）固定在踏板上。 ■ 卡式機構提供不同浮動調整範圍，並具有快速釋放彈簧張力功能。
趾套與束帶踏板 此類踏板可搭配非專用車鞋使用，並且腳掌不會被固定在踏板上。束帶可調整至非常鬆的狀態使用。	■ 適合想增加踩踏效率卻又不確定是否要使用卡式踏板的初學者。 ■ 長途騎乘，因為趾套與束帶配合硬底鞋較適合長距離騎乘。	■ 趾套防止腳掌往前滑動，束帶則可將腳掌定位在踏板上。 ■ 可在踏板後方插入硬質鞋版對應重度公路騎乘使用。

公路車與登山車都有不同型式的卡式踏板，分別提供給不同騎乘能力的人使用。簡單的趾套與束帶踏板，則適合偏好傳統設計的騎乘者。

關鍵零件	對應鞋類	調整方式
■ 本體以鋼材或塑膠製成，片狀結構表面前、後有螺栓凸起。 ■ 針對登山車使用的平踏板具有較大板面與更尖銳的螺栓凸起，增加鞋底抓附力。	■ 平底鞋最適合平踏板，但是皮底或是過硬的鞋底則可能使抓附力不足，腳掌因此容易在踏板上滑動，造成騎乘時失衡。	■ 平踏板並無可調整機構。
■ 本體以碳纖製成，整合鋼質、塑膠或複合材料的脫離機構。 ■ 卡入機構以彈簧或結構本身張力構成。	■ 具有堅硬碳纖或複合材料鞋底的輕量化公路車鞋。鞋底有三個通用螺孔。 ■ 通風設計車鞋保持腳部涼爽。	■ 每種踏板有各自的浮動調整方式，但通常藉由旋轉壓在彈性機構或張力板上的平頭螺栓進行。
■ 本體由鋼或鈦合金製成，具有彈簧卡入機構。 ■ 簡約設計防止泥沙堆積。	■ 具有硬質塊狀鞋紋或高抓地力鞋底的公路或登山車鞋，設計亦可供行走或公路越野時跑步使用。 ■ 以兩個螺栓將硬底板與卡子結合在鞋底內陷的凹槽中，讓使用者在需要時能卡入踏板。	■ 依踏板型式而定，以多種方式個人化增加或減少浮動範圍。
■ 本體以鋼合金或塑膠製成，底板鎖在板面前、後端。 ■ 以趾套與束帶將腳掌定位。	■ 適用於任何可用在平踏板上的鞋子，或是可用在趾套 / 束帶踏板又無硬底板的鞋子。 ■ 傳統上如果踏板有硬底板，那就必須使用皮底車鞋。	■ 束帶可束緊包覆鞋子，並由快拆機構束緊或鬆脫。

踏板保養

潤滑轉軸軸承

每次騎乘，踏板都會經歷數千次的轉動。由於位置接近地面，常會沾染水份及塵土，而造成損耗。磨耗過的踏板無法自由轉動，降低踩踏效率。踏板保養過程很簡單，每 12-18 個月就需要檢查一次踏板。

前置準備

- 檢查兩側踏板確認本體有無破裂
- 檢查轉軸是否彎曲，如發生此狀況，就需要更換
- 將鏈條變至最大齒盤
- 若踩踏不順，請噴些潤滑油
- 準備潔淨空間擺放已拆卸零件

1 根據踏板型式，以內六角扳手或活動扳手，將踏板從曲柄卸下。傳動端（右側）踏板以逆時針方向轉動卸下，非傳動端（左側）踏板則是順時針方向。

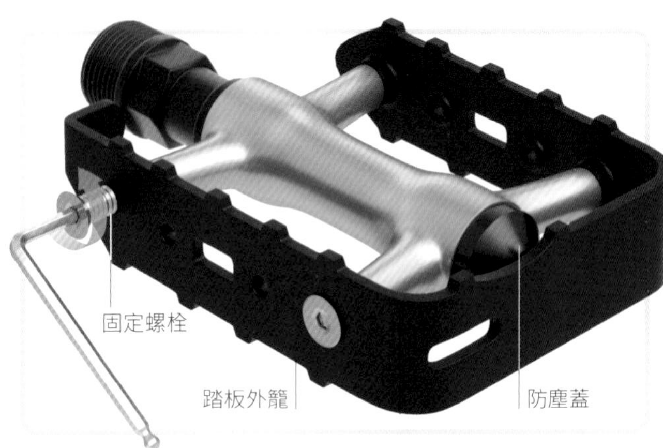

2 以內六角扳手逆時針方向轉鬆固定螺栓，將踏板外籠卸下。若螺栓卡死，請噴上潤滑油。清理螺栓及螺紋，放置一旁備用。

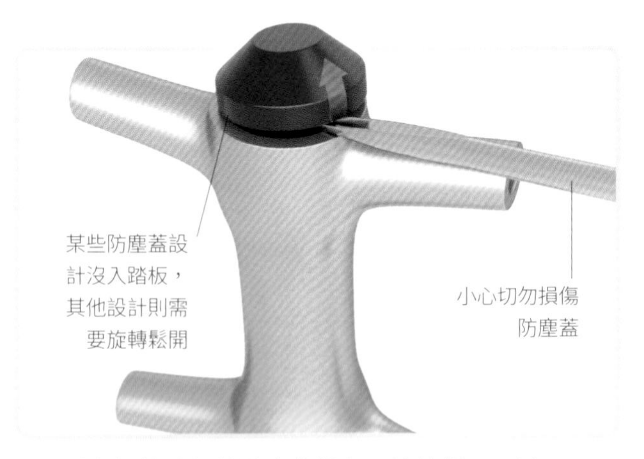

3 垂直握持踏板使防塵蓋朝上，轉軸朝下。以一字螺絲起子撬開防塵蓋，露出內部軸承。防塵蓋放置一旁備用。

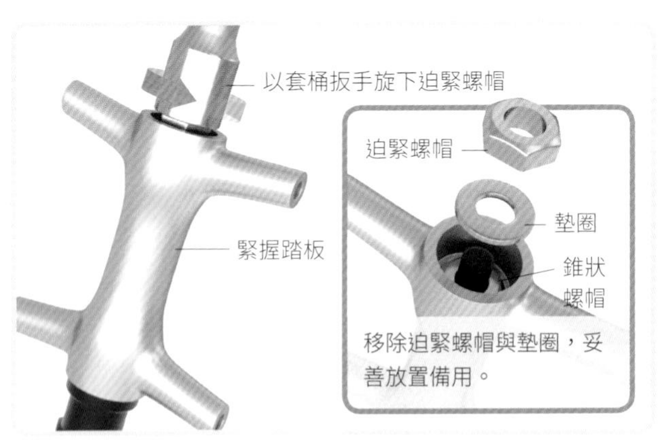

4 將套桶扳手套在內部迫緊螺帽上。握緊踏板並以逆時針方向轉動迫緊螺帽。移除迫緊螺帽與下方墊圈，露出錐狀螺帽。

工具與裝備

- 滲透潤滑油
- 內六角工具組或活動扳手
- 抹布與去漬劑
- 一字螺絲起子
- 套桶扳手
- 磁鐵或鑷子
- 油與油槍

施工訣竅：若手邊無油槍，則可使用舊鋼絲將潤滑油推入滾珠間隙，如位在踏板中軸的挾小間隙。

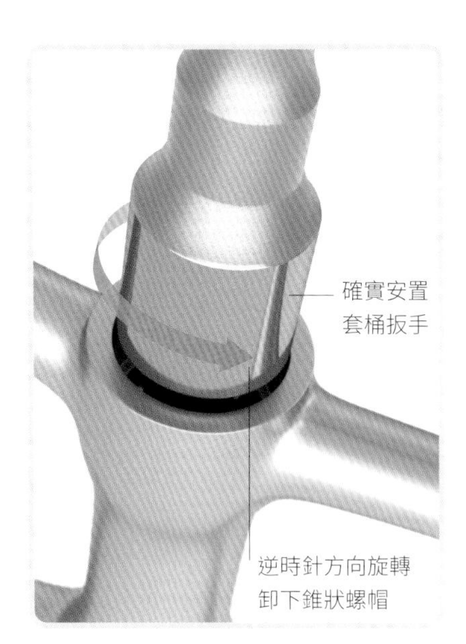

5 以套桶扳手逆時針方向轉開轉軸端點的錐狀螺帽。穩定握持轉軸。

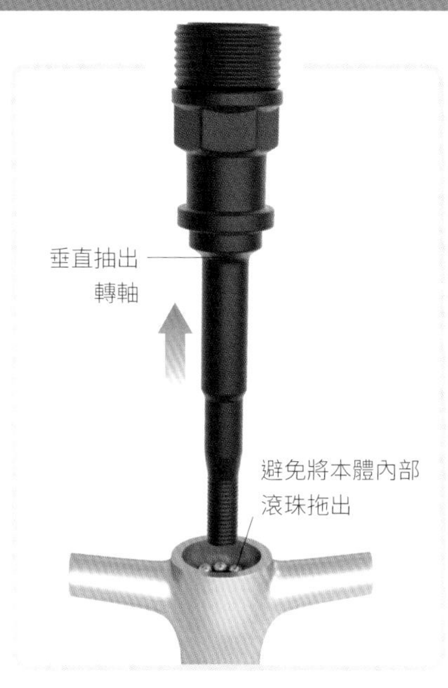

6 翻轉踏板將轉軸抽出踏板本體。起注意不要將本體內部滾珠一併拖出。

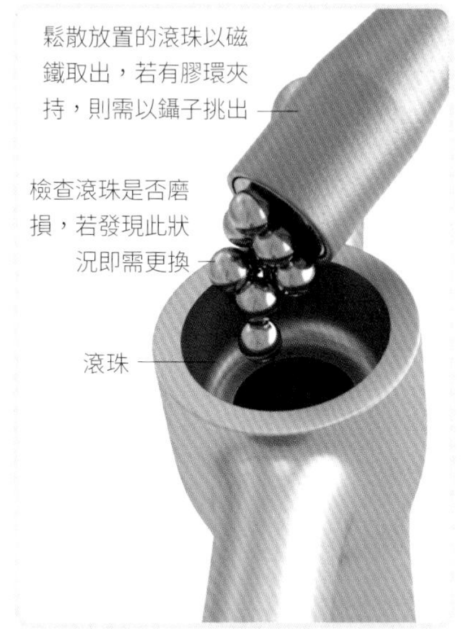

7 以磁鐵或鑷子取出滾珠。清潔滾珠、轉軸與滾珠環。

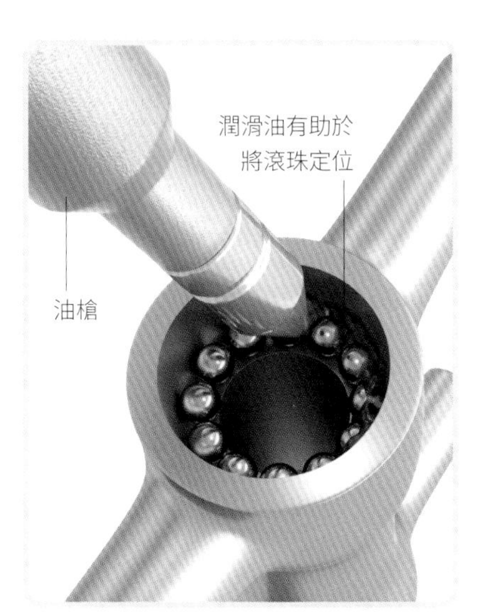

8 潤滑踏板內部。在兩側踏板的滾珠環上放置滾珠，添加更多潤滑油。

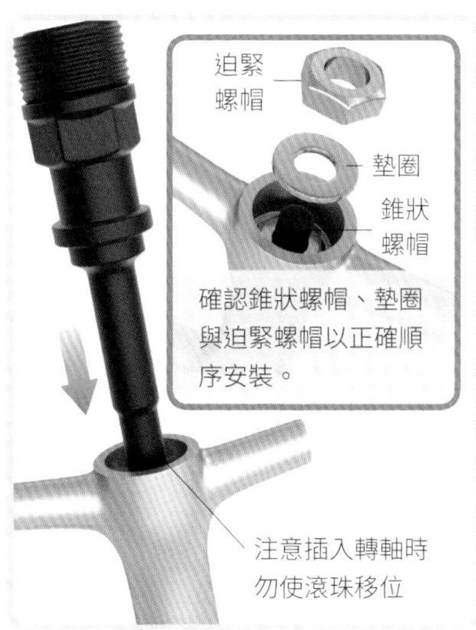

9 將轉軸插入踏板本體。安裝錐狀螺帽並稍微旋緊。安裝墊圈及迫緊螺帽。

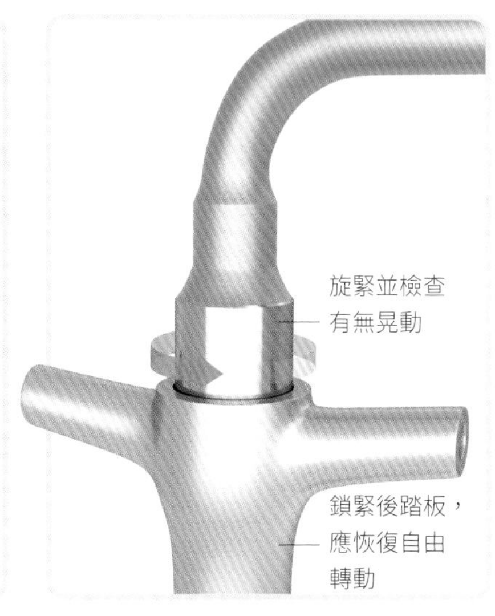

10 完全鎖緊迫緊螺栓並安裝外籠。將踏板安裝至曲柄前，請先潤滑轉軸螺紋。

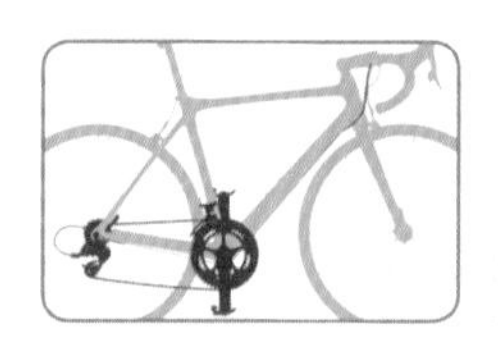

安裝卡子

車鞋與卡子

若採用卡式踏板，就需要在車鞋底安裝卡子(cleats)。購買卡踏時通常會隨附卡子。請確認更換的新卡子適用於原本的車鞋與卡式踏板。為求踩踏效率與避免膝部受傷，就必須依照個人腳部姿態調整卡子位置與角度。

前置準備

- 移除舊卡子並以小毛刷清理螺孔
- 坐著穿上一般騎乘襪
- 沿著腳掌內側，找出腳拇指根部球狀蹠趾關節
- 穿上車鞋後，再找到同樣的蹠趾關節

1 穿上車鞋，坐上座墊。需要將車依靠在牆邊進行。將腳掌放上踏板，使球狀蹠趾關節落在踏板轉軸正上方。

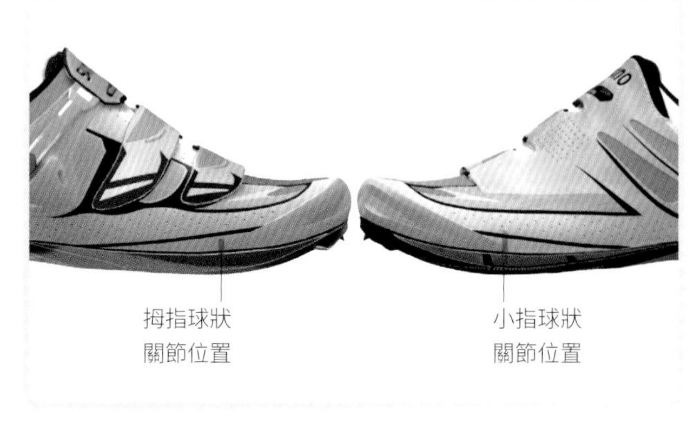

2 為取得卡子安裝位置，請先穿著車鞋，以筆在車鞋外標記拇趾與小指蹠趾關節位置。然後脫掉車鞋。

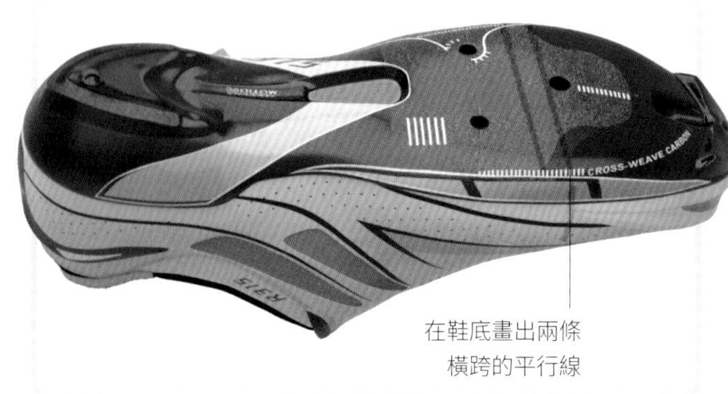

3 將車鞋翻轉，用直尺以拇指關節標記為起點畫出直線，並以小指關節標記為起點畫出另一條平行線。卡子中心必須位在這兩條平行線中間。

工具與裝備

- 內六角工具組
- 車鞋與車襪
- 小毛刷
- 筆
- 尺
- 潤滑油

注意！ 確認卡子與車鞋相容。卡子有兩種型式：雙螺孔卡子通常應用於登山車鞋；三螺孔卡子則適用於公路車鞋。某些車鞋具有兩對螺孔，提供更精準的卡子定位。

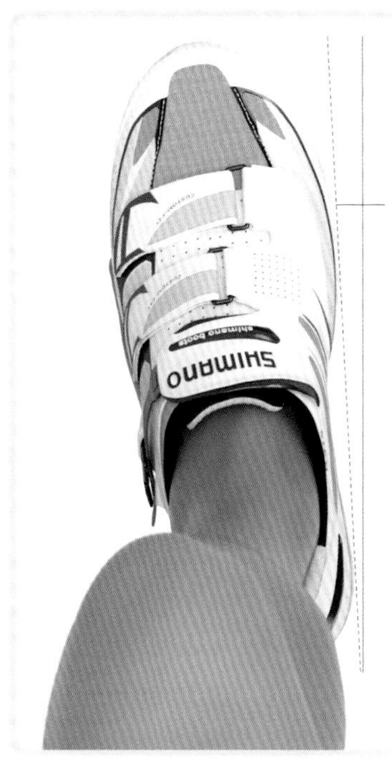

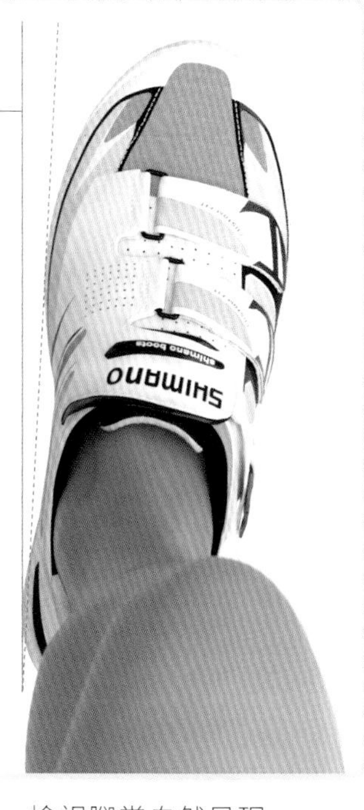

4 為求設定卡子角度，坐下使雙足自然垂掛。檢視腳掌自然呈現朝外、朝內或平行的姿態。約略記下每隻腳掌的角度。

微調

可依照個人騎乘習慣進行微調：

- 卡子側向移動可改變腳掌相對於車架中心線的位置。如在踏點上端膝部呈現朝外姿態，若將卡子往內移，腳掌就會外移。如果膝部偏向內側，就將卡子往外移。
- 卡子通常以顏色區分「浮動」（卡子卡入後可進行的小幅移動）程度。零浮動或固定式卡子完全固定腳掌。6 度或 9 度的卡子則允許踩踏時腳掌小幅扭動。

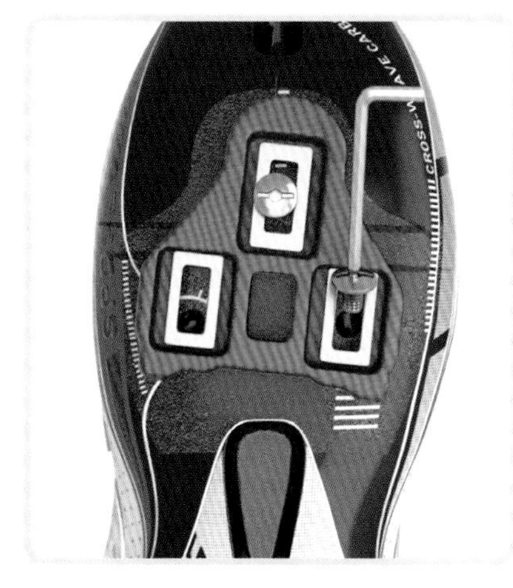

5 潤滑卡子螺栓螺紋，裝上卡子，稍微旋緊螺栓。將卡子中心對正先前畫出的兩條標線。

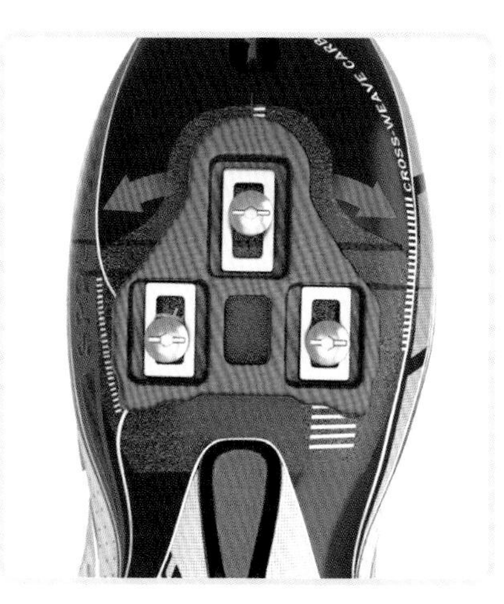

6 扭動卡子使其落在步驟 3 所畫出的標線中。調整卡子前端使其符合腳掌自然垂掛角度。

7 依序平均旋緊卡子螺栓。如步驟 1 坐上車測試卡子位置。如有需要再進行調整。

第 7 篇 避震系統

FUSION
PERFORMANCE SUSPENSION

選用指南

避震系統

避震系統是針對行經崎嶇路面時遭遇顛簸路況所設計，用來吸收震動與增加抓地力。因此主要應用在登山車與部分跨界車上。其中零件包含伸縮前叉、後避震器、避震座管或龍頭與彈性車架。在選購之前，請先考量將進行何種騎乘方式。

類型	適用性	運作模式
避震前叉 幾乎所有登山車與許多跨界車都有伸縮前叉。只有避震前叉的登山車稱為「硬尾車」。避震前叉以作動行程長度區分(壓縮量)。	■ 崎嶇或亂石的非鋪裝路面騎乘。 ■ 下坡與自由騎車種配有較長避震前叉（行程最高至230mm）。 ■ 繞圈越野登山車配備較短前叉（80-100mm）。	■ 藉由壓縮空氣或金屬彈簧達到避震功能。通常可加以調整並具有鎖死功能。 ■ 前叉通常能依照騎乘者體重調整預壓。
後避震器 許多具有避震前叉與後避震器的登山車稱為「雙避震車」。有行程、彈簧磅數與連桿系統不同之分別（最常見的為單轉點與四連桿系統）。	■ 非常崎嶇或亂石非鋪裝路面騎乘，尤其是技術性下坡騎乘。	■ 後三角，或稱為搖臂，後輪安裝其上，連接車架前三角的最後一個轉點。 ■ 後吸震裝置（後避震器）控制搖臂的擺動。 ■ 許多後避震器具有鎖死功能，便於進行公路或爬坡騎乘。
浮動傳動系統 此類避震系統具有多轉點與多連桿，五通位於連接前、後三角的連桿上，因此能隨著避震作動而移動。	■ 適用於多種地形，浮動傳動系統提供敏銳的抓地力，並可產生較高踩踏效率。	■ 後三角，或稱搖臂，與車架前三角轉點連接。 ■ 後吸震裝置（後避震器）控制搖臂擺動。 ■ 五通軸承與曲柄組位在前、後三角之間的連桿上。
避震座墊 / 座管 使用避震座管與座墊是種改善一般性騎乘品質既簡單又價廉的方式。甚至事務車座墊下方的彈簧都能提供基本的吸震功能。	■ 石鋪路或不均勻的金屬路面騎乘。 ■ 長距離騎乘。 ■ 若不使用雙避震車，則適用於硬尾登山車。	■ 藉由座墊下方的彈簧進行此類最基本的吸震方式。 ■ 避震座管以彈簧包覆活塞之機構達到吸震作用。

即便只是偶爾在崎嶇路面上騎乘，使用避震坐管仍可使騎乘變得更加輕鬆與舒適。針對更正式的林道騎乘，甚至是下坡或繞圈越野路段，就應該考慮升級避震前叉或甚至是雙避震車。

關鍵零件	規格變化	維修保養
■ 前叉本體具有轉向管、叉肩、內管、外管與輪軸。 ■ 以壓縮氣室或金屬線圈達到彈簧減震功能。	■ 單肩前叉為多數登山車標準配備，在轉向管底端有一個叉肩。 ■ 雙肩前叉在轉向管上端還有另一個叉肩。為下坡車結構提供額外剛性。	■ 檢視內管是否有刮痕、刻痕或油料滲漏，這些都是油封損壞的徵兆。 ■ 在經歷正面強力撞擊後，應檢查是否有彎曲或損傷。
■ 後避震器具有壓縮氣室或金屬線圈。 ■ 轉點系統可使後三角獨立於前三角自由擺動。	■ 單轉點系統具有連接至前三角單一轉點的搖臂，通常位於五通軸承之上。 ■ 四連桿系統具有兩個轉點與一個連桿。後避震器位於連桿與其連接車架的拖架之間。	■ 檢查後避震油封是否有避震油滲漏。 ■ 轉點、連桿或車架軸承應無磨耗。 ■ 搖臂管件與活塞軸（或桶軸）在經過撞擊後可能損壞，因此需要維修。
■ 後避震器採用高壓氣體彈簧或是金屬線圈彈簧達到避震效果。 ■ 轉點系統使後三角與車架其它部位連動作用。	■ 市面上有許多不同種類設計，包括 i-Drive、Freedrive 與單連桿系統。	■ 檢查後避震油封是否有避震油滲漏。 ■ 轉點、連桿或車架軸承應無磨耗。 ■ 搖臂與連桿在經過撞擊後可能損壞，因此需要維修。
■ 座管本體具有內部墊圈、內部彈簧、活塞與外管。 ■ 部分座管則具有搖臂與轉點構造，使座墊後下方移動。	■ 避震座管具備內部阻尼管。本體可能以鋁合金製成。 ■ 彈性吸震塊可能整合於避震坐管中，或單獨使用。 ■ 簡易彈簧座墊。	■ 避震座管的彈簧應時常潤滑，以避免卡死與產生異音。 ■ 彈性吸震塊損耗或硬化時就必須更換。騎乘者也可更換較硬或較軟的吸震塊。

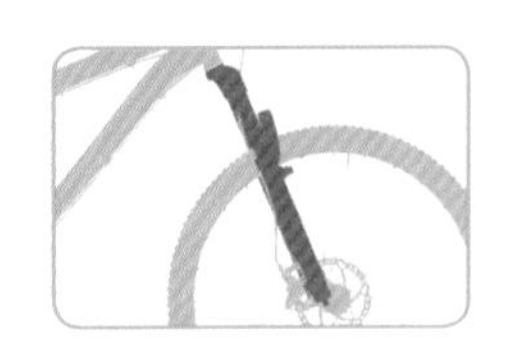

關鍵零件

避震前叉

避震前叉藉由壓縮與回彈來吸收震動與衝擊。在顛簸路面上可使前輪時時接觸地面，並減低騎乘者疲勞感。

前叉具有金屬或氣壓彈簧。彈簧作用速度是由浸泡在避震油腔的活塞阻尼控制。阻尼與彈簧作用都可依照體重、個人偏好與地形調整。

避震前叉應保持乾淨，並在每二十小時騎乘後（參閱 198-199 頁）進行保養。部分型號需要每年做專門保養。

下管連接頭管與立管

外管座將外管固定在車架上

變速外管

零件細節

避震前叉包含氣壓彈簧（如圖示）或是金屬線圈、固定內管與滑動外管。可能具備鎖死功能。

① 內管與叉肩連接，內含吸震機構，包括阻尼活塞與壓縮氣室或線圈彈簧。

② 外管連接前輪，避震系統壓縮與伸展時，沿著內管垂直上下作動。

③ 內管中的腔體內含高壓空氣。氣壓可增加或減少以調整避震表現（參閱 194-195 頁）。

④「鎖死」可以關閉避震功能，前叉因此無法壓縮。此功能在平坦路面騎乘時，可節省踩踏體力消耗。

前叉預壓

前叉會因騎乘者的體重微微壓縮。此壓縮量由內管上的 O 環顯示（參閱 194-195 頁），可進行調整。

頭碗
可由氣嘴加壓或洩壓前叉氣室
頂蓋位於氣室上端
氣室提供氣壓彈簧功能
叉肩連接轉向
管與內管
鎖死旋鈕
可關閉避
震功能
4
1
2
3
外胎
O 環標示前叉預壓
壓縮阻尼控制
前叉回彈速度
簧箍油封隔絕
塵土污染
前叉密封墊圈
防止塵土進入
活塞頭位於
內管上方
油腔內含
避震油
阻尼活塞壓縮
油腔內避震油
氣室上的
密封墊圈
油路閥門
調節阻尼
阻尼軸推動
阻尼活塞
碟盤
阻尼密封墊圈
位於活塞下端
碟煞卡箝
前叉叉端連接前輪
回彈調整鈕可
調整回彈速度

調整避震前叉

設定前叉預壓

預壓量是由騎乘者自身重量壓縮前叉所造成，可依照不同騎乘方式與地形設定。下列示範是以氣壓前叉為例，因為這是最常見的前叉型式。金屬線圈彈簧前叉，也可更換彈簧做調整。

前置準備

- 將氣壓前叉加壓至製造廠商建議對應體重的壓力值
- 模擬騎乘時總重：穿上騎乘服飾、車鞋、安全帽、背包，車上放置水瓶或水袋與任何會使用到的收納包。

1 將 O 環滑至內管最底端。若內管上沒有 O 環，在內管底端綁上橡皮筋。切勿使用束帶，因為這可能會刮傷內管。

2 拉緊前煞，確認單車無法前移。握緊車把將全身重量壓在前叉上，使其完全壓縮。

3 將體重從前叉上移除，使前叉伸長至原來位置，然後測量內管底端至 O 環位置間的距離。

4 將 O 環推回內管底端。騎上單車，站立在踏板將體重壓在車把上，使前叉小量壓縮。請勿拉前煞或刻意按壓前叉。

工具與裝備

- 高壓打氣筒
- 前叉使用手冊
- 騎乘人身裝備
- 橡皮筋
- 皮尺

注意！若前叉具有行程調整旋鈕，在進行下列步驟前，請先確認位於「全行程」設定。若前叉具有「鎖死」調整旋鈕，請切換至「全開」位置，使前叉能完全壓縮與伸長。

5 小心地離開單車，切勿造成前叉額外壓縮，記錄下 O 環所在位置。針對一般越野或林道騎乘，預壓量約為步驟 2 所量測之全行程 20-25%，針對下坡騎乘則為 30%。

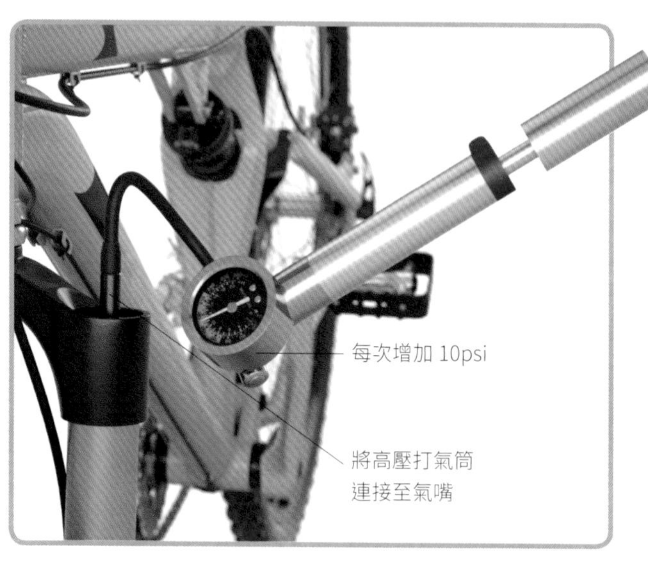

6 若此時預壓量大於所需設定，則將高壓打氣筒連接至內管上端氣嘴，加壓 10 psi。重複步驟 3-5 並檢查新設定量。

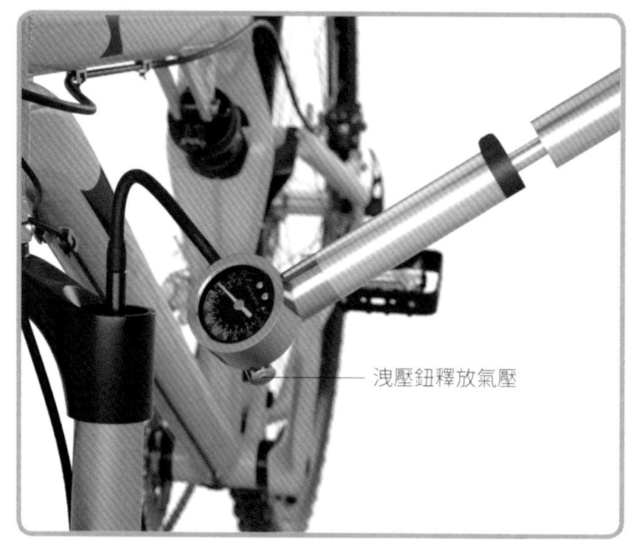

7 若此時預壓量小於所需設定，藉由按壓高壓打氣筒上的洩壓鈕將前叉洩壓，每次洩壓 10psi。重複步驟 3-5 並檢查新設定量。

8 上車試騎，然後按照步驟 3-5 重新設定預壓量。若有需要，依照步驟 6-7 再次調整氣壓。

微調避震前叉

避震前叉根據個人體重與騎乘路況微調後，可提供舒適的騎乘並增加操控性。其中一項調整「阻尼」是用來控制前叉壓縮（向下行程）與回彈（伸長至原長）的速度。正確的阻尼設定可確保前叉在崎嶇路面上迅速與順暢地反應。

前置準備

- 參閱前叉製造廠商使用手冊，設定各項參數的建議值
- 準備乾淨的空間放置氣嘴蓋
- 準備筆記本與筆，記錄下各項嘗試的設定參數

2 再度旋轉回彈旋鈕至全部三分之一響數。然後按壓車把測試前叉回彈速度，手掌保持打平。

1 以逆時針方向將位於前叉下端的回彈旋鈕旋轉至底，然後記下以順時針方向旋轉到底所經過的響數。將所記錄響數除以三。

3 注意前輪在前叉回彈時是否仍接觸地面。如果前輪彈離地面，此回彈設定即為太快。以順時針方向旋轉回彈旋鈕增加阻尼，減少前輪彈跳。

工具與裝備

- 前叉製造商使用手冊
- 筆記本與筆
- 騎乘人身裝備
- 高壓打氣筒

施工訣竅：某些避震前叉可藉由在叉腳內置入或移除塑膠墊塊，來增加或減少避震行程。請參閱前叉製造商使用手冊，看看這樣的調整方式是否適用於你的前叉。

4 如果前叉回彈過慢，以逆時針方向旋轉回彈旋鈕以減低阻尼，增加回彈速度。此時前叉反應應為順暢，無明顯阻力。

5 穿戴上騎乘時的人身裝備，到顛簸的崎嶇路段試騎，感覺此時的避震設定。如有需要就進一步調整，每次旋轉少量響數，微調至令你滿意的狀態。

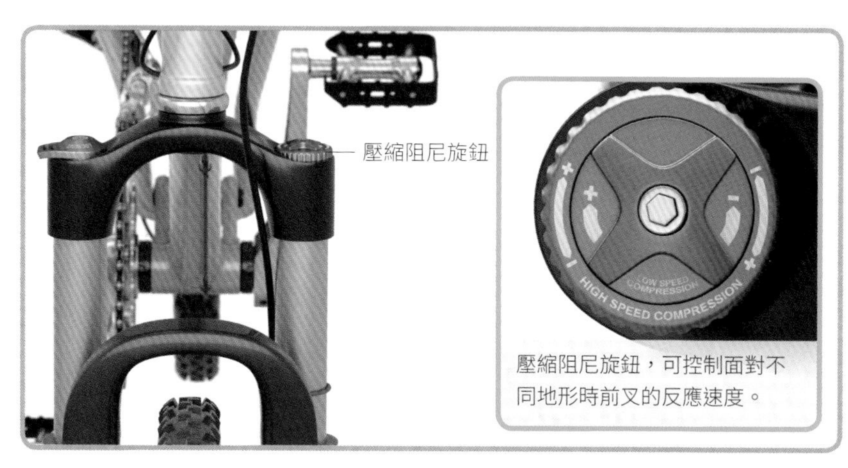

6 若避震前叉具有壓縮阻尼調整選項，就可能需要進行調整，防止騎乘時完全壓縮或「觸底」。壓縮阻尼旋鈕位在前叉頂端。請根據需求調整並測試。

氣壓彈簧前叉

某些氣壓彈簧前叉可調整，用來控制應對細微起伏靈敏度的負壓彈簧。負壓彈簧之起始壓力值應與主氣壓彈簧相同。

- 根據體重將氣壓前叉加壓至正確氣壓
- 有兩種打氣筒：高壓打氣筒與一般打氣筒。請使用正確的打氣筒為氣壓前叉加壓。

前叉維修保養

前叉外管

避震前叉承受崎嶇路面的衝擊，因此需要定期保養以確保運作順暢，並可延長使用壽命。

外管需要在每二十五個小時的騎乘後進行保養，並且在每兩百個小時後更換密封墊圈與避震油。

前置準備

- 移除龍頭與前叉（參閱 54-57 頁）
- 移除前輪（參閱 78-79 頁）
- 移除框式煞車夾器（參閱 114-115 頁）
- 確認前叉潔淨，無塵土或砂粒沾附
- 參閱前叉製造商使用手冊（步驟 8）
- 地面放置防塵墊，防止油料滴落造成髒汙

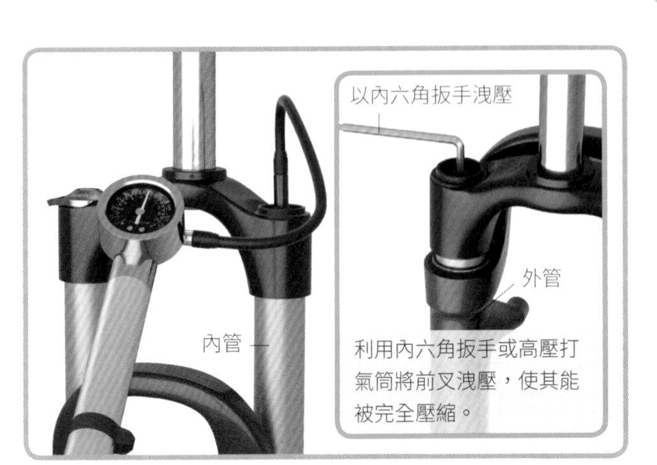

1 將高壓打氣筒連接至前叉氣嘴，記錄此時氣壓。按壓高壓打氣筒上的洩壓鈕，或是以內六角扳手按壓氣嘴中軸釋放氣壓。

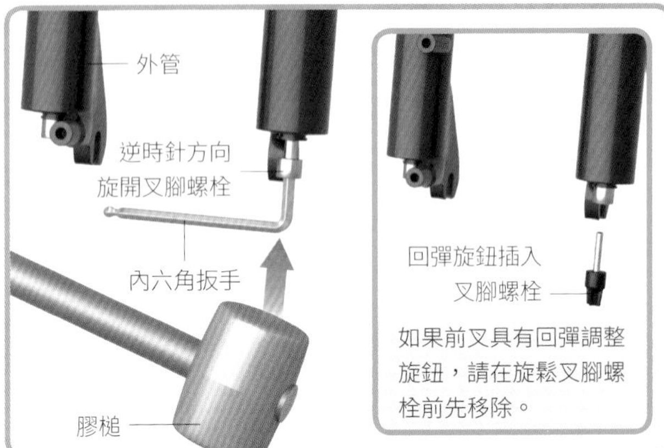

2 以內六角扳手插入兩側叉腳底部的螺栓，旋轉三圈鬆開螺栓。將內六角扳手留在螺栓上，以膠槌輕敲內六角扳手，使外管內的阻尼軸鬆脫。

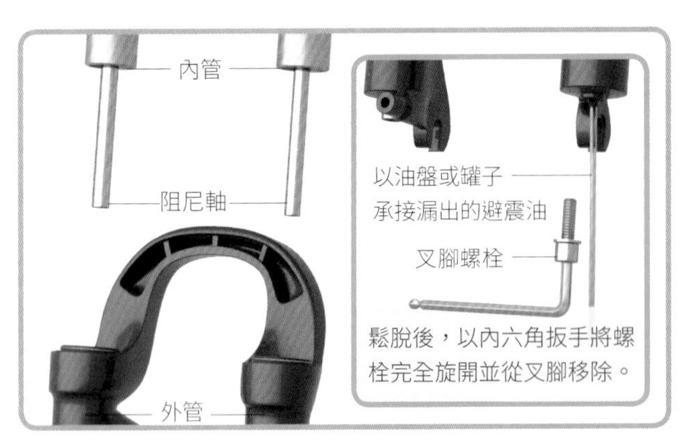

3 完全卸下叉腳螺栓，拉下外管使其與內管脫離。若拉出過程不順，可使用膠槌輕敲。清理內管並檢查表面是否有刮傷。

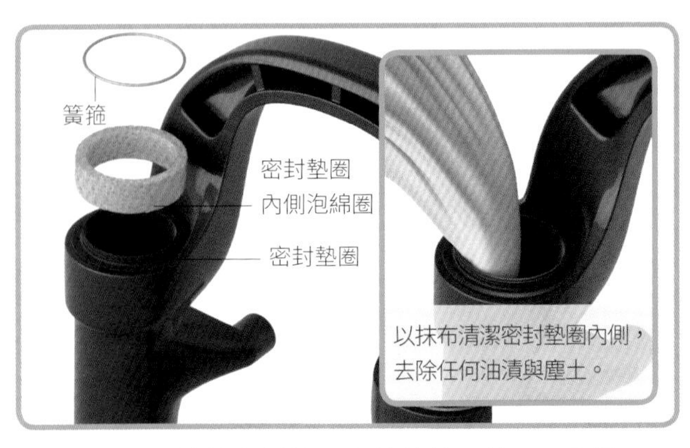

4 移除兩側外管密封墊圈上的簧箍，並用一字螺絲起子將內側泡綿圈小心挑出。以酒精基底清潔劑，清潔泡綿圈與密封墊內側。

工具與裝備

■ 抹布與清潔液	■ 內六角工具組	■ 長螺絲起子	■ 避震用潤滑劑
■ 防塵墊	■ 膠槌	■ 酒精基底清潔劑	■ 避震油與針筒
■ 高壓打氣筒	■ 油盤或罐子	■ 無絮毛巾	■ 扭力扳手（非必要）

5 以無絮毛巾包覆長螺絲起子。將其插入外管中，徹底擦拭外管內側。

6 裝上泡綿圈與密封墊圈上的簧箍，在密封墊圈內側周圍塗上避震用潤滑劑。

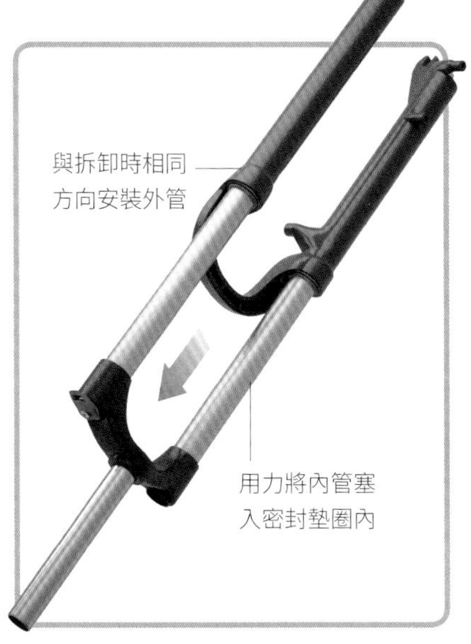

7 旋轉整隻前叉，使內管呈現對角位置。將外管套上至一半的距離。

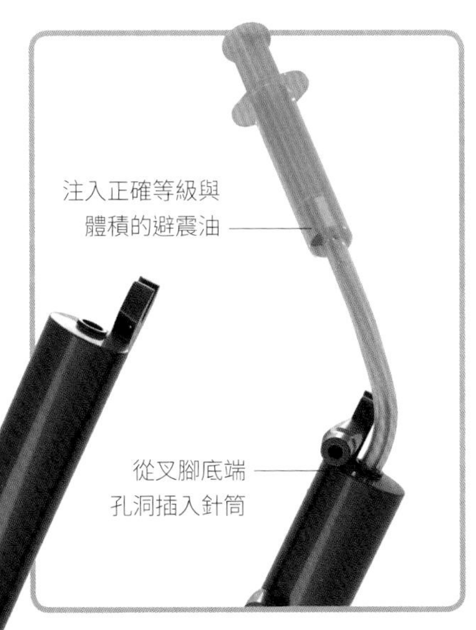

8 以針筒將避震油注入外管內。請參閱前叉製造商使用手冊有關避震油的正確選擇。

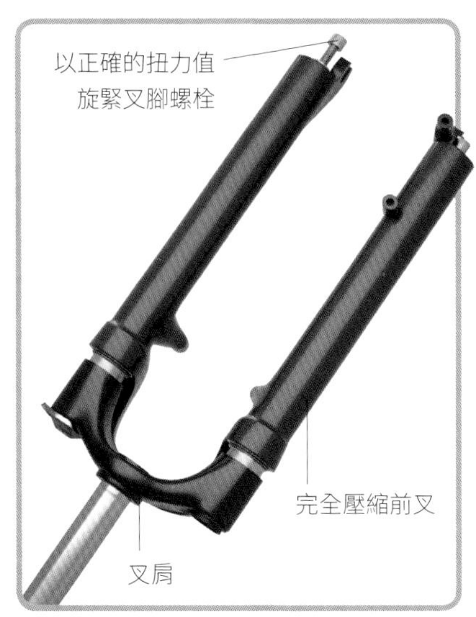

9 壓縮前叉並維持此狀態。裝上兩側叉腳螺栓，若有回彈旋鈕，也請依序裝上。清理任何洩漏的油料。

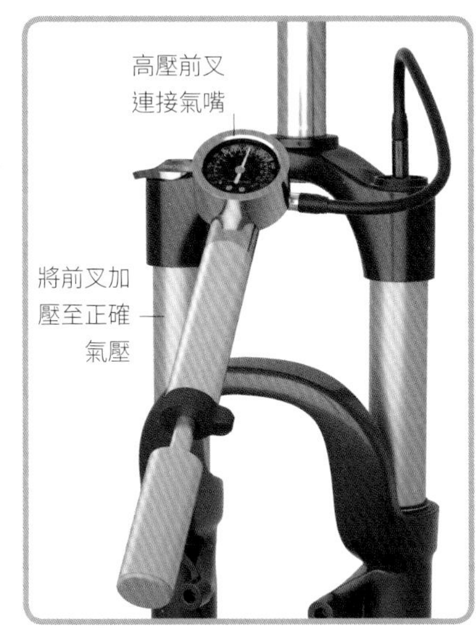

10 以高壓打氣筒將前叉加壓至原來的氣壓。將前叉裝上車架。

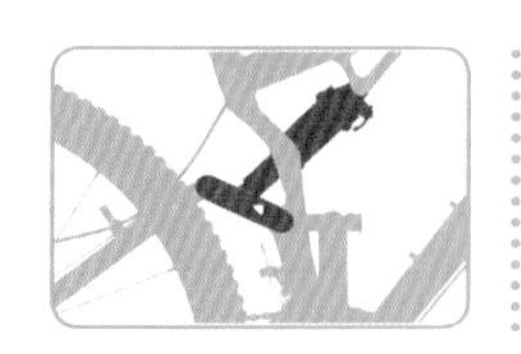

關鍵零件

後避震器

後避震系統可使後輪在崎嶇地形緊貼地面以增加抓地力，使騎乘更加順暢。後避震器是避震系統的核心，以金屬線圈彈簧或氣壓彈簧進行壓縮與回彈，吸收地面起伏造成的震動。

彈簧的反應速度是由位在油腔或氮氣室內的阻尼活塞所控制。彈簧反應與阻尼可根據個人體重、騎乘偏好與地形進行調整。避震器應常保清潔，並在每二十小時騎乘後進行保養。某些型號後避震器每年需要進行一次特殊保養。

後連桿

市面上有幾種連桿設計，後避震器所在的位置也各有不同。即便如此，後避震器的作動方式仍然相同。

零件細節

後避震系統的核心後避震器在車架上扮演轉點與連桿的角色，使後輪產生上、下移動。

1. 某些後避震系統（如圖示）具有單一或更多連桿，將後避震器連接至車架後三角。
2. 在連桿間與／或車架上的轉點使後三角以其為中心旋轉，因此後輪能產生上、下位移。
3. 桶軸是後避震器的下半結構。裡面填充避震油或氮氣，並包含產生阻尼的活塞。
4. 氣室為後避震器上半結構。可增加或減少其中氣體，以便在設定預壓時調整氣壓（參閱 202-203 頁）。

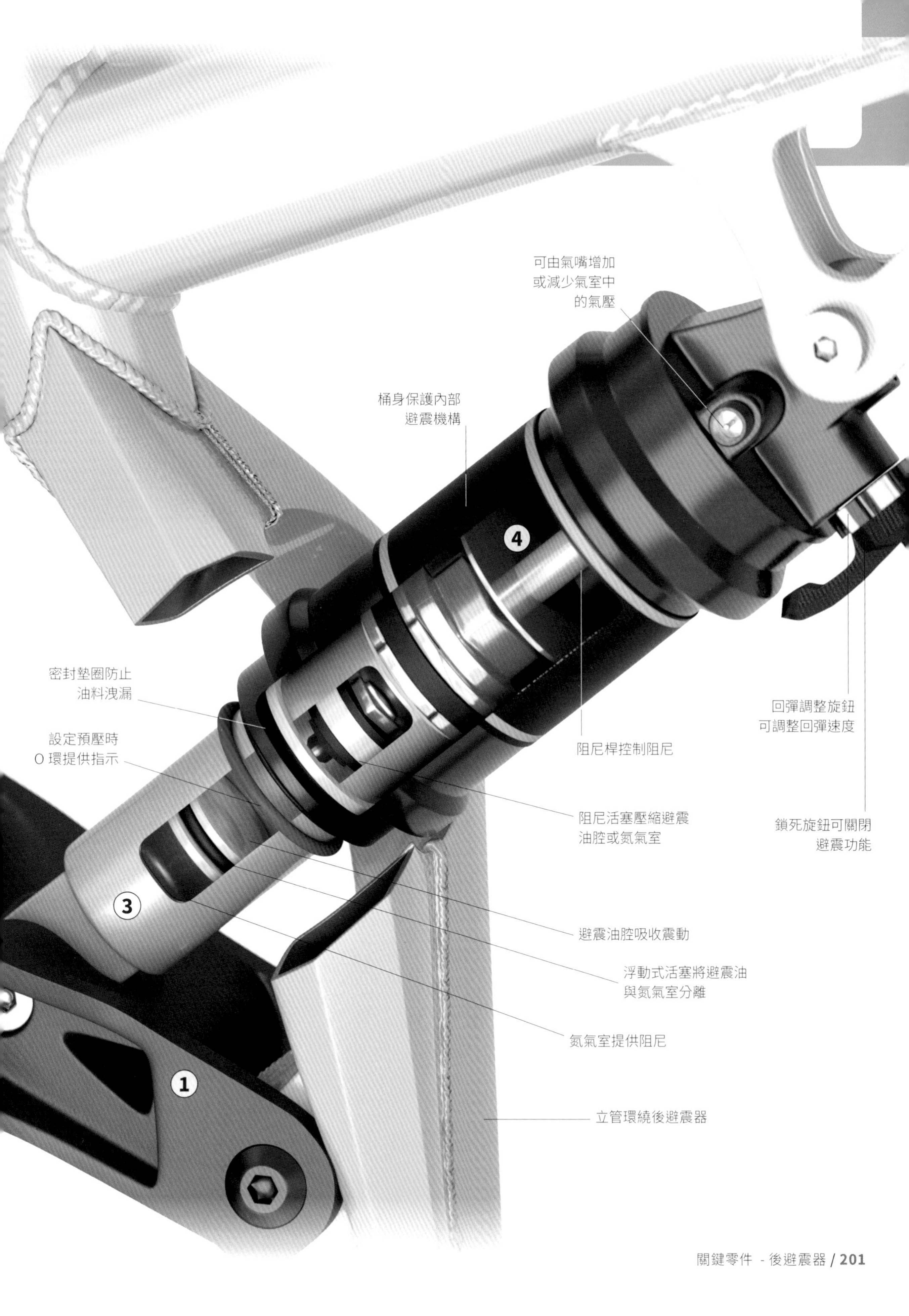
可由氣嘴增加
或減少氣室中
的氣壓
桶身保護內部
避震機構
4
密封墊圈防止
油料洩漏
設定預壓時
O 環提供指示
回彈調整旋鈕
可調整回彈速度
阻尼桿控制阻尼
阻尼活塞壓縮避震
油腔或氮氣室
鎖死旋鈕可關閉
避震功能
3
避震油腔吸收震動
浮動式活塞將避震油
與氮氣室分離
氮氣室提供阻尼
1
立管環繞後避震器

調整後避震器

設定後避震預壓

後避震器的功能不但可產生舒適的騎乘，亦可使後輪緊貼地面，產生最大抓地力與踩踏效率。為達此目的，後避震器必須能進行壓縮與伸長的動作，以便應付路上任何的凸起與凹陷。

前置準備

- 將單車靠在牆邊
- 依照後避震器製造商使用手冊對應體重建議氣壓值，以高壓打氣筒將後避震器加壓
- 穿戴騎乘時的人身裝備（參閱 196-107 頁）

1 將桶軸上的 O 環上移，直到接觸桶身底端的密封墊圈。若後避震器上無 O 環，請在桶軸上綁橡皮筋，並且推至密封墊圈位置。

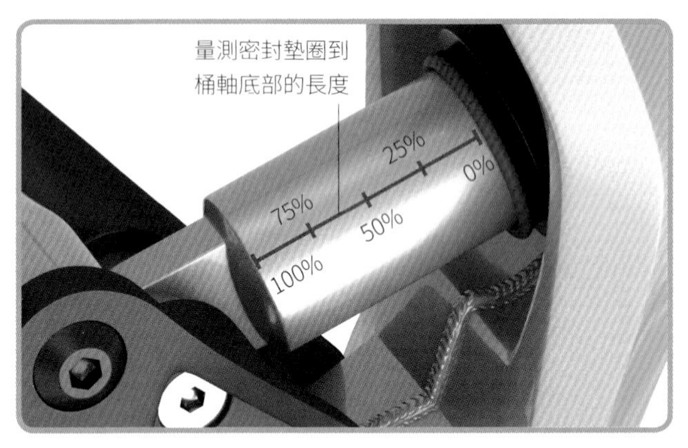

2 量測桶軸外露長度，將此量值除以四。多數後避震器需要 25% 的預壓設定，但為求保險，請參後避震器閱製造商使用手冊內的建議預壓設定量。

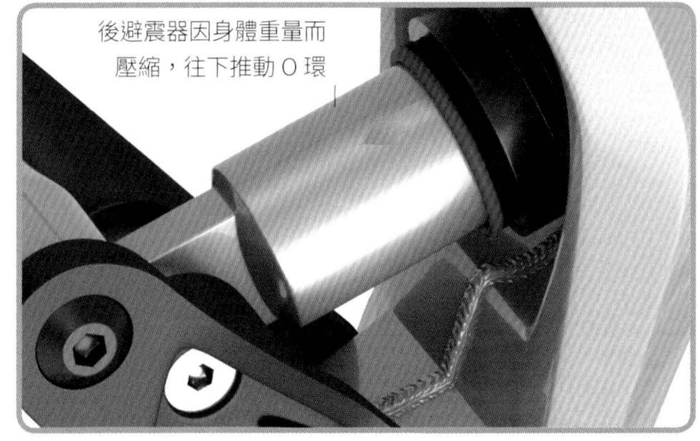

3 穿上騎乘人身裝備模擬平時騎乘重量，小心登上單車，使後避震器的壓縮量單純由身體重量產生。登上車時，應避免使後避震器產生額外壓縮。

工具與裝備

- 高壓打氣筒
- 騎乘人身裝備
- 橡皮筋
- 尺

施工訣竅：在開始設定後避震器預壓之前，請確認任何鎖死或踩踏平台旋鈕皆為關閉，如此後避震器才能壓縮全部行程。

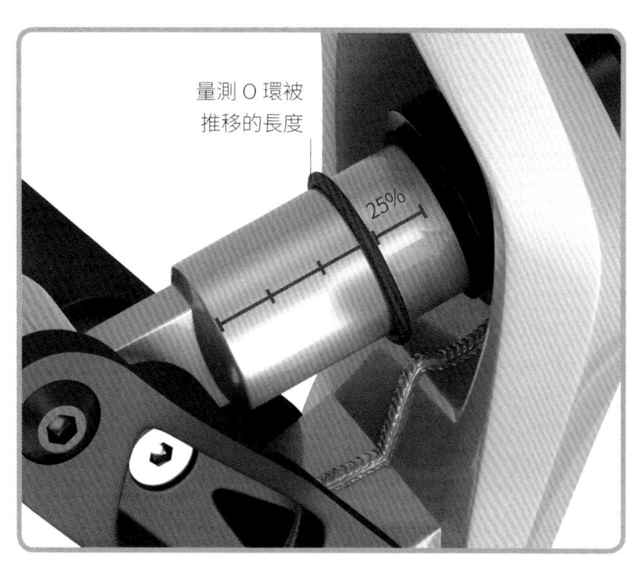

4 小心下車，後避震器伸長，記錄此時 O 環在桶軸上的位置。應被推移到外露桶軸長度的 20% 至 30% 間。

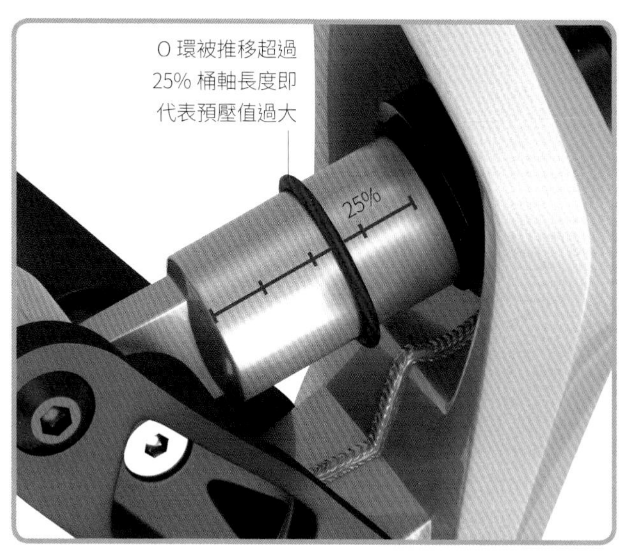

5 最佳的預壓設定值是外露長度的 25%。若 O 環被推移超過 25%，這樣的預壓值就太大，若位移不到 25%，則預壓值太小。

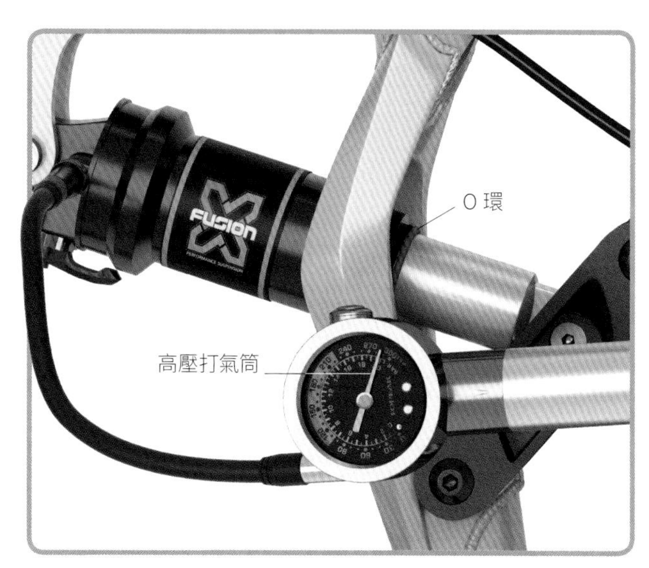

6 將高壓打氣筒連接至後避震器氣嘴調整氣壓。若預壓值太大，則每次以 10psi 增加氣壓。重新測量預壓，若有需要就再增加氣壓。

7 若預壓值太小，按壓高壓打氣筒上的洩壓鈕減低後避震器氣壓，重新量測預壓（參閱步驟 1-4），若有需要則需反覆進行設定步驟。

rmey
ner

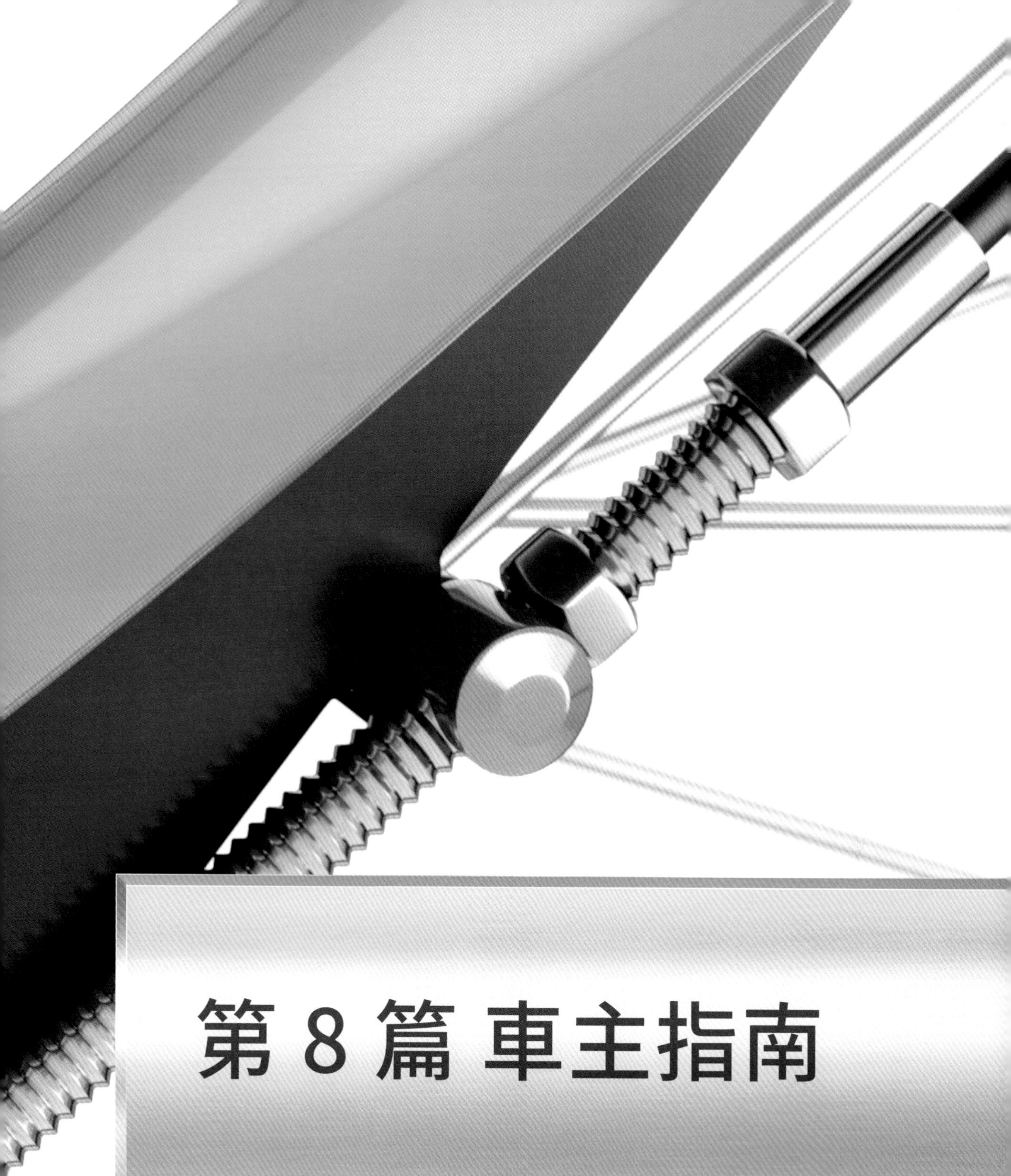

第 8 篇 車主指南

常態性保養

保養計畫

保養時間表能協助提醒你對車輛所需進行的一切保養工作。安排定期執行基本維修，將可降低零件永久耗損的可能性，亦可防止在路上發生意外。

每週進行

傳動系統

這是車上最複雜的部份，因此傳動系統需要經常保養。

- 檢查鏈條磨耗（40-41 頁）。
- 確認變速是否正常運作（40-41 頁、130-138 頁）。
- 檢查纜線是否開花或磨損（40-41 頁）。
- 迫緊曲柄與齒盤螺栓（40-41 頁、166-173 頁）。
- 若要在雨中騎行，請對鏈條與導輪上油（44-45 頁）。

轉向單元與輪組

如果在林道的騎乘時間比公路還多，就更需要注意轉向單元與輪組。

- 檢查頭碗組是否妥善安裝，可進行輕鬆轉向（40-41 頁）。
- 檢查快拆拉柄是否正常（40-41 頁）。
- 確認輪框為正圓且無損壞的銅頭（40-41 頁、88-89 頁）。
- 檢查車把與龍頭是否有裂痕，確認龍頭螺栓皆已迫緊（40-41 頁）。

煞車

煞車可防止任何意外，所以經常性的保養檢查與維修至關重要。

- 檢查內部纜線是否開花，外管是否磨損，然後上油潤滑（44-45 頁）。
- 確認煞車皮對正且無過度磨耗（40-41 頁）。
- 迫緊碟盤與卡鉗螺栓（100-101 頁、118-119 頁）。
- 檢查煞車零件上是否有裂痕（40-41 頁）。
- 檢查油管是否磨損或漏油（40-41 頁）。

避震系統

經常檢查避震系統可防止小問題演變成大麻煩。

- 檢查前叉與後避震器表面是否有刮痕（40-41 頁）。
- 檢查外管之內的內管是否有刮痕（192-193 頁）。
- 迫緊頂蓋、架橋螺栓與活塞軸螺栓（196-199 頁）。
- 以濕式潤滑劑潤滑前叉內管（44-45 頁）。

電子零件

如果單車運作得較順暢，電動機的性能也會更有效率。

- 確認電池已充飽電。
- 清潔單車以減少騎行阻力與耗電（142-143 頁）。

安全提示：切記常態性保養並不能取代每次騎行前的安全檢查動作。你也應該檢查車架是否有裂痕或損傷，並在每次清理完車輛後做潤滑。

如果你經常騎車，以下的保養排程範例可以讓你對多久需進行一次檢查有大略的概念。重度使用的單車自然就需要有更多的照顧。而較不常使用或是只進行短程公路騎行的車，就只需要較低頻率的保養。

每個月一次

- 檢查五通軸承是否運作順暢（174-181 頁）。
- 為鏈條及導輪上油潤滑（44-45 頁）。
- 如有需要，請將踏板迫緊（184-185 頁）。
- 檢查齒盤與飛輪上齒片的齒狀結構是否磨損或斷裂（156-157 頁）。
- 確認後變速器轉點穩固（144-149 頁）。
- 在後變速器轉點、纜線、卡踏機構噴上潤滑劑（44-45 頁）。

- 檢查花轂是否有任何阻力、卡點或是在輪軸上晃動（44-45 頁）。
- 確認花轂的橡膠密封環無脫落（90-91 頁）。
- 若有安裝頭碗組蓋，請檢查是否正常（52-53 頁）。
- 將花轂密封環上油（90-91 頁）。

- 確認碟盤是否對正且無磨耗（40-41 頁）。
- 將內管中的纜線潤滑，並對暴露于外的纜線上油防鏽（44-45 頁）。
- 更換經常使用的登山車碟煞來令片（120-121 頁）。

- 消除任何前叉與後避震在安裝處的晃動（196-199 頁）。
- 檢查前叉內管是否可見漏油痕跡（192-193 頁）。
- 檢查前叉與後避震器密封圈是否破裂或鬆脫（198-199 頁）。
- 確認前叉與後避震器無加壓時無壓縮量（194-197 頁）。
- 將單車上下倒置過夜，使避震油可分布在整個前叉中。

- 檢查電線外管是否磨耗或龜裂。

每六個月一次

- 檢查棘輪是否晃動（78-83 頁）、本體是否正常（90-91 頁）。檢查後變速器固定螺栓（144-145 頁）。
- 確認導輪無磨損（144-145 頁）。
- 將花轂內部機構上油，檢查踏板是否磨損、轉動是否順暢（44-45 頁）。
- 若較不經常使用，請在此時更換鏈條（158-159 頁）。
- 更換飛輪（160-161 頁）與內、外纜線（132-135 頁）。

- 檢查開放式軸承花轂是否磨耗（94-95 頁）。
- 檢查頭碗軸承滾珠與珠槽表面是否磨損（54-55 頁）。
- 為開放式軸承花轂（94-95 頁）與頭碗組（54-55 頁）潤滑。
- 更換車把帶與握把（62-63 頁）。

- 潤滑煞車夾器螺栓座（44-45 頁）。
- 更換內、外纜線（132-135 頁）。

- 拆卸頭碗後檢查轉向管是否有裂痕（54-57 頁）。
- 更換前叉避震油（44-45 頁）。
- 由專業技師進行避震系統保養。

- 檢查電子變速系統運作是否正常（136-137 頁）。

疑難排解

轉向單元、座墊、輪組

單車上的固定零件也需要如同移動零件般的細心保養。車把、龍頭、座墊與座管支撐體重並提供舒適感。而輪組與頭碗組則必須轉動順暢且無間隙晃動。

問題	可能成因
以車把轉向時不如預期順暢。可能還有其他徵兆： ■ 感覺轉向延遲或不準確。 ■ 表面塗裝龜裂或起泡，車架接管處龜裂，或碳纖管表面凸起鬆軟。	■ 車把可能彎曲變形或沒有對正。 ■ 頭碗組過度迫緊、過鬆或磨損。 ■ 前叉或車架可能彎曲變形。
座管晃動或騎乘時逐漸下滑。可能也會發現： ■ 座墊不正。 ■ 採取坐姿時不好踩踏，因為座墊比正常高度還低。	■ 座管外徑規格可能比車架所需還小。 ■ 座墊夾螺栓鬆動。 ■ 座管束環螺栓鬆動，或稍微往上偏移至不正確的位置。
過彎時無法取得準確操控感。還有其他徵兆： ■ 輪子在上花轂發出異音或在車架上晃動。 ■ 煞車夾器摩擦輪框。	■ 外胎胎壓不足。 ■ 杯錐結構花轂軸承可能鬆動。 ■ 輪組並非正心。 ■ 磨損或未妥善調整的頭碗組。
騎乘時輪框或外胎摩擦煞車夾器或前叉。可能還有其他徵兆： ■ 鬆動或損壞的鋼絲在輪子上造成異音。 ■ 輪框變形，這通常在摔車後發生。	■ 經過衝擊後，鬆動的鋼絲可能造成輪組偏心。 ■ 輪組可能沒有正確地被安裝到叉端上。 ■ 胎唇可能沒有密合輪框邊緣凹槽。 ■ 煞車夾器未對正。
不論是滑行或踩踏時都感覺到阻力。也可能發現： ■ 前輪或後輪摩擦或發出尖銳異音。 ■ 外胎摩擦車架或煞車夾器。	■ 花轂軸承可能骯髒、磨損或過度迫緊。 ■ 輪組可能偏心，或胎唇可能沒有密合輪框邊緣凹槽。 ■ 煞車夾器未對正。

這些零件上出現的問題會造成不適感，並使騎乘變得困難。如果你無法順利轉向或感覺輪組轉動受阻，那就必須找出問題所在，並且採取可能的行動快速地解決它。

可能解決方式

檢查車把是否對正。龍頭應與前輪成一致走向，所以車把應與前輪成垂直交角。更換彎曲變形的車把 (60-61 頁)。	檢查頭碗組是否能自由轉動且無晃動。若有需要則進行調整，並且對滾珠與珠槽上油或是更換新品 (54-57 頁)。	檢查前叉或車架塗裝是否起泡、龜裂或管件彎曲。若非鋼管車架就必須更換，因為鋼管車架可由車架技師修理。
更換正確外徑的座管。為得知正確尺寸，請測量車架立管內徑 (68-69 頁)。	迫緊座墊夾，確認座墊夾上的凹槽確實與座弓貼合並位於正確的位置 (68-69 頁)。	移除座管束環並與立管上端一併清理。重新裝上座管束環，將座管輕微潤滑後插入立管，適當地迫緊座管束環(68-69 頁)。
檢查外胎是否漏氣 - 如有洩漏則進行補胎或更換內胎。然後打氣至原廠建議胎壓值 (48-49 頁)。	調整杯錐結構花轂滾珠，使其緊密結合無側向間隙。	以鋼絲扳手調整變形區域及周邊鋼絲張力，校正輪框使輪組正圓 (88-89 頁)。
轉動輪子以便觀察輪框變形程度。更換損壞的鋼絲並進行輪框校正，或更換整個輪組 (88-89 頁)。	卸下輪組後再重新裝上，正確地安裝在叉端中心。平均迫緊輪軸兩側螺帽，或是迫緊快拆拉柄 (78-81 頁)。	將內胎洩氣，以手指捏扯外胎使胎唇落入輪框凹槽中，在整個外胎周圍進行此動作。將內胎充氣 (84-87 頁)。
拆開杯錐花轂，檢查珠槽、錐狀結構與滾珠是否有磨損。若無磨損，請重新上由後迫緊。請更換磨損或鏽蝕的滾珠。	校正輪框使其呈現正圓。檢查胎唇是否正確地安裝在輪框凹槽中 - 若非如此，請將內胎洩氣，重新安裝外胎使胎唇位在正確的位置 (84-89 頁)。	調整煞車夾器與輪框間距，使煞車皮與輪框平行。若有需要，請調整夾器使其居中 (112-117 頁)。

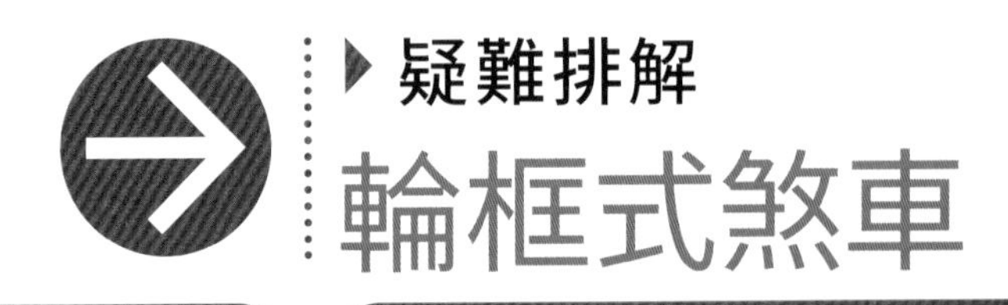

疑難排解
輪框式煞車

雖然構造簡單，但功能正常的輪框式煞車是安全騎行的重要因素，失常的煞車會造成危險的後果。保養良好的正常煞車能提供充足煞車力快速減速，並有效使車輛停止。

問題	可能成因
拉下煞車減速時發出異音。其他徵兆包含： ■ 使用煞車時發出尖銳噪音或研磨聲。 ■ 煞車皮接觸輪框時產生震動。 ■ 未使用煞車時煞車皮摩擦輪框。	■ 尖銳異音可能是因為煞車皮摩擦時並未與輪框保持平行，也可能是砂礫或煞車皮碎屑夾雜其間。 ■ 發出研磨聲可能是因為煞車皮老舊或硬化，也可能受塵土或砂礫污染。
使用煞車時可減速但無法鎖死使車輛停止。也可能發生： ■ 使用煞車時，煞車拉柄擠壓車把。 ■ 潮溼天候煞車力不足。	■ 煞車皮過度磨耗使其位置遠離輪框、纜線疲乏拉伸，或煞車快拆機構被打開。 ■ 未正確對正的煞車夾器可能會滑到輪框以下位置。 ■ 懸吊式煞車上連接兩側夾器的纜線未被妥善調整。 ■ 煞車皮或輪框可能已經磨損、過度骯髒或被污染。鋼質輪框在潮溼狀況下只能提供較低摩擦力，這也可能是成因。
逐漸或快速地失去煞車力，即使用力拉下煞車拉柄，車速亦無下降。其他徵兆還包括： ■ 使用煞車時，明確感覺煞車線斷裂。	■ 夾器上固定纜線的螺栓可能鬆脫，或煞車纜線可能斷裂。 ■ 煞車皮可能並未穩固地安裝在夾器上。 ■ 煞車外管管尾套可能遺失。
鬆開煞車拉柄後，復位彈簧無法將夾器推回原位，使煞車皮貼在或緊接近輪框的位置。也可能有以下狀況： ■ 煞車拉柄手感浮軟。 ■ 踩踏時感覺比正常還更大的阻力。	■ 轉點螺栓過度迫緊，使夾器無法自由移動。 ■ 過度乾燥、鏽蝕或磨損的煞車纜線或外管。 ■ 煞車皮位置未與輪框對正，一側煞車皮落至輪框下方。 ■ 復位彈簧疲乏，無法將夾器推離輪框。
拉下煞車拉柄時感覺生硬或困難。其他徵兆還包括： ■ 從煞車拉柄發出異音。 ■ 拉下煞車拉柄時感覺纜線受到阻力或卡死。	■ 煞車轉點或螺栓座磨損、鏽蝕或髒污。 ■ 纜線鏽蝕或未正確拉線。 ■ 煞車拉柄可能因泥砂或損壞卡死。

任何在煞車的問題，都有可能導致你及其他用路人的危險，但要是能提早察覺徵兆，並且迅速找出問題並解決它，就可以防止威脅生命的意外事故。

可能解決方式

煞車皮前端朝輪框歪斜，拉下叉車時前端先接觸輪框導致不平均摩擦。檢查煞車夾器是否對正（110-117 頁）。

以去漬劑與刷子清除輪框上任何硬化的煞車皮碎屑，然後以清水沖洗（42-43 頁）。

若磨耗超過煞車皮上的警示凹槽就必須更換。若尚未超過，則使用美工刀將煞車皮削平，然後小心地用細砂紙磨平（110-111 頁）。

重新調整煞車皮位置，使其靠近輪框。或是調整纜線或煞車微調。關閉煞車快拆機構（104-105 頁、112-117 頁）。

檢查煞車皮與輪框是否磨損，若輪框上有明顯磨痕就必須更換輪框。若沒有這麼嚴重，則清理煞車皮與輪框表面，並用細砂紙將煞車皮表面磨平（42-43 頁、110-111 頁）。

針對懸吊式煞車，放鬆夾器並調整兩側夾器間連接纜線至正確角度，以求最佳的煞車力道（114-115 頁）。

迫緊煞車轉點螺栓。若煞車纜線損壞就必須更換（104-105 頁）。

更換煞車外管尾套，並檢查外管本身是否鏽蝕或磨損。若有需要則需更換並潤滑新外管（104-105 頁）。

迫緊夾器上固定煞車皮的螺栓，確認夾器置中且煞車皮對正輪框（110-117 頁）。

稍微放鬆轉點螺栓直到夾器能自由移動。潤滑轉點或對螺栓座上油（44-45 頁、116-117 頁）。

潤滑或更換煞車纜線與 / 或煞車外管。若煞車皮磨損，請將之更換或以美工刀將煞車皮上磨耗不平均的凸起削掉，還後重新安裝調整對正（44-45 頁、102-105 頁、110-111 頁）。

針對 V 煞或懸吊式煞車，移除夾器後將復位彈簧尾端的固定針放置到螺栓座最上方的孔洞中（112-115 頁）。

清理並潤滑煞車轉點與螺栓座。使用鋼絲絨或細砂紙清除或磨平鏽蝕點（42-43 頁）。

清理或更換煞車纜線與 / 或煞車外管，確認纜線正確拉線、外管置於車架的外管座上並確實安裝外管尾套（42-43 頁、102-105 頁）。

清理煞車拉柄與潤滑轉點，並潤滑煞車外管與拉柄連接處。若已損壞就必須更換（42-43 頁、102-105 頁）。

碟煞

這是最強力與最可靠的煞車型式，碟煞也因為帶給騎乘者高度「調控性」(微調煞車力道)，而受到廣泛使用。但即使碟煞非常耐用又在惡劣條件下依然有效，常態性的檢查還是能增進其性能。

問題	成因
拉下煞車減速或是停車時，發出尖銳異音。 也可能會： ■ 拉下煞車時，煞車力道減弱。 ■ 煞車時發生震動或晃動。	■ 碟盤或來令片沾染洩漏的潤滑劑、去漬劑、煞車油或黃油。 ■ 碟盤表面可能損耗或粗糙不平整。 ■ 煞車時卡鉗螺栓可能鬆動或震動。
騎乘時來令片摩擦碟盤。其他徵兆還有： ■ 輪子轉動時煞車發出摩擦或研磨聲。 ■ 碟盤與來令片過度磨損。	■ 騎乘時如側倒或是在儲存或運輸時的撞擊可能導致碟盤變形。 ■ 煞車卡鉗可能沒有對正碟盤。 ■ 來令片可能太過接近碟盤。
拉下煞車時失去煞車力，也就是無法將輪子整個鎖死。也可能會發生： ■ 煞車停止距離增加。 ■ 煞車拉柄已經碰觸車把還無法停車。	■ 碟盤或來令片沾染洩漏的潤滑劑、去漬劑、煞車油或黃油。 ■ 來令片表面可能過度光滑、磨損或尚未「磨合」。 ■ 煞車拉柄「游距」- 拉柄與車把間的距離 - 未被妥善調整。 ■ 氣體可能進入油壓系統。
來令片無法在煞車動作後從碟盤復位。還可能發生： ■ 鬆開煞車後還聽見摩擦異音。 ■ 使用線控碟煞時發出研磨音。	■ 煞車纜線與 / 或外管可能骯髒、開花或鏽蝕，限制來令片無法移動。 ■ 油壓活塞可能因髒污卡在卡鉗中，因此無法自由移動。 ■ 塵土可能累積在機械式碟煞的拉柄機構中導致卡死。
拉下油壓碟煞時拉柄手感浮軟。其他徵兆還包括： ■ 每次拉下拉柄產生不一致的「煞點」- 產生制動力時拉柄所需移動的距離。	■ 若反覆按壓然後鬆開拉柄數次後可產生較堅實的煞車手感，那可以判定是空氣進入油壓系統。 ■ 煞車油可能從油管洩漏。 ■ 煞車油可能因為長時間煞車或長期水份侵入導致沸騰。

由於碟煞結構相對複雜，因此不容易判別出到底是系統中哪個地方出了問題。善用下列方法進行，在下次遇到碟煞出問題時，還是可以將問題的成因範圍縮小，並且找出可能的解決方式。

可能解決方式

以異丙醇清理碟盤，但表面若過度磨耗就必需更換。以細砂紙研磨來令片與碟盤表面（42-43 頁）。

檢查卡鉗與碟盤固定螺栓，並以建議的扭力值迫緊（120-121 頁）。

考慮以樹脂來令片代替金屬來令片使用。若使用金屬來令片，請確認已完成「磨合」（120-121 頁）。

以碟盤校正扳手將變形的碟盤調整至正常位置。但碟盤若嚴重變形，就必須更換（120-121 頁）。

調整卡鉗位置使碟盤位於兩側來令片之間中央位置。先鬆開卡鉗螺栓，以眼睛觀察定位後再迫緊。

獨立調整機械式碟煞兩側的來令片位置以避免摩擦碟盤。外側來令片藉由煞車線張力調整，而內側則需轉動卡鉗上的螺絲進行調整。

藉由在安全長下坡進行長時間煞車，來令片與碟盤間的高溫可將來令片上的污染物焚毀。或是以噴燈或瓦斯爐燒灼來令片。清理受污染的碟片。

對新來令片進行磨合：以高速騎行，然後長拉煞車五秒鐘，最後將車輪鎖死。反覆進行十數次。將來令片上的碎屑磨掉。

轉動煞車拉柄上的游距微調或螺絲調整拉柄游距。針對機械式碟煞，轉動拉柄上的張力微調進行調整。

清理並潤滑纜線與外管，如有需要請進行更換。為求最強煞車制動力，請在卡鉗活塞拉臂最展開的位置迫緊煞車線（42-45 頁）。

清理卡鉗活塞。首先移除來令片，然後按壓煞車拉柄將活塞由卡鉗內推出。完成清理後，使用活塞頂開工具或包覆軟布的螺絲起子將活塞推回卡鉗內。

拆卸並清理機械式碟煞的拉柄與卡鉗本體，必須先移除車輪與來令片。

對油壓系統進行放氣，以便排除油管中的氣泡（108-109 頁）。

檢查油管，尤其是接頭部分。將漏油的接頭鎖緊，並進行放氣（108-109 頁）。

更換相同的煞車油 - 請不要將礦物油與 DOT 油混用。然後對油管進行放氣（108-109 頁）。

疑難排解

傳動系統

由於傳動系統是單車上最複雜的部份，所以很有可能產生問題。從變速拉桿到變速線、曲柄到踏板、後變速器到五通軸承、飛輪、齒盤、鏈條，有太多地方可以出錯了。

問題	可能成因
踩踏腿部施加壓力時掉鏈或跳齒，還會發現： ■ 抽車踩踏時，鏈條嘎吱作響。	■ 鏈節可能卡死、變速尚未調整好，若跳齒的狀況只出現在特定齒盤或齒片，那就是該齒盤或齒片已磨損。 ■ 後變速器吊耳或後變速器可能彎曲變形。 ■ 鏈條可能髒污或磨損，或是鏈條卡在車架與齒盤或齒片之間。
後變速器作動延遲或變速不準，需踩踏好幾圈才能完成變速。其他徵兆還有： ■ 變速時，鏈條一次跳了好幾個齒片。 ■ 鏈條掉落至最大片或最小片齒片外側。	■ 纜線或外管可能髒污、磨損或拉伸。 ■ 可使用煞車外管代替變速外管。 ■ 磨耗或損壞的變速拉桿會使變速不順。 ■ 後變速器轉點或導輪可能磨損。 ■ 掉鏈可能是因為變速定位或上下界螺絲未妥善調整、鬆動的飛輪迫緊螺環或安裝錯誤規格的鏈條。
前變速器無法準確變速。還有其他徵兆： ■ 鏈條掉落至五通軸承或曲柄上。 ■ 鏈條無法變速至最大或最小齒盤上。	■ 前變速器可能未妥善調整。變速線可能已被拉伸，或外管未正確地被安裝在外管座中。 ■ 鏈條可能髒污，導致變速不準確。 ■ 鏈條可能彎曲或鬆動。 ■ 磨耗或損壞的變速拉桿會使變速不順。 ■ 纜線與外管可能髒污、鏽蝕、開花或分岔。
踩踏時感覺到阻力，這將產生疲勞感與潛在傷害。還有可能發生： ■ 沒有踩踏時，單車無法自由滑行。 ■ 從五通軸承、踏板或齒盤發出研磨或撕裂異音。	■ 五通軸承可能過度迫緊，髒污或磨損，造成踩踏困難。 ■ 踏板可能過度迫緊、髒污或磨損。 ■ 齒盤可能摩擦車架，導致車架表面塗裝損傷與影響車架結構強度。
變速時，電子變速系統無法正確運作。還有其它徵兆： ■ 變速器擺動幅度不足或根本不動。 ■ 變速器電子馬達電力流失。	■ 電線連接頭可能暴露在外，或被車把帶或其它夾具壓迫在車把上。 ■ 可能因為不完全的充電導致電量不足。 ■ 錯誤的上下界螺絲調整將迫使變速器需以更大的力量才能進行變速，因此過度消耗電力。

如果能善用下列表格檢視徵兆，可以在小問題惡化之前就解決它。若依照表格指示，回頭參閱書中相關章節後，還是無法解決所遭遇到的問題，那就需要車店專業的協助。

可能解決方式

藉由側向扭動鏈條，使卡死的鏈節鬆動。如果鏈條、齒盤或飛輪有嚴重磨耗，就必須將這三者更換，新、舊傳動零件互搭使用，會使新零件磨耗得更快（158-161 頁）。	以後變速器微調旋鈕調整變速，直到鏈條停止跳齒為止。校正或更換後變速器吊耳；更換彎曲變形的後變速器（148-149 頁）。	移除扭曲的鏈條鏈節，確認鏈條長度仍足夠跨過最大齒盤 / 齒片。鏈條若有磨損即需更換；若只是骯髒，進行清理與潤滑即可（158-159頁）。
更換損壞的變速線或外管；若狀態尚為良好，則需進行清理與潤滑。檢查所有外管尾套是否遺失，外管是否妥善安裝（148-149 頁）。	檢查變速手把是否清潔與功能是否正常 - 若有損壞就必須更換。若變速器轉點磨損，就須更換變速器。若導輪磨損，即需更換。	調整後變速器上下界與位置。確認飛輪固定螺環已迫緊。更換正確寬度、廠牌與型號的鏈條（148-149 頁、158-159頁）。
鬆開變速線，徒手推移變速器，檢查是否能到達所有齒盤上緣。若無法順利到位，則需進行上下界螺絲調整。清理變速線並以線夾迫緊（148-149 頁）。	清理鏈條、齒盤、飛輪與後變速器。若齒盤彎曲變形，請使用校正扳手調整。迫緊齒盤螺絲（42-43 頁）。	檢查變速手把是否乾淨與功能是否正常，若有損壞即需更換。更換損壞的變速線或外管；若仍可使用即進行清理與潤滑（42-45頁）。
拆開清理或更換五通軸承，若方便進行，將其清理後潤滑滾珠。迫緊後確認可自由轉動，但無間隙晃動（176-181 頁 ）。	拆開踏板，清理中軸、軸承與軸承表面。若軸承或表面磨損，就必須更換。或是更換整個踏板（184-185 頁 ）。	調整或更換五通軸承與/或曲柄組，以便增加齒盤與車架間的距離（158-159頁、176-181頁）。
檢查所有電線與連結頭是否正確安裝且無垂掛。若發生此情形，請以正確的工具進行安裝（138-139 頁）。	檢查指示燈號確認電量。若有需要，請更換電池或將電池完全充飽電。	調整上下界螺絲，確保變速器在邊界上的位置不會過度偏移（138-139頁）。

詞彙表

內六角螺栓 (allen bolt) 螺栓頭具有內陷六角形並帶有螺紋的螺栓。

內六角扳手 (allen key、hex key) 對應內六角螺栓所使用的六角形扳手。

纜線微調 (barrel adjuster) 位在纜線末端的桶型套蓋，藉由延伸外管長度調整纜線張力。

胎唇 (bead) 外胎連接輪框的邊緣部位。

軸承 (bearing) 一種含有數顆滾珠與環狀溝槽或承環的機構。使兩個接觸的金屬面能自由移動。

座管迫緊螺栓 (binder bolt) 一種整合在舊型立管設計的螺栓。將座管迫緊在車架上。

放氣 (bleeding) 將油壓煞車系統中空氣排除的方法。

飛輪 (block，cassette) 數個不同尺寸齒片的組合，固定在棘輪座上，可產生不同齒輪比。

螺栓座 (boss) 車架上具有螺紋的鎖孔。提供如水壺架、煞車夾器等安裝固定使用。

五通 (bottom bracket，BB) 將 BB 兩側曲柄連接的轉動單元。

觸底 (bottom out) 描述避震前叉或後避震壓縮至其行程上限的專有名詞。

煞車拉柄 (brake lever) 連接至煞車纜線末端的金屬或塑膠製拉柄，拉動後使煞車作用。

煞車把 (brake lever hood) 煞車拉柄所在位置，將其連接至手把。

煞車拉柄行程 (brake lever travel) 在煞車皮接觸輪框或花鼓的煞車面之前，煞車拉柄所移動的距離。

線尾套 (cable end cap) 套在裁切過的纜線末端，體積小、一端開口的條狀套桶。可防止線尾開花。

外管座 (cable mount) 將外管固定在車架上，保持內線自由移動的固定座。

水壺架 (cage) 通常以塑膠製成的輕質支架，便於取放水壺。

夾器 (calliper) 夾器式煞車中接觸輪框的夾臂，限制車輪滾動達煞車效果。

夾器式煞車 (calliper brakes) 安裝在車架上的單轉點煞車系統。夾臂由外胎上方將其圍繞。

懸臂式煞車 (cantilever brakes) 夾器分別安裝在外胎兩側車架或前叉上的煞車系統。

齒盤 (chainring) 安裝在曲柄上，邊緣具有齒型結構的圓環，藉由鏈條依序帶動飛輪與後輪。

曲柄組 (chainset) 齒盤與曲柄的組合。

後下叉 (chainstay) 車架上連接五通與後叉端的結構。

卡子 (cleat) 安裝在卡式車鞋上的塑膠或金屬塊。與卡式踏板機構相卡合，將足部固定在踏板上。

楔形外胎 (clinchers) 胎唇可卡入輪框凹槽，並包覆內胎的外胎。

變速器可安裝於公路車或登山車。進行變速時，可牽動鏈條在飛輪或齒盤間變換。

卡式踏板 (clipless pedal) 一種具有對應車鞋底卡子的卡合機構踏，可將足部固定於踏板上。

齒片 (cog、sprocket) 周圍具有齒狀結構的金屬環。通常是指組成飛輪、提供不同齒輪比的數個不同尺寸齒片。

壓縮 (compression) 避震系統吸收地面衝擊時所表現的作動。所指的是彈簧壓縮。

錐體 (cone) 杯 - 錐式花轂的部份零件，將滾珠定位於杯槽中。

曲柄 (crank) 連接踏板與齒盤、將騎士踩踏力道傳遞至傳動系統的結構。

阻尼 (damping) 將經由避震系統傳遞的衝擊能量吸收之過程。控制所有形式避震系統對地起伏反應的速度。

變速器 (derailleur，mech) 將鏈條在飛輪齒片間 (後變速器) 和曲柄齒盤間 (前變速器) 變換位置的零件。可產生不同齒輪比變化。

變速器吊耳 (derailleur hanger) 安裝於車架後叉端的延伸金屬塊，連接後變速器與車架。

正心調整 (dishing、centring) 將花轂校正至輪框正中心的動作。

雙抽管材 (double-butted tubes) 兩端厚、中間薄的管材。

下管 (down tube) 車架上連接五通與頭管的結構。

傳動 (drivetrain) 踏板、曲柄組、鏈條、飛輪的組合統稱。將腿部輸出力道轉換成輪子轉動，帶動車輛前進。

叉端 (drop out) 在前叉或後叉端點具有凹槽的結構。可將輪軸安裝其中。

下降結構 (drop) 公路車彎把往後延伸前的垂直下降部位。

雙軸煞車 (dual-pivot brakes) 夾器式煞車的一種，兩支夾臂分別安裝在兩個轉軸上。

引上螺栓 (expander bolt) 用來將金屬管內斜截的錐狀或三角形金屬楔塊上提，進而卡緊的螺栓。通常見於有牙式頭碗組的龍頭上。

雙軸煞車提供了比傳統單拉夾器煞車更強的制動力。是現代公路車的常見配備。

外管尾套 (ferrule) 套於外管尾端的護套，置於外管座或零件中。

前叉 (forks) 單車上將前輪固定的零件，通常以兩支叉腳匯集於架橋組成。

卡式花轂 (freehub) 一種在踏板靜止時仍能讓後輪自由轉動的機構。花轂的一部分。

棘輪座 (freewheel) 與卡式花轂功能。但是能從花轂上旋下或鎖上。

齒輪 (gear) 常見於「齒輪比」一詞。齒盤與齒片的組合，由鏈條連接，驅動車輛前進。

衛星齒輪 (gear satellite) 位在變速花轂中的碟狀物。拉動變速線時會轉動，移動在花轂中的齒片，達到變速目的。

變速手把 (gear-shifter) 通常位於車把上的控制機構，用以進行變速。

全球定位系統 (GPS, Global Positioning System) 以衛星信號為準的導航網路。藉由安裝於車把上的裝置，用於單車導航、速度與其他騎乘資料記錄。

最小齒盤 (granny ring) 曲柄組上最小的齒盤，配合飛輪上大齒片使用，產生低齒比，針對陡峭爬坡使用。

套件 (groupset) 由單一製造商提供，一組專位互相搭配使用所設計的零件組。包含變速器、曲柄組、變速手把、煞車夾器、鏈條與飛輪。

平頭螺絲 (grub screw) 無螺頭、有螺紋、單一直徑的螺栓。

頭碗組 (headset) 連接前叉至車架，並使其自由轉動的軸承單元。分為有牙式與無牙式兩種。

頭碗墊圈 (headset spacers) 放置在頭碗組上方由鋁合金或碳纖製成的墊圈。可用來調整龍頭高度，進而改變騎乘姿勢。

頭管 (head tube) 車架的一部分，轉向管由內穿過轉動。

外六角螺栓或螺帽 (hexagonal bolt or nut) 具有螺紋與六角形螺頭的螺栓，或是可旋入螺栓的六角形螺帽。

花鼓 (hub) 車輪中心部位，輪軸穿過其中，使車輪自由轉動。

液壓 (hydraulic) 一種藉由壓縮液體使物體移動的機構。

導輪 (jockey wheels) 後變速器上改變鏈條位置的單元。

連接線 (link wire) 懸吊式煞車上連接兩側夾臂的纜線。

鎖環 (lock ring/locknut) 迫緊在具有螺紋的物體上，並固定其位置的金屬環或螺帽。

負壓彈簧 (negative spring) 在避震系統中，抵抗主彈簧張力的裝置。比如在壓縮時，負壓彈簧將前叉伸展，便於克服靜摩擦力的影響。

線尾栓 (nipple) 纜線末端連接至操控拉桿的小金屬塊。

棘爪 (pawl) 在棘輪中與齒狀結構咬合，使其只能單向轉動的彎棒或彎柄。

間隙 (play) 用來描述機械結構中鬆動狀況的詞彙。

法式氣嘴 (presta valve) 一種使用在內胎上的高壓氣嘴。

安裝於立管中的座管支撐座墊。依照個人騎乘風格設定座墊高度。

法式氣嘴塞(presta valve nut)在氣嘴中軸上的閉鎖螺帽。必須先將此螺帽旋開才能對內胎充氣。

快拆機構 (quick-release mechanism) 一種具有拉柄，能將零件迫緊至車身或是釋放的棒狀結構。

有牙式龍頭 (quill) 一種安裝於轉向管內，並由內部迫緊固定的龍頭。

後三角 (rear triangle) 車架後半部，包含後上叉、後下叉與立管。

回彈 (rebound) 描述避震系統在吸收地面衝擊之後作動情形的專有名詞。指的是系統彈簧拉伸。

碟盤 (rotor) 在花鼓上與車輪一同轉動，提供碟煞系統煞車面的金屬圓盤。

座管 (seat post) 承載座墊並安裝於立管中的中空管件。

座管束 (Seat post clamp) 安裝於車架上將座管定位的金屬零件。

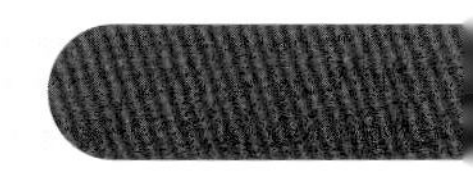

後上叉 (seat stay) 車架中連接五通管與後叉端的管件。

立管 (seat tube) 車架中安裝座桿的管件。

變速拉桿 (shifter lever) 以按壓拉桿方式變換檔位。

胎壁 (sidewall) 外胎上介於胎紋與輪框間的結構。

曲柄齒爪 (spider) 一種連接齒盤與五通軸承或齒片與飛輪的多爪結構。

五通中軸 (spindle) 連接五通軸承與曲柄的零件。

彈簧張力固定針 (spring-tension pin) 懸吊式煞車或 V 煞回復彈簧尾端，用來固定在煞車螺栓座上的部位。

前叉內管 (stanchions) 前叉叉腳上半部。

轉向管 (steerer tube) 前叉連接龍頭與車把的管件。

龍頭 (stem) 連接車把與轉向管的零件。

靜摩擦力 (stiction) 描述物件之間在靜止時接觸面上的摩擦力。比如前叉上的油封環與內管之間。

避震 (suspension) 一組可以吸收林道或路面顛簸的氣 / 油或彈簧 / 油系統。這組系統可整合在前叉中或是藉由連桿與後輪連接。

螺紋 (threads) 金屬表面刻劃的螺旋狀凹槽，可使物件互相旋緊接合。

上管 (top tube) 車架上連接頭管與立管的管件。

星狀扳手 (torx key) 一種頂端具有六角星狀結構的扳手。有時在龍頭或夾器上，代替內六角扳手使用。

傳動 (transmission) 由數個零件組成，將踩踏力道轉換成前進動力。包含踏板、鏈條、曲柄組與齒片。參閱傳動。

行程 (travel) 描述一項零件在發揮其功能時，所移動總距離的專有名詞。比如前叉行程指的是吸收衝擊時，可壓縮的總距離。

胎紋 (tread) 外胎中央與地面接觸的部位。

板機式變速手把 (triggershifters) 一種撥動類似板機結構進行檔位變換的變速手把。

轉把式變速手把 (twistshifters) 一種轉動特殊握把機構進行檔位變換的變速手把。

V 煞 (V-brake) 一種具有較長夾臂的懸吊式煞車。煞車纜線與纜線外管分別安裝在兩支夾臂上。

氣嘴 (valve) 內胎上連接至打氣桶的部位。

氣嘴中軸 (valve core) 內胎氣嘴中央結構。

黏滯度 (viscosity) 描述油料的參數，亦可指油料重量。輕量的油具有較低黏滯度，在阻尼機構中比更重的油料流動得更快。可產生快速反應的避震系統或降低阻尼。

輪框校正台 (wheel jig) 一組具有由兩側圍繞輪框金屬爪的輪座。在更換鋼絲後，用來校正輪組。

叉端凸起 (wheel-retention tabs) 在前叉端尾部的小凸起構造，在快拆機構打開時，防止前輪掉落。

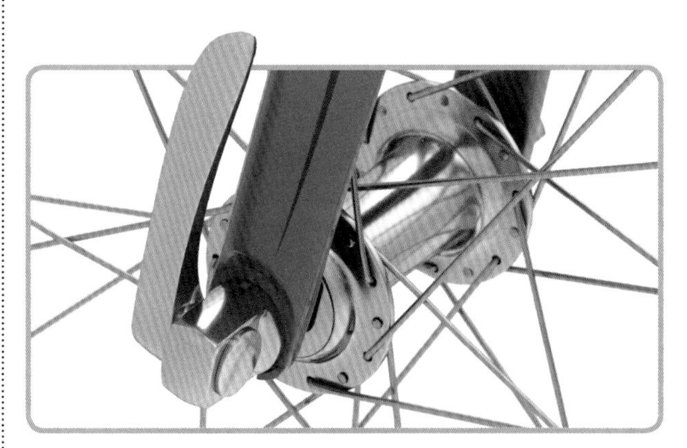

無需工具就能打開快拆拉柄，使輪組拆卸變得快速又方便。

致謝

感謝下列圖片提供者，授權本書予以重製發行。

(Key: a-above; b-below/bottom; c-centre; f-far; l-left; r-right; t-top)

14 Koga: (c). **15 Kalkhoff Bikes:** (bl). **17 Genesis Bikes UK genesisbikes.co.uk:** (tr). **Giant Europe B.V.:** (br). **Look Cycle:** (cl). **Ridley Bikes:** (bl). **Tandem Group Cycles:** (tl). **24 Condor Cycles Ltd:** (2/cl, 3/cl). **Extra (UK) Ltd:** (1/cr, 2/cr, 3/cr, 4/cr, 3/b). **Getty Images:** angelsimon (1/t, 2/t). **Tredz Bikes:** (1/cl, 1/b, 2/b, b). **25 Blaze.cc:** (1/bl, 2/bl). **Condor Cycles Ltd:** (2/t, 1/br, 3/br). **Hope Technology:** (bl). **Tredz Bikes:** (1/t, 3/t, 4/t, 2/cl, 3/bl, 2/br). **Wheelbase:** (5/t, 1/cl, 1, 3/cl). **26 Condor Cycles Ltd:** (2/tr, 2/cl, 3/cl, 5/cl, 3/b). **Getty Images:** mooltfilm (1/cl). **Lazer Sport:** (cr). **Tredz Bikes:** (1/tr, 4/cl, 1/cr, 2/cr, 3/cr, 1/b, 2/b). **27 Busch & Muller KG:** (2/cl). **Condor Cycles Ltd:** (1/tl, 1/bl). **Hammerhead:** (1/r). **ICEdot:** (2/bl). **LINKA:** (4/b). **Lumos Helmet lumoshelmet.co:** (4/r). **Scosche Industries Inc:** (2/r). **Tredz Bikes:** (2/tl, 3/tl, 1/cl, 3/b, 3/r). **28 Condor Cycles Ltd:** (1/tr, 3/tr, 1/b, 2/b). **ROSE Bikes GmbH:** (5/b). **Tredz Bikes:** (1/tl, 2/tl, 3/tl, 4/tr, 3/b, 4/b). **Triton Cycles:** (2/tr). **29 Extra (UK) Ltd:** (3/tl, 2/tr). **Radical Design:** (3/b). **Tailfin:** (4/tl, 5/tl). **Tredz Bikes:** (tl, 2/tl, 1/c, 2/c, 3/c, 4/c, 1/b, 2/b, 4/b). Wheelbase: (1/tr). **30 Condor Cycles Ltd:** (1/bc, 2/bc). **31 Condor Cycles Ltd:** (1/tl, 2/tl, 4/tl, 5/tl, 2/tr, 3/tr, 1/c, 2/c, 3/c, 4/c, 1/b, 2/b, 3/b, 4/b, b). **Extra (UK) Ltd:** *(5/c). Tredz Bikes:* (3/tl, 1/tr). *32 Tredz Bikes:* (1/b, 2/b). *33 Condor Cycles Ltd:* (3/b). *Tredz Bikes:* (1/t, 2/t, 3/t, t, 1/c, 2/c, 3/c, 4/c, 1/b, 2/b, 4/b, 5/b). **36 Extra (UK) Ltd:** (6/b). **Tredz Bikes:** (3/tr, 1/tr, 2/tr, 1, 2/b, 3/b, 4/b, 5/b, 7/b, 8/b, c). **37 Getty Images:** VolodymyrN (4/bl). **Tredz Bikes:** (1/tl, 2/tl, 3/tl, 1/tr, 2/tr, 3/tr, 4/tr, 5/tr, 1/bl, 2/bl, 3/bl, 5/bl, 6/bl, 7/bl, 8/bl, 1/br, 2/br)

除此之外，DK 還要感謝下列人士對本書的貢獻：

DK 印度分公司的平面與動畫協助 Alok Kumar Singh，統籌人 Rohit Rojal，影音製作經理 Nain Singh Rawat，數位總管 Manjari Hooda，其它設計方面的協助者 Simon Murrell。

Claire Beaumont 曾經是自行車選手，目前任職於倫敦訂製車製造商 Condor Cycles 公司的行銷經理，同時也是 DK 出版公司自行車書系的顧問。她的著作包括《Le Tour: Race Log and Cycling Climbs》，並為《The Ride Journal》、《Cycling Weekly》、《and Cycling Active》等雜誌撰寫專文。

Ben Spurrier 是一位熱血的自行車手，任職於倫敦 Condor Cycles 公司的首席自行車設計師。曾經得過《Wallpaper》雜誌的自行車設計獎，以及 D&AD 年度新人獎。並在倫敦 The Design Museum 開過自行車設計講座。他也與許多業界頂尖的雜誌，包括《Australian Mountain Bike》、《Bike Etc》、《Privateer》持續合作。

Brendan McCaffrey 是一位插畫家兼設計師，對自行車相當熱衷，甚至在西班牙拉斯帕瑪斯擔任業餘的自行車維修人員。他於愛爾蘭都柏林 NCAD 學校取得工業設計學位，擁有電遊、玩具、產品工業界 20 年的繪圖經驗。www.bmcaff.com

模型製作
3D 公路車模型製作者 Brendan McCaffrey
3D 登山車模型製作者 Gino Marcomini
其它模型製作者包括 Brendan MCaffrey、Gino Marcomini、Ronnie Olsthoorn、Moises Guerra Armas

Ian Chu 博士 (審校與譯者)

Ian 的血液裡，最高比例成份就是「MTB」。大學時代開始接觸登山車，旅法攻讀博士期間創立「RIDE！」網站，將國際登山車資訊帶入台灣。之後研究學者身分終究掩藏不住骨子裡的登山車基因，於 2013 年投身登山車運動推廣。曾為加拿大 Simple Gravity Adventures Ltd. 創立成員、加拿大 Pinkbike 網站亞洲聯絡人、加拿大 PBMI 協會認證登山車指導員、亞洲下坡車冠軍江勝山經紀人、多本登山車技巧專書譯者，單車媒體撰稿人。

（翻譯第 4、6、7、8 篇）

吳家曦 (譯者)

靜宜大學英文系畢業。熱愛自行車，業餘選手；曾任自行車專業技師、領騎。2014-2016 臺北自行車展及巨寶工具公司現場口譯。目前專攻相關領域筆譯。

（翻譯第 3、5 篇）

周學志 (譯者)

熱衷龍舟及健身飛輪運動的自由譯者，相信艱苦的訓練能夠砥礪人的意志並開發潛能。近期譯作有「偷窺運動員的高強度訓練筆記」、「三項全能圖解聖經」、「雙人健身圖解聖經」。

（翻譯第 1、2 篇）

facebook：優質運動健身書

作　　者／DK

翻譯著作人／旗標科技股份有限公司

發 行 所　／旗標科技股份有限公司

台北市杭州南路一段15-1號19樓

電　　話／(02)2396-3257(代表號)

傳　　真／(02)2321-2545

劃撥帳號／1332727-9

帳　　戶／旗標科技股份有限公司

執行編輯／孫立德

美術編輯／陳慧如

封面設計／古鴻杰

新台幣售價：580 元

西元 2023 年 2 月初版 5 刷

行政院新聞局核准登記-局版台業字第 4512 號

ISBN 978-986-312-576-1

A WORLD OF IDEAS:
SEE ALL THERE IS TO KNOW

www.dk.com

Original Title: The Complete Bike Owners Manual : Repair and Maintenance in Simple Steps

國家圖書館出版品預行編目資料

自行車保養維修圖解聖經 / Claire Beaumont, Ben Spurrier 著；

審校 Ian Chu 博士, 譯者 Ian Chu 博士, 吳家曦, 周學志.

-- 臺北市：旗標, 2019 . 01 面； 公分

ISBN 978-986-312-576-1 (軟精裝)

1. 腳踏車

447.32　　107022144

旗 標 FLAG

http://www.flag.com.tw